LOCUS

LOCUS

LOCUS

L O C U S

from

vision

from 131

一千零一個點子之後：

NETFLIX創始的祕密

作者：馬克・藍道夫（Marc Randolph）

譯者：許恬寧

責任編輯：潘乃慧

封面設計：Bianco Tsai

校對：呂佳真

出版者：大塊文化出版股份有限公司

台北市105022南京東路四段25號11樓

www.locuspublishing.com

讀者服務專線：0800-006689

TEL：(02)87123898　FAX：(02)87123897

郵撥帳號：18955675　戶名：大塊文化出版股份有限公司

法律顧問：董安丹律師、顧慕堯律師

THAT WILL NEVER WORK: THE BIRTH OF NETFLIX AND THE AMAZING LIFE OF AN IDEA

by MARC RANDOLPH

總經銷：大和書報圖書股份有限公司

地址：新北市新莊區五工五路2號

TEL：(02) 89902588　FAX：(02) 22901658

初版一刷：2020年4月

初版四刷：2022年4月

定價：新台幣480元

Printed in Taiwan

一千零一個點子之後

That Will Never Work

The Birth of NETFLIX and the Amazing life of an Idea

NETFLIX創始的祕密

NETFLIX共同創辦人、第一任執行長
馬克・藍道夫 Marc Randolph 著

許恬寧 譯

目次

本書獻給認爲絕對行不通的羅琳（Lorraine）。
雖然妳對我的點子沒信心，我知道妳永遠相信我。
我愛妳。

作者聲明

本書是回憶錄，不是歷史文獻，取材自我記憶中二十年前發生的事，也因此故事中的對話大都是事後重建。我寫作的重點是以最鮮明、最符合實情的方式，呈現出Netflix創始團隊的性格。我想捕捉當時的氛圍，呈現大家當下的樣貌。最重要的是，我希望解釋我們Netflix當年面對的時空——以及我們在種種不利的情況下突破重圍、打敗所有不可能的難關。

1　一切始於靈機一動，但不是我想的那樣

（一九九七年一月：距離推出倒數十五個月）

一如往常，我又遲到了。我和瑞德．哈斯汀（Reed Hastings）響應共乘運動，平日一起開車上班，其實只需要花我三分鐘，就能抵達碰頭的停車場，但要是兒子早餐吐在你身上，鑰匙不見蹤影，天上下起雨，你又在最後一分鐘發現，車裡的油不夠讓你一路穿越加州聖塔克魯茲山脈（Santa Cruz Mountains），抵達矽谷的桑尼維爾（Sunnyvale）。想在早上七點準時與人碰面？祝你好運。

瑞德經營一家叫Pure Atria的公司，專門製作軟體開發工具，近日剛收購我輔導成立的新創公司Integrity QA。瑞德買下我的公司之後，讓我繼續擔任企業行銷副總裁。平日裡，我們輪流開車共乘上班。

我們兩個人通常會準時進辦公室，但究竟是怎麼抵達的，要看是誰開車。輪到坐瑞德的車，

我們會搭一台一塵不染的豐田Avalon準時出發，遵守交通規則的時速限制。瑞德有時會找人當司機；一個史丹佛的小朋友，被囑咐要以小心翼翼、一絲不苟的方式，開過九彎十八拐的十七號州道。我聽見瑞德叮嚀他：「你開車的時候，要像是儀表板上方擺著一杯全滿的咖啡。」那個可憐的孩子還眞的照做了。

那由我開車呢？我開著一台破舊的富豪（Volvo）汽車，後頭擺著兩張兒童座椅。用委婉一點的話來講，我開車的風格屬於**不耐煩型**，或許更精確的形容是**猛虎出柙**。我轉彎不要命，興奮時更是油門直直踩下去。

這一天輪到我開車。我駛進停車場，瑞德已經在等我，整個人縮在一把雨傘下，靠在自己車上，一臉不爽。

「你遲到了。」他甩了甩雨傘上的水，鑽進我車內，拎起前座一個捏扁的健怡可樂罐、兩包尿布，丟到後座。「下這麼大的雨，鐵定會塞車。」

被瑞德料中了。月桂彎（Laurel Curve）發生車禍，山頂（Summit）那也有聯結車拋錨，再加上矽谷的交通原本就塞，程式設計師和高階主管不分貴賤，在公路上大排長龍，宛如要回蟻窩的螞蟻。

「哎，」我嘆了口氣，「不過我想到一個新點子。客製化的棒球棍，完全量身打造，百分之百獨特。用戶可以在網路上塡寫資訊，接著我們用電腦控制的銑床，完全依據用戶要求的規格製作：長度、握把厚度、棒頭尺寸，完完全全獨一無二，或是要跟別人一樣也可以。如果您想要一把職棒大聯盟漢克・阿倫（Hank Aaron）的球棒，我們也能毫米不差地替您精準再現。」

瑞德面無表情。他那種臉我很熟。看在外人眼裡，瑞德只是在放空，望著髒兮兮的擋風玻璃外一閃而過的紅杉林，或是我們前面那台開得有**一點**太慢的速霸陸（Subaru），但我知道那種表情之下發生什麼事：瑞德的大腦正在飛快評估優缺點，高速分析成本效益，幾乎是瞬間跑完風險與可擴充性的預測模型。

五秒鐘過去，十秒，十五秒。大約過了三十秒，瑞德轉頭告訴我：「那個點子絕對行不通。」

我們已經這樣你來我往好幾個星期。瑞德一直在加班，忙著搞定一樁會讓我們兩個人都沒頭路的大型購併案。一旦塵埃落定，我準備自己開公司。每一天在車上，我都會推銷點子給瑞德，試著說服他加入我，當我的顧問或投資人。我看得出來，他感興趣。瑞德這個人有話直說，不吝於回饋。他是懂良駒的伯樂，但如果是爛點子，他也一聽就知道。

我早上開車時提出的點子？大都是爛點子。

我的棒球棍點子，瑞德棄之如敝屣，絲毫不留情，就跟他吐槽我其他點子一樣，指出那不實際、不原創、永遠不可能成功。

我們在一輛運沙車後面緩緩停住。「再說了，現在的年輕人沒那麼熱愛棒球了。」瑞德補上一句。我們面前的那些沙子，將被載往聖荷西（San Jose），最後製成鋪路與蓋房子的混凝土，供給欣欣向榮、不斷開發的矽谷。「我不想要一開始就做使用者人數正在下滑的生意。」

我反駁：「你錯了。」我一一舉出原因。我做了研究，知道運動用品的銷售數字，查了棒球棍的生產方式——原料成本是多少、購入和操作銑床要多少錢。好吧，我可能還攙入了個人情感：我大兒子剛過完他在少棒的菜鳥季。

我每提出一項可以做的理由，瑞德都能頂回來。他擅長分析，頭腦理性，不會浪費時間想委婉的話。我也是有什麼說什麼。我們兩人講話聲音愈來愈大，但沒生氣。我們是在爭執沒錯，但這是有意義的討論。我們兩個人瞭解彼此，知道對方會據理力爭，毫不妥協。

「你這麼愛這個點子，嚴格來講並不理性。」瑞德這句話差點讓我噴笑。我聽過大家在瑞德背後說，他跟影集《星際爭霸戰》（*Star Trek*）裡三句不離邏輯的史巴克（Spock）很像。我想人們那麼說並不算讚美，但像史巴克是好事。史巴克幾乎每次都說對，瑞德也一樣。如果他認爲某件事行不通，大概眞的不行。

我第一次見到瑞德，兩個人一起搭機從美西的舊金山，一路坐到美東的波士頓。瑞德當時剛買下我的公司，但我們不曾眞正獨處，好好說上幾句話。我坐在登機門旁，等著上飛機，讀著活頁夾裡雜七雜八的資料，有記憶體洩漏檢測器，有軟體版本管理；突然有人拍我的肩膀，是瑞德。「你坐哪？」他問，皺眉看著我的紙本機票。

我告訴瑞德我的座位，他拿走我的機票，大步走向櫃台，把我升級到頭等艙。

太棒了，我心想，**這下子有機會讀點東西，放鬆一下，甚至還能睡一會**。

然而，我在這趟旅程中，學到有關瑞德的第一課。空服人員過來時，瑞德叫他們拿走免費的含羞草雞尾酒，身體整個轉九十度，眼睛凝視著我，在接下來的五個半小時，滔滔不絕講著我們公司的狀況，巨細靡遺，甚至幾乎不必停下來喝口氣泡水。我一個字都插不進去，不過沒關係，因爲那是我聽過最精彩的商業分析——彷彿連上了一台超級電腦。

我們今天人不在頭等艙，而是困在一台需要洗車的富豪裡，但我依舊感到瑞德的頭腦令人著迷，風度讓人耳目一新。我感激這些日子以來，在「翻山越嶺」來回於矽谷的車程中，瑞德免費提供諮詢。我是如此幸運，居然和瞭解我的願景、能提供無償協助的人在同一家公司——還剛好住在同一個鎮上，更別提還省了油錢。不過，聽到自己整整研究一星期的點子完全不能用，依舊令人沮喪。一部分的我開始想，該不會我所有的事業點子，都蓋在不可靠的流沙基礎上，一如前面那台卡車載的沙。

順道一提，那輛卡車依舊慢條斯理占據著左線道，害所有人都開不快。我覺得好煩，閃了閃車燈，但卡車司機用後照鏡瞄了一眼，就當我不存在。我低聲講了幾句不理性的髒話。

「你需要放鬆。」瑞德說。他指了指前面的車陣。瑞德已經告訴我，我習慣一直切換車道，但是欲速則不達，一連講了兩遍。我的開車方法讓他抓狂，外加有點暈車。「會到的時候，就是會到。」

「我要瘋了，好想拔頭髮，」我說：「但我頭上沒剩幾根毛了。」我的手指插進僅存的一點鬈髮，接著靈光一閃：我很少冒出那種有如神助的時刻，一切豁然開朗，太陽從烏雲中露臉，綿綿細雨消失。載沙車清醒過來，駛進自己該開的車道，交通順暢起來。我感覺自己能望見前方好幾哩路，一路看到聖荷西密密麻麻的心臟地區：民宅、辦公大樓，樹梢迎風搖曳。我們加速前進，紅杉消失在後方，遠方的矽谷最高峰漢密爾頓山（Mount Hamilton）映入眼簾，山頂新降下的瑞雪亮晶晶的。我想到了！我想到那個終於能成的點子！

「**郵寄客製洗髮精**。」我說。

矽谷愛死精彩的創業故事——那個讓世界就此不一樣的點子，那個半夜教人靈機一動的對話：**要是我們改成這樣呢**？

一切都是怎麼來的企業故事，通常與靈光一閃有關。故事，那些說給疑心的投資者、謹慎的董事會成員、追根究柢的記者，以及最終說給大眾聽的故事，通常會強調一個特定的時刻：那個讓一切豁然開朗的瞬間。布萊恩·切斯基（Brian Chesky）與喬·傑比亞（Joe Gebbia）因爲負擔不起舊金山的房租，靈機一動打起充氣床墊，和睡在上面的人收錢——那是Airbnb的起源故事。崔維斯·卡蘭尼克（Travis Kalanick）在跨年夜整整付了私家司機八百美元，覺得應該有更便宜的交通方式——Uber於是誕生。

Netflix有一個廣爲流傳的故事。據說瑞德因爲太晚把租來的《阿波羅13號》（*Apollo 13*）還給百視達（Blockbuster），被罰了四十美元。瑞德心想：**要是取消晚還片的罰金呢？砰！**Netflix的點子冒了出來。

那個故事很精彩，效果十足。套用行銷的術語來講，那個故事感覺對了。

然而，本書將帶大家瞭解，那只說出一部分的故事。的確是有一卷逾期未還的《阿波羅13號》，但Netflix的創業點子和逾期費一點關係也沒有——事實上，我們在初期也收逾時的罰金。更重要的是，Netflix的點子並非出現在神明突然降下啓示的某一刻——我們並未在刹那間，突然得出一個完美、實用、就是它了的點子。

靈機一動的時刻鳳毛麟角。此外，當創業故事中出現這樣的時刻，通常過度簡化，或者根本是編造出來的。我們喜歡這樣的故事，它們符合我們對於靈感和天才的浪漫幻想。我們希望在蘋果掉下來的那一刻，牛頓眞的坐在樹下。我們想要阿基米德坐在浴缸裡。

然而，事實通常比那些場景來得複雜。

事實是，每產生一個好點子，就有一千個壞點子，而且有時你很難分辨到底是好是壞。

客製化的運動用品、量身打造的衝浪板、替你家的狗兒特別調配的狗食，全是我向瑞德推銷過的點子。我花了無數個小時發想那些點子。經過數個月的研究、數百小時的討論、在家庭餐廳開的馬拉松會議，我原以爲，那些點子**勝過**最終帶來Netflix的點子。

我不曉得什麼會成功、什麼不會成功。一九九七年時，我只知道自己想開公司，還有我想在網路上賣東西。就那樣。

聽起來很荒謬，一間全球最大的媒體公司，居然源自那兩個願望，但那是眞的。

這本書要講的故事是，我們如何從想賣量身訂做的洗髮精，轉而成立Netflix。不過，這個故事也會講點子的生命週期是多麼不可思議：從夢想化爲概念，再變成眾人一起努力的現實。此外，這則故事也會探討，我們在那趟旅程中學到的事，是如何改變了我們的人生——從我和瑞德兩個人在車內互拋點子，變成十二個人坐在前址是銀行的辦公室裡打電腦，接著是數百名員工緊盯著股票報價機，看著螢幕跑出我們的公司代號。

我講這個故事的目的是破除部分迷思，那種附著在Netflix這類企業故事的迷思。不過對我來說，還有一件事也很重要。我想帶大家看看，我們在初期做的某些事是怎麼**成功**的、爲什麼會成功——通常是無心插柳柳成蔭。自從我和瑞德最初一起開車上班，已經過了二十年。那段期間，我開始明白我們一路上發現的某些事，要是廣泛應用，將影響計畫的成敗。那些事不算法則，甚至不算原則，但確實是吃足苦頭後明白的事實。

舉例來說：不要相信靈光一閃。

最好的點子，很少來自你人站在山頂，石火電光間突然被雷打中。最好的點子，甚至不會在有一天當你人在山**邊**，或是塞在車陣裡、前方有一輛載沙的卡車時，曙光乍現。最好的點子會過了好幾個星期、好幾個月，慢慢地、漸漸地出現在你面前。事實上，當你手邊已經有好點子，你可能過了好久還渾然不覺。

2 「那個點子絕對行不通」

（一九九七年春天：離問世還有一年）

我最深刻的童年記憶，就是父親會製作蒸汽火車的模型。我父親打造的，可不是那種買一套回家的現成電動模型，只需把所有零件組合起來，放上鐵軌，打開電源就能跑。我父親做的是眞正的狂熱火車迷會搞出來的東西。那是功能齊全的迷你火車，鋼輪由蒸汽帶動。每個零件，包含輪子、活塞、汽缸、鍋爐、車桿、梯子，甚至是迷你司機用來鏟迷你煤塊的迷你鏟子，全是手工製成。唯一不是自己手作的零件，大概只有把所有零件接在一起的螺絲。

模型車對我父親來講不是難事。我父親是核子工程師，但他發現，自己的技能組合如果拿來當財務顧問，輔導投資核能與武器研發的大公司，賺的錢遠遠比較多。我父親的工作，讓我們一家人得以舒舒服服地住在紐約市郊，但是他想念實驗室。他想念儀器，想念計算，想念打造東西帶來的自豪感。在華爾街度過漫長的一天後，回到家，他會抽掉領帶，換上一件式工作服，那種眞正火車司機會穿的衣服（他蒐集世界各地的火車司機制服），接著走到地下室。大顯身手的時刻到了。

我出生在一個相當標準的中上階級家庭，住在紐約的查帕夸（Chappaqua）。當地的眾家父親，平日會搭火車到市區上班；各家母親則在有點過大的豪宅裡帶孩子；父母參加學校的董事會議與雞尾酒派對時，孩子會趁機搗亂。

我家最小的孩子終於開始上學後，母親開了一間房地產公司。我們家的房子蓋在丘陵上，一旁是蘋果園，後方有一座大池塘。我的童年大都在戶外度過，穿梭於家裡四周數英畝的林子。不過，我也在室內待上一定時間，在父母藏書豐富的圖書室裡閱讀。我家的圖書室，掛著心理學大師西格蒙德・佛洛伊德（Sigmund Freud）兩幅巨大的肖像。其中一幅，佛洛伊德獨自一人；另一幅，他在妻子瑪莎・柏奈斯（Martha Bernays）身旁擺出照相的姿勢。那兩幅肖像周圍，還有六幅較小的照片和圖畫、裱好框的簽名通信，以及擺滿佛洛伊德大作的書架，包括《文明及其不滿》（*Civilization and Its Discontents*）、《超越快樂原則》（*Beyond the Pleasure Principle*）、《夢的解析》（*The Interpretation of Dreams*）。

當時是一九六〇年代。佛洛伊德式的精神分析不算稀奇，不過我家圖書室會有一座迷你的佛洛伊德博物館，原因不是家中有任何人曾經躺在治療師的長椅上，而是佛洛伊德就是我們家族的人，暱稱是「西吉叔叔」（Uncle Siggy）。

眞要解釋起來，比叔叔還要再複雜一些。佛洛伊德其實是我父親的舅公，我的外太舅公。雖然一表三千里，能和佛洛伊德沾上邊，還是相當了不起，我父母很以這層家族關係爲榮。佛洛伊德是成功人士，是二十世紀的思想巨人，在我父母那個年代是最重要的知識分子。那種感覺就像愛因斯坦是你親戚：證明你的家族在大西洋兩岸都吃得開。

我家還和另一位重要的二十世紀人物有親戚關係：愛德華・柏奈斯（Edward Bernays）。他是我祖母的兄弟、西吉叔叔的外甥（譯註：柏奈斯家與佛洛伊德家相互聯姻，愛德華的母親是佛洛伊德的妹妹，父親是佛洛伊德太太的哥哥）。如果你修過任何廣告學課程，上過美國二十世紀大眾媒體的課——不要說什麼，甚至只要看過影集《廣告狂人》（*Mad Men*）或香菸廣告，你絕對熟悉柏奈斯的廣告手筆。從許多方面來看，柏奈斯都是現代公關之父，他是眞正摸透行銷手法的人，將心理學與精神分析的新發現應用於行銷。就是因爲他，我們今日吃培根蛋當早餐。因爲他，我們慶祝愛迪生發明燈泡，而不是讚揚率先取得白熾燈專利的約瑟夫・斯萬（Joseph Swan）。柏奈斯協助聯合果品公司（United Fruit）推廣香蕉後，轉過身又協助美國中央情報局（CIA）進行政治宣傳，在瓜地馬拉發動政變。

好吧，柏奈斯做過的事，不一定都値得歌頌。不過即便柏奈斯舅公的許多事跡不是那麼令人欽佩，我確實深深覺得，父親每晚在家中地下室做到的事，我也能做到——用自己能取得的工具，創作出某樣東西。我高中的成績勉勉強強，大學主修地質學，但如果要靠一張紙推測我的命運，我只需瞧一眼我的出生證明：**馬克．柏奈斯．藍道夫**（Marc Bernays Randolph），就知道行銷是我的中間名。

我父親的小火車美極了，花了他好多年的時間打造。他完成一台火車時，會先上一層漆，再上一層，然後再一層，接著把我叫到地下室，把火車鍋爐連接至空氣壓縮機，然後把火車擺在工作台的迷你木塊上。空氣順暢通過閥門，我們看著活塞前後運作，流暢地帶動驅動輪。我們欣賞手工打造的車桿與連結器系統，順利將動力輸送至輪子。我父親甚至利用壓縮空氣，讓迷你火車的汽笛發出聲音。

我很喜歡那個尖銳的汽笛聲。在我心中，那個聲音彷彿正式宣布又一次的大功告成，精彩打造出另一樣事物。然而，父親聽見那個聲音時，通常悶悶不樂。按照他的講法，**真正的**火車聲響是由蒸汽而非壓縮機空氣所帶動的，那才是讓人情緒有共鳴的聲音，但他只能想像。地下室裡，沒有給父親的火車走的鐵軌。他打造出的小火車，絕大多數不曾眞正啓程——只接受過空氣壓縮機的測試。我回到樓上後，父親會關掉壓縮機，拿起工作台上的心愛火車，擺在架子上，著手做一台新的。

我漸漸明白，對父親而言，帶給他欣喜的不是完成一台火車，而是年復一年的埋頭苦幹：他熱愛待在車床前的日子，那些數千小時的鑽床與銑床時光。我沒有太多目睹那些迷你火車跑動的記憶。我記得的全是父親興奮地喚我去地下室，給我看他剛做好的一樣零件——和另外五十個連接在一起後，或許會變成一個車軸。

「給你一個建議。」有一次，父親一邊用左眼凝視放大鏡，一邊告訴我：「如果你眞的想建立功業，你得有自己的公司，掌控自己的人生。」

我當時還在念高中，精力大都花在追女生、攀岩，還有說服賣酒的店員我眞的大到可以買啤酒。我不太確定功業是什麼鬼東西，但我想我懂老爸的意思。好啊，我心想，那就這麼辦吧。

然而二十年後，要在一九九〇年代初幹這件事？我還以爲我終於懂父親的意思。我多年來替別人做行銷，待過大型企業，也待過小型新創公司。我是《Mac用戶》（*MacUser*）雜誌的共同創辦人，也協助成立MacWarehouse與MicroWarehouse兩間公司，也就是電腦產品最早的郵購供應商。我在一九八〇年代的軟體巨擘寶藍國際（Borland International）待了幾年。我在這幾間公司時，力氣全放在直效行銷（direct marketing），也就是寄發郵件與型錄給個別消費者，接著研究他們如何回應。我很喜歡這份差事，也很有一套，擅長連結產品與顧客。我知道人們要什麼——如果不知道，也曉得如何找出答案，我懂得如何接觸到顧客。

然而，從某種角度來看，我一直是在替別人工作。在寶藍，我是大型企業的一分子。即便我是《Mac用戶》和MacWarehouse的共同創辦人，我協助開發的點子只有一部分是我的。那些工作帶來豐厚的報酬，但我心中一直有個聲音：單打獨鬥、從無到有打造一間公司，不曉得是什麼感覺——如果我解決的是**我的**問題，會不會更有成就感？畢竟那是爸爸手拿著鐵錘告訴我的忠告。那就是爲什麼他有如希臘神話中的火與工匠之神，走進我們在紐約查帕夸的房子地下室。他想要替自己擬定問題，自己搞定。

一九九七年時，我也面臨同樣處境。隔年，我就要四十歲了，有一個賢慧的太太和三個孩子，也有足夠的錢在俯瞰聖塔克魯茲的山坡上買下一間有點太大的房子。

此外，有點出乎意料，我手上剛好有不少時間。

瑞德收購了我們的公司，在我接手行銷部門後，答應讓我按照自己的理想去做。然而不到六個月，瑞德又同意了另一樁公司購併案，這下子我們所有人都變成冗員——我、瑞德自己，以及我**上一秒才剛**招進來的兩位人才。接下來的四個月左右，聯邦政府審查文件期間，我們每天還是照常上班，依舊領薪水，但無事可做——眞的一件事都沒有。

我快要無聊死了。Pure Atria公司的辦公室，不如今日的新創公司那般氣氛悠閒，沒有小睡艙、大廳沒有彈珠台，只有鴿子籠辦公室隔間、假的辦公室植物，還有每隔一段時間會發出咕嚕水聲的開飲機。

瑞德忙著搞定購併案最後的細節，也開始計畫回學校。他的執行長任期要結束了，他感到有點倦怠。他想改變這個世界，卻愈來愈覺得擔任科技執行長是辦不到的。「如果你想改變世界，」瑞德說：「你需要的不是幾百萬美元，而是**數十億**。」除此之外，瑞德認爲唯有透過教育，才能有效改變這個世界。他愈來愈熱中於教育改革，又覺得要有這個領域的高等學歷，別人才會把他當回事。瑞德想去念史丹佛，他不想再開一間新公司……。不過他也表示，他還想保留跟業界的關係，看是當投資人或顧問，或者兩個都當。

我在等待購併案完成的無事可做期，起初做了點運動。我和一大群從美國東岸移居到西岸、對滑冰場和冰上曲棍球有思鄉症的同鄉，拐了幾個加州人，一起打滑稽的停車場曲棍球賽。我們會在辦公室停車場的陰影處消磨上幾小時，肢體碰撞之間，把彼此抵在停著的車輛，將一顆破破爛爛的網球，擊進用PVC管自製的球門。

此外，我也在高爾夫球練習場待了不少時間。在公司閒閒無事的頭幾個星期，我獲得一項啓示：我永遠不會成爲高爾夫球高手。我一直以爲，只要花費足夠的時間練習，就有辦法進入水準不差的高爾夫球賽。我花了幾週測試那項假設，吃一個半小時的午餐，然後在回辦公室途中，順道去高爾夫球練習場揮揮桿。

然而，不論我擊出多少球，我的技術一直沒進步。

我想，即便在那個時候，有一部分的我已經明白，完美的揮桿不會治好我。我不需要汗如雨下的曲棍球賽，也不需要在拉維佳（DeLaveaga）高爾夫球場打出博蒂。我眞正需要的是深深投入一個計畫，我需要有目標。

也因此，我想到要開新公司，**郵購個人洗髮精**的點子於是問世。

我在背包裡裝了一本小筆記本，隨身攜帶：開車、騎車登山，不論何時都帶著。筆記本的大小，剛好可以完美塞進我的登山短褲口袋。我甚至衝浪都帶去——當然，我會留在岸邊的背包裡。我放棄的第一一四號點子是「替個人量身打造的衝浪板，靠機器完美切割成你要求的大小、重量、強度、衝浪風格」，我會想出那個點子是有原因的。人們說，最好的點子源自需求，你在加州快樂角（Pleasure Point）的海浪裡手忙腳亂時，最需要的當然是完全適合你的衝浪板。

我是那種滿腦子點子的人。只要給我幾小時空檔、一間網速飛快的矽谷辦公室，加上幾面白板，我很快就會把白板筆用到沒水。我大概會爲了不必待在高爾夫球練習場出糗，而努力想出商業計畫。

然而，我對已經招攬過來一起打天下的朋友，也有義務。他們辭掉很好的工作跟著我，現在竟然沒事做。克莉絲汀娜・基什（Christina Kish）是我在Visioneer的同事，那是一家桌上型掃描器公司。克莉絲汀娜跳槽過來才一週，公司就要合併。我從寶藍帶過來的朋友泰・史密斯（Te Smith），更是第一天上班就失業。

我希望對得起她們跟隨我的決定。我想在大家都沒工作時，提供她們一片天。此外，我的自私理由是不想失去她們。當你找到像克莉絲汀娜和泰那麼能幹、聰明、一拍即合的工作夥伴，你得留住她們。

我開始把她們加進我開新公司的智囊團。她們是測試點子可行性的完美人選。我很會想點子，但後續的執行就不太行。我對細節不拿手，但克莉絲汀娜和泰是這方面的天才。

克莉絲汀娜是專案經理，有點文靜內斂，深色頭髮梳成簡單馬尾，多年來負責將具備遠見的點子化爲有形的產品。她火眼金睛，是安排日程表的高手，擁有在最後期限之前把東西生出來的鐵血精神——就算代價是必須殺人，也在所不惜。克莉絲汀娜極度擅長把充滿願景的點子，從**可能性**的國度帶進眞正的現實。

泰是公關專家，她認識每個人，每個人也都認識她。泰不只知道如何寫出吸睛的公關稿，也知道你該認識新聞媒體的哪位重要人士——還知道要講什麼，那些人才會回她電話。泰是媒體招待會的女主人，以高超手腕把活動辦得有如國宴。她深知什麼場合要穿什麼，最深奧的禮儀規定都難不倒她，**永遠**知道要先用哪根叉子。對泰來講，宣傳像是某種舞台，她是舞台上的皇后。從穿著最隨意的網站群組管理者，到最正經八百的財經版主編，泰和瑪丹娜一樣，在外面只需報出自己的名字就夠了，無人不知，無人不曉。只需要一個字，人人都叫她「泰」。

克莉絲汀娜和泰是天底下最不同的兩個人。克莉絲汀娜性格認眞，還有一點沉默寡言。泰則是古靈精怪，穿衣品味狂野，一頭波浪鬈髮爆出來。濃厚的波士頓口音，數十年的加州生活都抹不去。克莉絲汀娜穿運動鞋上班，跑馬拉松。泰則帶我認識Manolo Blahniks到底是什麼東西（譯

註：奢華品牌，《慾望城市》影集女主角最愛的鞋子），而且有一個叫「一杯即茫」的分身，灌下兩杯香檳就會跑出來。

兩個女人從以前到現在都一樣，精明幹練、注重細節、實事求是。當我一察覺只要想出夠好的點子，瑞德就有意願投資新公司，便立刻向克莉絲汀娜和泰求助。我們在Pure Atria的白板前待了無數小時，好好利用了公司的高速網路（高速網路在當年很稀奇——就連在矽谷，網路都沒快到**哪裡**），做了數百個不同領域的背景調查，尋找完美時機。每個能在瑞德的車上提出的點子，都先要通過克莉絲汀娜和泰的詳細檢視。

那些白板討論時間讓我活力大振，勝過任何停車場球賽的射門，也勝過球場上任何飛到天邊的高爾夫球。即便我在白板上提出的每個點子都很爛，儘管克莉絲汀娜和泰的研究明白顯示，我半夜得到的靈感有多不可能成真，我知道我們最終會找到好點子。事情就跟我父親待在地下室一樣，工作自有其樂趣。我們正在醞釀某樣東西。有一天，真的有可能打造出來。

「好吧，」我嘆氣。又是一個星期二的早上，我們又在瑞德一塵不染的豐田車上。「那個點子不行。」

瑞德點點頭。我們穩穩加速到時速五十五哩，維持在時速上限，不多也不少。

我們在討論我筆記本裡的第九十五號點子：替寵物特別調配的飼料。這個點子還不錯，可惜成本太高，而且瑞德指出衍生的法律責任會很麻煩。

「萬一有人的狗死了怎麼辦？」他問：「我們就會失去一個客戶。」

「客戶則會失去一條狗。」我說。我想起我養的拉布拉多，那傢伙今早把籬笆啃出一個洞。

「是啊是啊。」瑞德心不在焉地說：「但重點是，要替每個顧客量身打造獨特的產品，太麻煩了，要耗費的力氣永遠不會減少。替十二名顧客打造產品的力氣，是替單一顧客打造再乘以十二，一絲一毫都減不了，永遠無法省力。」

「但我們總得賣點**什麼**。」

「沒錯，但要能夠擴產。」瑞德說：「你賣的東西，賣十二個所花的力氣，要和只賣一個**一模一樣**。還要試著找出客人會一直回購的產品，不會只能做一次生意就掰掰。這樣一來，找到一個顧客，你就有回頭客，賣兩次、三次、四次，一直賣下去。」

我想了想近期的所有點子：量身打造的衝浪板、狗食、棒球棍。每樣產品都是獨一無二，無法量產，而且除了狗食，其他都是偶爾才會買一次新的（衝浪板和球棒）。狗食一個月倒還會買個幾次。

「有什麼東西是你滿常使用的？同一個人會一用再用？」

瑞德想了一下，頭微微往後仰。駕駛座上的史丹佛學生稍稍轉過頭回答：「牙膏。」

瑞德皺眉：「一個月才用得完一條牙膏，頻率不夠高啊。」

「洗髮精。」我說。

「不要，」瑞德說：「不要再提洗髮精的事。」

我想了一秒鐘，但那天早上，我的腦子昏昏沉沉。當天已經灌下兩杯咖啡，但前晚太累，精神恢復不過來。我家的三歲小公主，半夜做噩夢驚醒，唯一能讓她擦乾眼淚、閉上眼睛、哄她回去睡的辦法，就是第一千次播放我們家客廳電視櫃深處、帶子快壞掉的《阿拉丁》（*Aladdin*）。昨晚女兒再次進入夢鄉後，我幾乎把整部片都看完了。

「錄影帶？」

瑞德看著我。「不要跟我講錄影帶的事。」他搖了搖頭，「我剛被百視達坑了四十美元，就因為晚還一部片子。不過……」瑞德的聲音愈變愈小，再次凝視窗外，臉上一片空白，接著張大了眼，點了點頭。

「或許有搞頭。」他說。

那天早上，克莉絲汀娜、泰和我跟平常一樣，在辦公室碰面。我告訴克莉絲汀娜方才在車上向瑞德提案的情形，她走向白板，慢慢擦掉上頭密密麻麻的字，那是過去幾天我們寫下的清單、預估、計算。

「狗狗掰掰了。」泰說。

「我們需要世上已經存在的產品，」我說：「但我們可以協助人們在網路上取得。貝佐斯（Jeff Bezos）在網路上賣書，你不必自己寫書就能賣書。」

是眞的。亞馬遜（Amazon）那時剛掛牌上市，向每個人證明，原本大家以爲絕對只能在實體商店賣的東西，有辦法搞網購，甚至做得比實體店好。電子商務將是下一波浪潮，這件事所有人都知道。那就是爲什麼人們開始設立五花八門的網路商店，幾乎能放進盒子的都賣，尿布、鞋子，應有盡有。

那也是爲什麼我把晨間時光都花在和瑞德你來我往，讓自己的點子被批到滿頭包。

「我在考慮VHS錄影帶行不行得通。」我告訴克莉絲汀娜：「錄影帶體積還算小。人們看完一、兩遍後，通常不想留下帶子。錄影帶店生意挺不錯的，我們可以讓大家在線上租片，然後直接把錄影帶寄給他們。」

克莉絲汀娜皺眉。「所以我們得負擔租片和還片的兩趟郵資，顧客不會願意負擔運費。」

我點頭：「沒錯。」

克莉絲汀娜說：「那會很貴。」她在一本小簿子寫下一些數字。「首先你得買錄影帶，還得付運費——**兩趟**運費。寄出時還有包裝材料費，再加上你買下的所有帶子的倉儲費……」

「更別提……」泰插進來：「……誰會爲了看《西雅圖夜未眠》（*Sleepless in Seattle*），整整等一星期？」

「一輩子我都等。」我說。

「重點是，當你想看某部電影，**馬上**就想看到。」泰說。

「是沒錯。不過你們最近**去過**百視達嗎？」克莉絲汀娜喃喃自語，眼睛依舊盯著筆記本上一排排整齊的文字。「實在讓人不敢恭維。錄影帶到處亂放，店員不想理你，店內的片子也不多。」

我拿起擺在辦公室角落的曲棍球桿，心不在焉地把網球擊向檔案櫃。泰回到白板前，用藍色麥克筆在最上方寫下「VHS線上商店」。

我們再次分頭準備。

那天晚上我回到家，看著家中的錄影帶收藏，發現數量比想像中來得少。《阿拉丁》、《獅子王》（*The Lion King*）、《美女與野獸》（*Beauty and the Beast*），全裝在迪士尼的套盒內。現在當我想郵寄錄影帶，它們突然顯得好巨大。

晚餐時，我太太羅琳一隻手忙著擦掉三歲女兒摩根（Morgan）臉上的義大利麵醬，另一隻手用湯匙餵蘋果醬給家中最小的杭特（Hunter）。我一邊試著教老大羅根（Logan）用湯匙輔助，把義大利麵捲在叉子上，一邊向羅琳解釋我的新點子，兩件事都不是很順利。

我努力每晚都回家吃飯，不過工作老是跟著我回去。羅琳沒抱怨，某種程度上沒有。此外，一件事可不可行，羅琳的看法一般相當準確。我這個人每次有新點子，通常會有點興奮過頭。

這一次，羅琳滿臉狐疑聽我解釋。我們已經認識快二十年了。我在科羅拉多州的韋爾（Vail）第一次見到羅琳，她是我滑雪巡邏隊搭檔的室友的朋友，跟著男友一起去滑雪，後來……呃，這麼說好了。我出現後，他們的戀情便不太順利。我當時愛上羅琳的理由，和我現在愛她是一樣的：她頭腦精明，腳踏實地，讓天馬行空的我回到地面上。

羅根努力把一口義大利麵送進張開的嘴裡，我盯著他，打起精神，興高采烈向羅琳推銷我超級精彩的點子。我說：「想一想，妳有多受不了拖著這三個小蘿蔔頭去百視達。」我指著摩根沾滿一條條醬汁痕的小花貓臉，再指著杭特無「齒」之徒的嬰兒笑容。「簡直是噩夢一場。但我的點子可以解決這一切。」

羅琳閉緊雙唇，叉子懸在盤子上，食物幾乎原封不動。我知道等我們一家大小離開餐桌，她就會站在流理台旁大口解決晚餐，我則忙著做牧羊犬的漫長工作，把三隻小傢伙趕到浴室裡洗澡，然後送上床。

「首先，你的上衣沾滿醬汁。」羅琳說。

我往下一看，眞的，而且是不怎樣的上衣——那是一件白色T恤，上頭寫著「一九八七年寶藍抓BUG大賽」（BORLAND BUG HUNT ’87）。這樣的穿衣品味，只有在加州斯科茨谷（Scotts Valley）方圓四十哩內，才稱得上高級時尚。多了醬汁痕，更是雪上加霜。我用濕紙巾擦一擦。每次孩子吃東西，桌子附近總是備好清潔用品。

「第二，」羅琳露出大大的微笑，「那個點子**絕對**行不通。」

羅琳提出的否決理由，跟克莉絲汀娜和泰在那星期的尾聲告訴我的事，幾乎一模一樣。錄影帶太笨重，不適合寄來寄去。此外，你無法保證顧客看完片子一定會寄回公司，而且運送途中弄壞帶子的機率很高。

問題重重，不過最重要的是成本太高。我們很容易忘記當年的錄影帶是天價。我家只收藏兒童電影是有原因的。一九九〇年代，零賣VHS錄影帶的電影公司，只有迪士尼一家，而且只賣上映多年的電影。對迪士尼來講，《小鹿斑比》（*Bambi*）數十年來幾乎都算新片，因為還沒看過的新顧客每天都在出生。

你在找不是給小朋友看的電影？那祝你好運了。一卷錄影帶要七十五至八十美元。我們不可能有那個財力，搜集到夠多的VHS錄影帶，跟錄影帶店搶客人。

克莉絲汀娜花了好多天的工夫，研究百視達與好萊塢影視（Hollywood Video）兩家租片連鎖店的商業模式；她找到的資料看起來不妙。

「雖然實體店現在經營得很辛苦，」克莉絲汀娜說：「要賺到錢，一卷帶子一個月得租出去二十次。你得有穩定的客源。也就是說，你的庫存必須是大眾想看的——最好是新片。人們不會每個星期五晚上在百視達排隊，就爲了租導演尚盧・高達（Jean-Luc Godard）的藝術片。大家想看《終極警探》（*Die Hard*）。那就是爲什麼一整面牆都擺這部動作片。」

「好，我們也可以主打新片。」我說：「他們行，我們也行。」

克莉絲汀娜搖頭。「我們不行。假設我們花八十塊買一卷帶子，租金四塊，扣掉郵資、包裝、處理費，出租一次也許能賺一塊。」

「也就是說，每部片必須租出去八十次，才能打平。」泰說。

「沒錯，」克莉絲汀娜說：「一部新片，錄影帶店每個月能租出去二十五次，因爲他們不必等郵局寄來寄去。錄影帶店還可以規定二十四小時內還片。此外，錄影帶店不必負擔包裝費或郵資，因此每出租一次，利潤也較多。」

「那我們就把租片時間限制在兩天內。」我說。

「還是一樣，**至少**需要三天才會寄到。」克莉絲汀娜低頭看著筆記本：「**最好最好**的情況，大概不會發生，也就是在一星期內拿回出租的帶子。這樣一來，一卷錄影帶每個月可以租出去四次——要是走運的話。」

「所以說，等到我們把新片子出租夠多次，多到產生足夠的利潤，那時早就不算新片了。」泰說。

「就是這個意思。」克莉絲汀娜說。

「然後，別忘了你還得跟百視達競爭。」泰說：「全美各地，幾乎離每位潛在租片人十至十五分鐘的地方，就有一家百視達。」

「那鄉下地方呢？」我問，但不是真的很需要知道答案。我知道她們說得對——除非錄影帶變便宜，或是郵局變快，靠郵寄做租片生意，幾乎是不可能。

「從頭再來一遍。」我手裡拿著板擦說。

3 郵差先生，拜託了

（一九九七年初夏：離推出還有十個月）

接下來幾週，我和泰、克莉絲汀娜互拋點子，再和瑞德爭論可行性，然後在加州斯科茨谷與桑尼維爾的通勤路上，眼睜睜看著那些點子灰飛煙滅，掉進我的富豪底盤。我陷入沮喪。

我記不清我們究竟是何時第一次得知世上有DVD這種東西。可能是克莉絲汀娜在做市場調查時，發現這種當時剛問世的技術。我在Integrity QA的共同創辦人史蒂夫・卡恩（Steve Kahn）是家庭劇院的技術狂人，他有可能在Pure Atria的辦公室提到了DVD。也有可能是我在報上看到的——一九九七年，舊金山與其他六個城市是DVD的測試市場。

不過，我猜我大概是從瑞德那聽說DVD的事。所有寄到Pure Atria的免費科技雜誌，他眞的會每一本從頭讀到尾——如果是我，大概只會堆在辦公室角落生灰塵。線上租片的點子徹底失敗後，瑞德再次向我抱怨，他因爲晚還片繳了離譜的罰金。電影占據瑞德的思考——郵寄電影是我少數成功引發他關注的點子。

有一件事我很確定：我的架上一片DVD也沒有。

一九九七年以前，DVD只在日本看得到。就算你有DVD片，也沒機器可放——美國沒賣DVD播放器。找LD（雷射影碟）遠比DVD簡單，簡單太多了。

即使到了一九九七年三月一日，美國首度在測試市場販售DVD播放機，日本以外的地方也買不到DVD。一直要到三月十九號，美國才首度販售DVD，選擇很少，還不是什麼新片，只有《熱帶雨林》（*The Tropical Rainforest*）、《精彩動畫集》（*Animation Greats*）、《非洲：塞倫蓋蒂》（*Africa: The Serengeti*）等紀錄片。一星期後，美國華納兄弟（Warner Bros）首度大量發行DVD——一共三十二部電影。

格式的歷史很精彩，這本書根本講不完。不過基本上，包括電影公司、錄影帶放映機製造商、電腦公司在內，每個人都不希望重演當年的VHS／Betamax錄影機格式大戰，兩種科技在市場上相互競爭，鬥個你死我活，顧客看得霧煞煞，VCR因此晚了很多年才普及。此外，大概除了電影愛好者和蒐藏家，沒人眞的喜歡幾年前推出的LD，體積龐大又昂貴。一九九〇年代中，許多相互競爭的技術正處於開發階段，每一種的尺寸都只有CD大小。

「CD大小」幾個字是重點，引發我的關注。CD比VHS錄影帶小很多，也輕多了。事實上，我想到的DVD體積和重量，大概小到可以裝進標準商務信封，只需貼上三十二美分的郵票就能寄送——跟VHS很不一樣，不需要沉重的瓦楞紙箱，還能省下昂貴的UPS運費。

克莉絲汀娜做了一點研究，她發現電影公司與製造商預備把DVD價格，設定成收藏價——每片十五到二十五美元。那種價格和一九八〇年代很不一樣，錄影帶店如雨後春筍冒出來後，電影公司靠著提高錄影帶價格因應。電影公司一發現所有的利潤都跑到錄影帶出租店那裡（店家購買一捲VHS帶子，接著出租數百次，那是美國最高法院依據「首次出售原則」〔"first sale" doctrine〕所賦予的權利〔譯註：已售出的複製物，無權禁止擁有人再度出售或做其他處分〕），決定唯一的回擊辦法，就是把VHS的價格設得很高，高到他們也能分到出租收入中的「合理比例」。片商知道以這種方式提高定價，將趕跑消費者，但如果大多數民眾不**想**收藏影片，這麼做依舊划得來。

電影公司從當年的錯誤中學習，這次希望DVD能像CD，變成可供收藏的消費者產品。電影公司認爲，如果DVD售價夠低，顧客就不會用租的，而是直接買下，就和購買CD專輯一樣。電影公司預想顧客的家庭娛樂室架上擺放著影片——完全不需要租片的中間商。

更便宜的庫存、更便宜的運費——如果DVD格式能流行起來（這是很冒險的假設），用郵寄的方式租借影片似乎可行。其他大宗產品如書籍、音樂、寵物食物的買賣已經逐漸上網，電影租借（一年八十億美元的生意！）是誘人的目標。在DVD上賭注有風險，但也可能是我們打進電影租借這一行的契機。全球已經被VHS租借生意占領，我們或許能靠郵寄出租DVD殺出一條路——一開始，我們將獨占郵寄式影片租借的市場一段時日。

郵寄VHS的點子不可行，但郵寄DVD搞不好可以。

現在只需要先找到DVD。

我始終有個夢想，要當個郵差。在加州住了幾年之後，我想當郵差的這件事，已經變成我和羅琳不時拿出來開玩笑的事。每次我受夠了辦公室政治，或是擔心新創公司永遠會走過起伏不定的循環——募資跟泡沫化，我和太太就會拿著一杯酒，坐在家中陽台上，想像到他方過不一樣的生活。我們會移居蒙大拿西北部的迷你小鎮，我當送信的郵差，羅琳則在家帶領孩子自學。等我送完信，我們一起在五點煮晚餐。再也不會有突發的危機，再也不必熬夜，再也不必在辦公室過週末，不用出差。不需要在凌晨三點爬起來，寫下所有讓我睡到一半突然冒出來的靈感。

這樣的幻想，有部分是渴望過慢一點、簡單一點的生活——不必再按表操課。下班就是下班，不用再去想工作，有其誘人之處。我相信我太太也一樣，她也想過簡單的生活。好多年了，羅琳容忍我在工作很忙的時候，話講到一半就睡著。老婆已經很習慣，每次她告訴我一件事，都要等個兩、三秒，我才會把注意力從手上在處理的事移開，聽見她在說什麼。

簡單的生活在財務上聽起來也很誘人。矽谷不只是全美房市最貴的地方——這裡**每樣東西**都很貴。儘管我們存下不少我早期創業賺到的錢，目前的薪水也夠生活，但是總覺得物價不斷飛漲，我們得持續盡全力奔跑，才能勉強維持原本的生活。我和羅琳坐在門廊上，陷入長長的幻想，計算手頭的錢夠不夠：**我們存下的錢，加上賣掉目前的房子能拿到的錢，有辦法在蒙大拿買房。我幾乎四十歲就能退休。光是靠兼差的郵差工作，我們就能過得不錯……**

然而，如同所有的渴望，我們想像中的歸隱山林新生活，最好不要夢想成真。如果我真的住在那種地方，像是蒙大拿的康登（Condon，譯註：二〇一〇年人口普查共三百多人），每天唯一要忙的事就只有送信，我大概會明白爲什麼有的美國郵政人員會如此憤世嫉俗，最後竟然開槍殺害同事（譯註：美國在一九七〇年代至九〇年代，發生多起郵務人員殺害同事的案件，死了四十多人）。

實情就是我喜歡傷腦筋。我喜歡每天都有問題要面對，有需要推敲解決的事。

那年夏天，我常到露露卡本特餐廳（Lulu Carpenter's）吃東西，那是聖塔克魯茲市區位於太平洋大道（Pacific Avenue）北端的一間小餐館。我和瑞德每星期會在那裡吃一、兩次早餐，再開車去公司。我和瑞德通常會坐在戶外人行道上的桌子，背對餐廳敞開的巨大窗戶，凝視對街的聖塔克魯茲郵局。那間郵局就像教堂一樣，傲視著太平洋大道。

聖塔克魯茲的郵局是一棟柱子很多的宏偉建築，有著美輪美奐的古典宮殿造型，外牆是花崗岩和砂岩，還有光亮的大理石地板，綿延一整條走廊的郵政信箱，黃銅把手有點褪色。一九九七年，我寄的信不多——我是科技業人士，電子郵件才是王道。然而，看著川流不息的人潮進出郵局大門，讓我想要開始與人通信。我想起剛踏入社會時，做的是垃圾郵件之王的工作，每週要寄出數千封郵件，不對，是數十萬封。

我想要再次寄點東西。

「聽著。」我說。我看著卡布奇諾奶泡裡的葉子形狀。我已經講了三十分鐘「郵寄DVD」的推銷重點，講稿是克莉絲汀娜和泰協助我想出的：「反正我們來試試看，寄一片CD到你家。萬一CD破了就算了，我們就知道這個點子永遠行不通。如果順利抵達，你星期二晚上就有東西可聽。」

瑞德凝視著我。那時是星期一早上八點，瑞德不但四點就起床，還喝過了雙份濃縮咖啡。現在，他手中的咖啡喝到一半。他提醒過我好幾次，我們沒有任何人真的**看過**DVD長什麼樣子。

而我呢？我像小鳥一樣興奮。我也很早起，日出時在聖塔克魯茲的衝浪勝地「航道」（Lane）衝浪。即便中間過了幾小時，在乾燥的陸地上喝咖啡，這個最新的點子依舊在我眼前徘徊，正從地平線冒出來，模糊的輪廓在遠方升起。現在還太早，很難講這條路到底行不行得通，但無論如何，最好先就定位做好準備。

瑞德感受到我激動的情緒。「好吧，好吧。」他說：「吃完你的司康。」

我們踏上通往羅格斯（Logos）的那條路。羅格斯是太平洋大道上一間二手唱片行，我們在門外等店家開門營業。當然，羅格斯還沒有DVD可賣，但我們買了大小相仿的CD。我買了美國女鄉村歌手珮西・克萊恩（Patsy Cline）的二手《精選輯》（*Greatest Hits*）——就算我的點子行不通，至少那會是一片有人想聽的CD。幾分鐘內，瑞德就取出盒中CD，我則跑進一家叫紙業願景（Paper Vision）的辦公室用品店找信封。如果只想寄一樣東西，卻買了整盒信封，感覺太浪費，所以我買了一張賀卡——藤籃裡裝著兩隻吠著「生日快樂」的小狗，卡片附有一個粉紅色信封。我們來到郵局，瑞德寫上他家地址，我投錢進販賣機，買了一張三十二美分的郵票。

CD裝進信封，郵票貼好。我舔了舔信封口，附上一個幸運之吻，投進郵筒，郵筒上方的老舊黃銅牌子寫著「本地郵件專用」。

說到幸運：好幾個月後，在那場Netflix實驗過後許久，我參加了聖塔克魯茲郵局的解說團。當時我們已經準備好開公司，只是尚未眞的上路，但早就過了初期的評估階段，不需要在十七號州道上將點子抛出豐田Avalon窗外。我們差不多要開業了，我覺得我需要親眼看到郵局如何處理我們的DVD，才能視情況調整郵封設計。

我感覺自己像個小朋友，走過投遞處後方髒兮兮的籃子、卸貨台、派遞辦公室。聖塔克魯茲的郵局局長，一步步解說信件會走過哪些流程。九個月前，我們的粉紅色信封也走過一模一樣的步驟：從貼郵票、放進郵筒、分類、裝袋、上郵車，最後送至瑞德的信箱。我還以爲我會看到高度自動化的系統，在高壓下高速運轉，就連我們最堅固的設計原型也會被壓壞。或是假使信件沒在這間郵局寄發，可能會送至附近的聖荷西大型設備分類，壓個亂七八糟，再回到聖塔克魯茲投遞。然而，我見到的是比較人工、類比時代的景象。本地郵件以手動方式立即分類後，直接交給郵差司機，過程快速又輕巧，出人意料。

「各地的郵件都是這樣處理嗎？」我問。

郵局局長聞言大笑。「當然不是。」他說：「這是本地郵件，其他所有的外地郵件都會運到聖荷西，在那裡分類。」

「所以你的意思是說，如果我用信封寄送沒裝在殼子裡的CD，寄到外地，CD就有可能多出刮痕，或是裂掉、斷掉？」

「八成會這樣。」局長說。

我心想：我們太幸運了。

這叫僞陽性——也叫走運。如果我們先前到別間郵局寄信，或是如果瑞德住在洛思加圖斯（Los Gatos）或薩拉托加（Saratoga）等其他城鎮，我們寄出的CD大概會毀損。天啊，如果是寄到我在斯科茨谷的家，而不是瑞德在聖塔克魯茲的住家，那片CD根本不會完整無缺地寄達，我也不會在這裡寫這本書。也或者，我還是會寫書，但談的是洗髮精。

一切的一切都沒發生。隔天早上，在粉紅色信封消失在投遞口不到二十四小時，我在斯科茨谷的停車場和瑞德碰面，他拿出我們的信封，裡頭是毫髮無損的CD。

「寄到了。」瑞德說。

「感謝上帝。」我說。

再見了，客製化衝浪板。再見了，替個人量身訂做的棒球棍。

實驗的CD平安抵達後，我想我跟瑞德都明白，我們找到點子了。克莉絲汀娜和泰提出的一切反對，包括從寄出片子到回收需要花費的時間、便利性等等，依舊需要煩惱，但如果寄一片DVD只需要三十二美分，一片又能以二十美元買到，我們都知道這值得一試。

克莉絲汀娜、泰和我發現，DVD和VHS真正的差別，在於影片的豐富程度。即便在美國DVD的販售地點，也沒有很多片子可選；一九九七年的年中，依舊只有一百二十五部左右的影片。VHS則有**好幾萬部**電影。

我給克莉絲汀娜看實驗用的CD時，她說：「所以說，重點是我們搶先進入市場？我們要捷足先登，搶在錄影帶店之前蒐集好可出租的片單？」

我點頭。「比較像是『有片單就好』。目前還沒有人有DVD機，因此離錄影帶店開始出租DVD，還有好一陣子。大概會有很長一段時間，我們是唯一做這生意的人。」

「這點或許能彌補郵寄耗費的時間。」泰說：「如果民眾在出租店都找不到DVD，就比較能等。」

克莉絲汀娜皺起眉頭，但我看得出來，她開始接受這個點子。

「好吧，」她說：「我們有人實際看過DVD電影嗎？」

我們有點子了，現在只需找出錢要從哪裡來。

開公司時，你眞正在做的事，是讓別人對**點子**感興趣。你得說服未來的員工、投資人、事業夥伴與董事會，眞的值得把金錢、名聲與時間花在你的點子上。今日的作法是，你可以事先驗證產品，先架設網站或打造原型，製作出產品，計算流量或早期銷售——當你去見潛在的投資人，就能打開雙手，用數字證明你在嘗試的事不只是好點子，而是已經存在的點子，**實際可行**。

舉例來說，幾年前，我兒子從大學畢業，和朋友一起搬到舊金山，準備成立一間公司。他從我們在斯科茨谷的家搭車到舊金山，尚未抵達就已經在網站工具平台Squarespace架好網站，在網路付款公司Stripe設好信用卡帳號，用AdSense買好廣告，還在線上技術測試公司Optimizely，設好幾項評估結果的雲端分析。不到一個週末，一切就搞定了。

（他們測試過哪些點子？其中一個是**郵寄洗髮精**。我能說什麼，有其父必有其子。）

一九九七年，你可以靠著PowerPoint簡報，募得兩百萬資金。事實上，不那麼做**不行**。原因有很多，不過最基本的原因與時間有關。一九九七年沒有Squarespace，沒有Stripe，沒有AdSense，沒有Optimizely，沒有雲端。如果你想架設網站，得聘請工程師和程式設計師替你打造。你得有提供網頁的伺服器。你得想辦法接受顧客用信用卡付款。你得有自己的分析工具。別說一個週末了，說不定得耗上六個月。

此外，你還得有錢支持你做準備。有錢雇人，有錢租地方，有錢買設備……你得有錢**撐到**證明你的點子有可取之處，還得撐到募得第一筆大額資金。

整件事有點像是鬼打牆：你無法向投資人證明你的點子可行，除非他們給你錢證明你的點子可行。

你得把**點子**賣給他們。

然而，你能拿到第一塊錢、售出第一股股票之前，你得先幫點子定價。這叫「估值」（valuation）。你想出一個數字：你的點子值多少錢。

一般來講，要是有人驚嘆道：**嘿，這是個價值百萬的點子**！這是好兆頭。

然而在矽谷，一百萬實在不多。

這樣講吧：Netflix目前大約值一千五百億美元。然而，當初在一九九七年，我和瑞德判定，我們的智慧財產權值三百萬，包括郵寄DVD的點子，加上由我和他兩人負責操刀。三百萬不多，但感覺夠了，多到讓人認真看待，又不會多到沒人想冒險砸錢。

我們覺得讓公司起步，起碼需要兩百萬：一百萬架設網站，一百萬用在下一輪募資前的營運。我們將需要天使投資人（譯註：新創公司初期便出資的投資人）。很幸運的是，我們兩個都認識一位天使投資人：瑞德本人。

瑞德想當我們的天使投資人，因爲儘管他打算離開矽谷，加入教育界，他依然想和矽谷保持聯繫。瑞德提供我們資金，就不用完全脫離矽谷，還能參與自己熱愛的新創公司文化。成立與主導小型公司，給瑞德的人生帶來了秩序、意義與喜悅，我想他也害怕轉行到教育界後，將失去那些東西。瑞德當我們公司的天使投資人，就能擁有某種安全網，得以回到自己懂得該怎麼做的世界。簡單來講，瑞德害怕斷了聯繫。

我決定不投入任何一分錢。首先，我家老三、兒子杭特剛出生。此外，我和瑞德不一樣，我爲了這個計畫投入**大量**時間。

我承擔的風險是我投入的時間，瑞德則是冒險出資。

然而，由於我一開始沒投入任何資金，等於改變了自己的持股比例。各位得知道新創公司是如何募資，才能明白原因。我們來算算數學，忍耐一下，很快就好。

剛才提過，我和瑞德假設Netflix（當時只有兩個人加一個點子）值三百萬。爲了方便計算，我決定一開始先發行六百萬股的Netflix股票，也就是一股五十美分，每一股都代表公司一小部分的所有權。第一天，公司只有兩位擁有者，也就是我和瑞德，我們兩個人對分，各自拿到三百萬股，也就是一半的Netflix。好了，要是接著沒發生任何事，我今天依然擁有五成的Netflix，我的世界會變得有點不一樣。剛才說過，Netflix今日大約值一千五百**億**美元。擁有一千五百億的一半，**人生**會很不一樣。

然而，有一種東西叫「股權稀釋」（dilution）。

別忘了，目前只有兩個人加一個點子。我們需要架設網站、雇人、租辦公室、買白板麥克筆（我**真的**很愛白板筆），所以我們需要錢。瑞德願意給我們錢，但他必須拿到回報，所以我們把股票賣給他。我們不賣瑞德我們已經擁有的股票，所以我們得**發行**新股票，把新股賣給他。由於剛才說過，每股價值五十美分，如果要從瑞德那裡拿到兩百萬美元，我們必須賣給他四百萬股。

好了，現在人人都開心。我們擁有一間價值五百萬的公司，公司資產包括點子（我們認爲值三百萬美元），加上兩百萬現金。然而，這下子持股比例不一樣了。我依舊擁有三百萬股，但如今總共發行了**一千**萬股，所以我的持股比例從五成降爲三成。同一時間，瑞德的持股增加，擁有七百萬股：最初提出點子的三百萬股，**加上**他投入的錢換得的四百萬股。

也就是說，瑞德從持有一半的公司，變成持有七成。我們如今是七三分的夥伴。

我一點都不會不開心。股權稀釋是新創世界的正常現象。我的持股的確從五成降至三成，但我寧願擁有一間有錢達成目標的公司的三成股票，也不要擁有毫無現金在手的公司的五成股票。

要是我想和瑞德一樣，各出一半資金，繼續扮演瑞德五五分的事業夥伴呢？也可以。那叫

「按比例分」（going pro rata），這種作法也十分常見。然而，我的口袋沒有瑞德深，我的肩上有更多的家庭責任。此外，我和瑞德不一樣，接下來幾年，我幾乎是醒著的每一刻都投入我們的點子。此外，我認爲要是自掏腰包，把一大筆錢投入這個計畫，就比較沒辦法冒其他類型的風險。萬一我不只可能丟工作，還可能損失數百萬美元，我不確定我在早期階段有辦法去冒關鍵風險，奮不顧身賭下去。

科技人才是矽谷最珍貴的資源。一間聽都沒聽過的新公司，很難吸引到最頂尖的員工。然而，由於Pure Atria購併案的緣故，瑞德有辦法。幾天內，他就聯絡上關鍵人物，那幾個人組成了Netflix初期以外籍人士爲主的奇妙營運團隊：艾瑞克・梅爾（Eric Meyer）是個很妙的法國人，個性狂熱，最後成爲我們的技術長。艾瑞克在事業早期和瑞德合作過，但目前在安侯建業（KPMG）擔任資深職位。我知道要說服艾瑞克這麼厲害（外加高薪）的軟體研發人才，加入我們臨時成軍的隊伍，得花點力氣，所以我一拿到他的電話號碼，就立刻聯絡。

我一邊找人，一邊還得生出類似企畫書的東西。請注意，我說的是「類似」。我不曾眞的想寫出那種東西。多數的企畫書完全是在浪費時間——寫下詳盡的市場進入策略、詳細的營收與支出預測、樂觀的市占率預測。然而一旦事業開始運轉，企畫書的內容就過時了，你會發現你所有的預測有多失準。

事實就是沒有任何企畫書在碰上眞正的顧客後，能不被丟進廢紙簍，所以訣竅是以最快的速度讓你的點子上路，接著碰上現實必然會帶來的衝擊。

不過，我們還是得想出要如何著手，我把這個任務交給克莉絲汀娜。我們花了無數個小時坐在辦公室白板前，試著想像線上錄影帶店實際上應該長什麼樣子。克莉絲汀娜用手繪的方式，畫下每一頁預想的網頁，仔細勾勒出每一項內容會擺在哪裡，包括DVD電影的圖示、劇情大綱、租借資訊等等。我開始找辦公室空間，至少要一旦找齊團隊，大家有個會議室可以聚會。在我住的斯科茨谷那條街上，有一間貝斯特韋斯特飯店（Best Western），那是我心目中的最佳首選，租借那裡的會議室，一週只需兩百五十美元。

一切感覺是瞬間發生，實際上也的確如此——幾星期內，我們就從模糊的點子清單，進展到推動點子的半可行計畫，但一九九〇年代的矽谷就是這樣：**每一件事**都很快。

一九八〇年代也不**慢**——眞的稱不上慢，但當時的過程比較是漸進式的。那是由工程主導的文化，因此事情發生的速度要配合打造的速度。一九八〇年代，我在寶藍國際工作，就連公司園區內的大樓都強化階層感：工程師在最高的樓層，他們的辦公室有窗戶，其他每個人則待在工程師下方的樓層。那樣的階級制度帶來某種穩重感。改變要按照計畫來，以合理的方式發生。

然而，來到一九九〇年代中期，事情不一樣了。傑夫・貝佐斯的亞馬遜成功了，向大家證明推動未來的，不只是更強大的硬體、更創新的軟體，而是網路本身。你可以利用網路賣東西，網路是未來。

網路不可預測，網路的創新並未集中在企業園區。那是個嶄新的世界。

事情以有形的方式飛速產生變化。一九九五年，我在寶藍公司的日子進入尾聲，當時你甚至可以買到列出所有網站的實體書，當時一共只有兩萬五千個左右的網站，名錄還不到一百頁。到了一九九七年三月，也就是我和瑞德趁開車穿越聖塔克魯茲山脈腦力激盪時，一共約有三十萬個網站。到了該年年底，網站數量達到了一百萬——而且使用者數量是一百萬再乘以一百。我們不是唯一想用新方法靠網路賺錢的人。成千上萬的人跟我們一樣，試圖找到正確的角度、正確的產品、正確的方法，好好利用這個嶄新的媒介。

我聽過有人說，一九九〇年代的中後期，矽谷處於「非理性繁榮」的年代。我同意「繁榮」兩個字。人類史上最翻天覆地、驚天動地的技術問世了，怎麼會不繁榮？

但「非理性」呢？沒這回事。在網路年代的開端，我們感受到的興奮**完全**合情合理。前方是一片未經開墾的大地——沒有人挖過土，沒有人種過東西。只要你跟夠多的創業者與工程師談一九九〇年代中後期，他們告訴你的事，聽起來就跟路易斯與克拉克（Lewis and Clark）探索美洲大陸的日誌內容沒有兩樣。我們感受到自己正處於一場遠征的前夕，新疆界的土地多到可以分給每一個人。

4 召集團隊

（一九九七年七月：離推出還有九個月）

我們試寄CD一星期後，我人在加州庫比蒂諾（Cupertino）的霍比餐廳（Hobee's），吃著巨大的培根生菜番茄三明治。桌上四處散落吃到一半的漢堡和波浪薯條，食物被推到一旁，挪出位子放活頁夾、筆記本及咖啡杯。我們眞的要開公司了。

在外人眼中，霍比餐廳不是什麼高級餐廳，基本上就是一間小餐館：餐桌固定在牆邊，護貝過的菜單附有餐點照片，上頭沒有污漬，因爲每個輪班末了都會送進洗碗機。店內一杯咖啡兩美元，還能無限暢飲。

我們選擇霍比餐廳，不是因爲東西好吃。我們在霍比餐廳開會，也不是爲了怕洩漏點子。事實上，我們一點都不擔心保密的事。我當年就知道將我的點子昭告天下是件好事。我告訴的人愈多，就會獲得更多好的意見，也會聽聞前人失敗的嘗試。把點子告訴別人，就能讓點子愈變愈好——通常還會讓人們想要加入。

那爲什麼要選霍比餐廳？地點、地點、地點，重要的事得講三遍。我們用指南針描出大小一樣的圓圈，圈住克莉絲汀娜在福斯特城（Foster City）的居住地，還有我在斯科茨谷的家。那兩個圓相接處的正中央，剛好是庫比蒂諾的史蒂文斯溪大道（Stevens Creek Boulevard），每個人開車到那裡都不超過三十分鐘。

每個人是指誰？當然包括我、克莉絲汀娜、泰。我們暫定的科技長艾瑞克·梅爾也在，他用法國人特有的鄙夷眼神，看著自己那杯滿是泡沫的卡布奇諾。有著濃厚口音的烏克蘭夫婦鮑里斯與薇塔·卓曼（Boris and Vita Droutman）也在。艾瑞克向我們保證，這對夫妻檔是寫程式的天才。當瑞德罕見地能從Pure Atria辦公室脫身時，也會出席。

我們不得不在霍比餐廳碰面，因爲我們處於尷尬的過渡期：正朝著開一家眞正的公司前進，但又沒有任何辦公室，也沒錢租。我、克莉絲汀娜、泰依舊受雇於Pure Atria，不可能爲了準備開另一間公司，讓外人成天進進出出我們在Pure Atria的辦公室，因此我們只能偷用下班或午休時間，到霍比餐廳開會兩小時，討論我們要開的公司：我們要做什麼、要怎麼做、何時開始。

克莉絲汀娜和泰做了很久的市場研究，一邊吃科布沙拉（Cobb salads），一邊會報。泰會說：「過去一週，我走訪了十五間錄影帶店，發現以下幾件事。」接下來，克莉絲汀娜會拿出她初步畫好的圖，上面是她設想的網站內容。鮑里斯與薇塔則和艾瑞克擠在一起聊技術問題，他們講的東西太先進，我眞的兩個字只聽懂一個。我通常同時在做三件事，軀殼還在桌前，聽大家說話，大腦往往在想別的事，想著如何說服新人加入我們的團隊，公司要取什麼名字，一旦資金到位，我們要去哪裡。我們無法永遠待在霍比餐廳。

我也需要財務長，我在寶藍認識一個叫杜恩・曼辛基（Duane Mensinger）的人，完全符合要求：他是專業人士，有相關的工作經歷，包括在PwC會計師事務所（Price Waterhouse）待過將近十年。在加州這個隨性的地方，一般人穿短褲和夾腳拖，杜恩永遠穿著正式的扣領襯衫。杜恩吸引我的特質包括小心謹愼，一絲不苟，規避風險。然而，也正是因爲這樣的人格特質，杜恩不願意參加我們這群烏合之眾的聚會。不過，儘管杜恩一直禮貌地回絕我，依然私下出手相助，答應幫我們建立財務模型，擔任某種「租來的財務長」。

我在吉姆・庫克（Jim Cook）那裡碰上的問題正好相反——吉姆後來成爲Netflix團隊最重要的成員。他是克莉絲汀娜的朋友，身材健壯，在Intuit做過幾年財務，臉上總是掛著傻笑。我喜歡那一點——在新創的世界裡，樂觀是好事。然而，問題出在吉姆非常想當財務長。他看起來確實是合適的人選，穿著打扮像個銀行家：筆直的褲子，熨燙整齊的西裝襯衫，每件衣服都是淡藍色。吉姆有條有理，注重細節，做事有效率，而且他和杜恩不同，很習慣新創公司需要冒的險。他和我們其他人一樣，眞正樂在其中。我認爲那一點讓他成爲主持營運的完美人選，負責找出我們究竟要如何購買、儲存和運送DVD。

然而，吉姆不願意照我的規畫走。我和吉姆見了好幾次面才明白，他大大的笑容不只是出於樂觀性格——那是一種談判手腕。我在談判時要是得不到想要的東西，我的策略是嘆氣，表現出心累的樣子，讓對方感到自己像是讓父母失望的孩子。你懂父母是什麼樣的：**我沒生氣，我只是失望**。吉姆的手法則是對我露出大大的詭異笑容，令人坐立難安。

不過，讓吉姆負責財務行不通。後來，吉姆在十月正式擔任我們的財務與營運總監。我最後發現，吉姆對於財務**頭銜**的興趣，勝過實際的事務。我通常會小心避免職稱膨脹的情形——雖然給頭銜聽起來不用錢，實際成本遠比表面上昂貴，因爲會導致一連串的過度升遷。光是這個理由，我已經決定不要給任何人副總裁的頭銜——至少開頭不要。大家全是總監，他們的職稱將反映出他們實際**做的事**，而不是他們想做的事。不過，要讓吉姆加入的話，得小小破例。吉姆這個人才太寶貴，不值得爲了頭銜問題失去他，所以我勉強同意把吉姆的職稱加上「財務」兩個字，並且讓他瞭解，既然杜恩也加入了（雖然是臨時性質），我們一開始眞正需要他的地方是營運。只要他有耐心，有一天他會成爲財務長。

在此同時，我得替吉姆找個地方工作，也得幫其他人找。我們需要辦公室。我堅持想開一間聖塔克魯茲的公司——不要遵循矽谷的流行作法，也不搬到桑尼維爾或聖荷西一個模子印出來的辦公園區。聖塔克魯茲很對我的味，是個海灘城與衝浪鎮，依然保有一絲一九六〇年代的氛圍，那裡的福斯廂型車數量大概還比人多。那座城市的整體氣氛，和矽谷「不惜一切都要成長」的模式背道而馳。聖塔克魯茲人通常反對開發，反對拓寬道路，不願意讓城市成長。

在聖塔克魯茲山脈的另一頭，成長是至高無上的神，但在聖塔克魯茲，講成長太過俗氣。

我希望我的公司能擁有幾分聖塔克魯茲的悠閒感，不要只是把山另一頭同一批野心勃勃的年輕科技工作者吸引過來。我想要招募自由思考者——那種能稍稍跳脫制式思考的人才。我希望打破框架。

我希望生活能維持平衡，包括我自己和一起工作的同事。我想要聖塔克魯茲的登山步道和海浪，渴望比較放鬆的生活方式，我不想每天花兩小時通勤到帕羅奧圖（Palo Alto）。既然要自己開公司，我希望能與自己的生活無縫接軌。我希望孩子能順道到辦公室吃午餐，也希望不必陷在龜速的無盡車陣，就能回到家和家人一起吃晚飯。

我在聖塔克魯茲尋找辦公空間。但除非資金到手，我們只能將就待在斯科茨谷的貝斯特韋斯特飯店。

順道一提，貝斯特韋斯特飯店今日還在。上週我開車過去，希望坐在從前那張會議桌前懷舊一下。我們擁有真正的辦公室以前，在那間會議室待了好幾個星期。我希望確認一下記憶——那張會議桌有多大？舊地毯是什麼顏色？我停好車，悄悄沿著飯店建築在外頭繞了一下。不過，當我從窗戶偷瞄Netflix史上第一個辦公空間時，沒看見長桌或人體工學椅，也不見往常必備、刮痕累累的水罐和圍成一圈的塑膠杯。我看見會議室裡堆著沒有任何需求的雜物：一台可憐兮兮的跑步機、一堆不成對的啞鈴，角落是一張攤開的骯髒瑜伽墊。

時光是很殘酷的，科技沒有紀念碑。

那年夏天，我還花了很多時間吃午餐。除了霍比餐廳，每個月我會開車去幾趟林邊餐廳（Woodside），試著說服錄影帶店老闆米奇・羅威（Mitch Lowe）加入我們的團隊。

我和米奇最初認識，是在拉斯維加斯「影像軟體經銷商協會」（Video Software Dealers Association，縮寫是VSDA）的年度大會。我是六月一時興起過去，沒設定什麼目標，只是想大致瞭解一下狀況。感覺上去一趟是應該的，因爲我們想成立從事影片租借的電子商務事業，總該知道租片是怎麼回事，不能只有籠統的概念。我暗自希望找到有人在賣租片店的營運軟體，接著改造成線上模式。

我得要一點小手段，因爲VSDA是「貿易展」，表面上只開放給同業，不讓一般大眾參加。因此，前往拉斯維加斯的一個月前，我填寫報名表時，便號稱自己是「加州斯科茨谷藍道夫影視」的總經理，絞盡腦汁填寫問卷：

員工數？七人。

年營收？

那題好難——我不曉得一間錄影帶店的營業額是多少。我想想，七十五萬美元？

幾星期後，我的識別證寄來了。

我會在VSDA展覽看到什麼，我毫無頭緒。大概會有一些攤位，幾場圓桌會談，就是普通的無聊商業大會，我從事直效行銷工作那幾年經常參加。我還以為負責整場活動會的主持人，將是刻板印象中的錄影帶店員工。各位要是年紀大到記憶裡還有錄影帶出租店，你懂的：那些人多半二十歲出頭，戴著巨大的眼鏡，永遠一臉憤世嫉俗的模樣。

我抵達會場後，發現根本不是那麼回事。VSDA**太瘋狂了**。成千上萬的人，擠在數百個爭奇鬥豔的攤位旁。模特兒在會場中央走來走去，四處發送片商紀念品。名人擺好姿勢拍照，處處張燈結綵，聚光燈打亮全場。巨大音響播放著電影原聲帶，聲音大到地板會震動。這裡簡直是迪士尼樂園、好萊塢電影首映會，以及印第安那嘉年華會的邪惡綜合體。

我站在綠幕前，微笑的臉被合成在《不可能的任務》（*Mission: Impossible*）電影海報裡。我擺好姿勢和酷狗寶貝（Wallace and Gromit）一起拍照。展場的入口是一尊三十呎高的小博士邦尼恐龍（Barney），我站在底下，目眩神迷，看著邦尼的嘴巴開開合合打招呼。

我感到像是嗑了迷幻藥。

我在一個又一個攤位前走來走去，試著理解租片產業究竟是怎麼回事。誰是主要的廠商？誰賺錢？怎麼賺的？我的策略是扮成土包子——跟神探可倫坡（Columbo）一樣，四處裝傻探聽，但成效不佳。

那天要結束時，我走完各種巨大的攤位，抵達這種大會所謂的「桿子布幕區」（pipe-and-drap section）——這個名字的起源是攤位與攤位之間，只隔著腰那麼高的金屬架，上頭蓋著布，遮住很醜的桿子。這一區留給不那麼熱門的小攤位。沒有華麗的電子顯示板，看不到約翰・庫薩克（John Cusack）或丹妮絲・理查茲（Denise Richards）等俊男美女演員，也沒人急著送我紀念杯或3D眼鏡，只有牌桌後冷靜聊著還片率和庫存的中年男子。

我要找的人在這一區，搞軟體的。

我最後停在後方一個攤位前，和一個三十五歲左右、留鬍子的人講話。我看不出那個人是做什麼的，他的神情和藹可親，手寫的名牌只寫著「米奇」。我又開始裝成鄉巴佬，問東問西。

「在我的店裡，我和七名員工都用紙筆追蹤出租的片子。」我說：「這種軟體可以幫我**做什麼**？」

男人露出微笑，看起來頗瞭解我的意圖，但是按兵不動。我們聊了一下，我得知米奇經營一家叫「影片機器人」（Video Droid）的小型錄影帶連鎖店，當時有十家分店，每間店都要管理數千部電影。我對於米奇的說話方式感興趣，他談到店內同時有新電影和經典電影庫存時碰上的實務挑戰。不過我眞正感興趣的是，米奇對電影有著深厚的知識，甚至和租片的客人建立交情，留意客人喜歡什麼、開口要求什麼、想要什麼。米奇是電影愛好者，他希望協助顧客找到他們會喜歡的電影類型。換句話說，他不只是提供客人自認喜歡的電影，連他們不曉得自己會想看的，米奇也一併提供。

米奇是個人形IMDb（Internet Movie Database，網路電影資料庫），整天在店裡看好幾部電影，回家吃晚飯時再看一部，接著又熬夜看下去。他不像刻板印象中的錄影帶店員工，一副高傲的菁英模樣，以自己深厚的知識爲榮。米奇爲人友善，喜愛社交，等不及要分享自己有熱情的事物。過去數十年，米奇和成千上萬的人聊他們看過的電影、喜歡和不喜歡哪幾部，還看過其他哪些影片。米奇靠著深度的腦內電影知識資料庫，以及對人的理解，有辦法依據人們的心情、興趣和品味，預測適合他們的電影。

米奇是電影版的侍酒師。

此外，我的偵探把戲一點也沒唬過米奇。我們聊了大約十分鐘後，他對著我微笑，貌似忠厚老實，但眼中閃過一道光，開口問：「你來這究竟想幹什麼？」

我支支吾吾，說出我想用郵寄出租影片的點子。米奇看起來興致不高。我們還是交換了電話號碼，我離開攤位時，覺得自己可能找到了低調的同業，可以交流一下心得。我心想：**他可真是個好人**。

當天稍晚，我查看會議中心的地圖，翻開VSDA的大會節目表，封面內頁是一張半頁大的全彩照片，上頭正是我在桿子布幕區碰到的那個好人。下方整整齊齊寫著他的名字：**米奇．羅威，VSDA主席**。

VSDA大會結束後，我和米奇保持聯絡。米奇住在馬林（Marin），所以我們都是在電話上聊，但我會告知他籌備近況，請教我覺得他能幫上忙的問題。我在林邊餐廳和米奇喝過幾次咖啡。等到我們準備開始募資，我積極邀請米奇加入團隊，開始請他到巴克餐廳（Buck's）吃午餐。

巴克餐廳是矽谷聖殿，無數企業在那裡誕生，在那裡構思，在那裡募資，在那裡成形。餐廳老闆實在應該要求分紅才對。巴克餐廳的食物很美味，提升了療癒食物（comfort-food）簡餐店的境界，不過你會想去，是因爲裝潢氣氛。店內每個角落，各種裝飾擺得滿滿滿，其中最顯眼的，大概是自天花板垂掛下來、引擎已拆除的車輛。還記得「肥皀箱賽車」（Soap Box Derby）嗎？就是當童軍時，自己用木頭做出一輛車，推下山坡，看誰的車跑得快。這樣說好了，這就是矽谷版的肥皀箱賽車。每一年，帕羅奧圖的沙丘路（Sand Hill Road）上，也會舉行無引擎的賽車大賽，家財萬貫的創投公司來這裡搶著出鋒頭。競賽時沒有木頭車，但有附輪子的太空船。參賽者的贊助商找到最先進的高科技碳纖維複合材料，甚至動用人脈，進入航太製造商洛克希德馬丁公司（Lockheed Martin）的風洞，取得光是成本就要數千美元的軸承。就連輪子都比較輕、比較結實，比你在直線競速賽車上找到的零件都貴。

沒錯，巴克餐廳最誇張的裝飾品，就是你吃飯時頭頂上方掛著的一輛賽車。那輛車在沙丘路的比賽中落敗，但曾經是下坡無引擎的速度保持者，隨時提醒食客，只要投入足夠的努力、精神、金錢，萬事皆有可能。

巴克餐廳的每張桌子，皆有創業融資留下的痕跡。紙巾被好幾千支筆寫過，勾勒出有如天方夜譚、但說不定會成功的點子。在某種層面，這是矽谷版的VSDA——這個有點迷幻的瘋狂空間，令門外漢摸不著頭緒。那就是爲什麼我帶米奇來這裡。

我在米奇的午餐聚會上蒐集情報，拋出我和克莉絲汀娜、泰討論過、或許能解決問題的方法。光是聽著米奇解釋行不通的原因，我就學到了東西。米奇是完美的綜合體，既擁有內容知識，也擁有產業知識——他熱愛租片物流的程度，不下於他對電影的熱愛。

米奇不是矽谷人，即便到了今日也不是。他是腳踏實地的事業主，擁有不可思議、走在時代最前端的點子。事實上，他的錄影帶連鎖店店名「影片機器人」（Video Droid），源自於他早就打賭，有一天，自動租片機將成爲電影的經銷管道（《星際大戰》〔*Star Wars*〕的製片暨導演喬治・盧卡斯〔George Lucas〕曾找上米奇，提出法院禁止令，宣稱只有他有權利使用「droid」〔譯註：《星際大戰》中的機器人〕一詞，直到米奇證明他比《星際大戰》早了許多年就在用那個字）。

米奇的外表和行爲舉止，完全就是個「普通人」，但我愈和他聊，就愈感到外表下藏著的那個人有趣多了。米奇曾經不小心透露，他一度替走私商工作，將衣服運進、運出共產黨統治下的東方集團（Eastern Bloc，譯註：冷戰期間西方對蘇聯陣營的稱呼）。米奇還害羞地承認，他的母親拿過A片的奧斯卡獎，但不是以女星身分，而是產業之友。在一九七〇年代和八〇年代，米奇家在繆爾森林（Muir Woods）的房子，曾是數十部成人電影的拍攝場地。

我最後明講要提供米奇工作，但他禮貌地拒絕了。他喜歡經營自己的家族事業，熱愛錄影帶事業，不是很渴望離開馬林。

可是……米奇一直答應和我在巴克餐廳見面，不是因爲那裡的野牛肉餅，儘管那的確很美味。米奇對這一切興趣盎然，不斷提供我建議與指引，我也一直請他吃午餐。那年春天和夏天，我爲了爭取米奇・羅威加入團隊，嗑了超多魯賓三明治（Reuben），整整多了我自己私下取名的「創辦人的十五磅」（Founder's Fifteen）。我只能不斷鬆開皮帶，祈禱吃下那麼多卡路里，將讓我換得人才。

5 拿錢來再說

（一九九七年秋天：離上線還有八個月）

只要在矽谷待上夠長時間，你會聽到一個好笑的縮寫：OPM，尤其是如果你身邊是戰功彪炳、身經百戰的創業者，成立過幾間新創公司。處於早期階段的公司，三句不離OPM，有時是用在明智的建議：「**你想知道開公司最重要的原則嗎？就是OPM。**」有時是用在勸戒：「**我知道你有自信，但千萬要遵守OPM原則。**」有時OPM單純是座右銘，像是某種瑜伽的梵咒。在各地辦公園區的會議室裡，不斷會聽見：「OPM、OPM、OPM。」

你問到底什麼是OPM？其實只是新創公司的俚語。

意思是「**別人的錢**」（Other People's Money, OPM）。

創業者苦勸你一定得記住OPM時，他們的意思是：資助你的夢想時，**只用**別人的錢就好。

創業風險大，你唯一該自掏腰包拿出來的就只有……嗯，你的青春年華。你用生命投入你的點子，至於掏腰包這件事，就交給其他人。

我把時間投入郵寄DVD的概念，沒親自掏錢，我遵守了OPM這項建議，但瑞德不一樣。前文提過，瑞德答應用自己的錢，拿出兩百萬美元當種子基金，然而幾星期後，他重新考慮了金額。瑞德並未臨陣退縮，但不想當唯一的贊助者。

「我喜歡這個點子，但我擔心我們處於同溫層。」瑞德說。

「你是在擔心我們過於自嗨。」我說。

瑞德點頭。「你的確很容易扯到天花亂墜，講到自己都信了。」

「只要你信了，就不是在亂講。」我說。

那的確是真的。在我的職業生涯中，我最為人所知的形象是，不管我賣什麼，我心中總有無止境的信心。即便是在創辦Netflix之前，我就說服了好幾人在薪水變少的前提下替我工作，離開穩定的工作，加入存活機率渺茫的新創公司。然而每次我做這種事，我不是在畫大餅。不論是最新一代的試算表或郵寄DVD，我都是真心相信自己賣的東西。

對於我和瑞德所做的事，我抱有百分之百的信心，但是我懂瑞德的意思。請他人出資，將迫使我們聽見同溫層以外的聲音——聽一聽出了Pure Atria的辦公室或瑞德的豐田Avalon後，人們說些什麼。我們將被迫確認點子的可行性。

那是奉行OPM的另一個好處：在你把人生都投入開公司之前，最好得到一點確認，知道自己不是百分之百瘋狂。說服別人和自己的錢說掰掰，可以分辨出誰是盲目支持（「我愛死那個點子了！」），誰則是睜大了眼小心觀察後才支持你。我輔導年輕創業者時，經常建議從一招開始：要他們詢問別人的看法，等對方說出「很好啊」這種客套話後，**立刻問：「那你願意投資個幾千嗎？」**這一招往後急踩煞車的反問令人措手不及，威力太強大，就連自由車賽車傳奇藍斯・阿姆斯壯（Lance Armstrong）都無從招架。

此外，接觸自己以後可能會需要的未來投資者，永遠不嫌早，你在下一輪募資時，可能需要人脈。種子基金中的「種子」，通常是指你的事業，你新種下去、希望會長大的種子。不過，「種子」也指投資人，他們從一開始就參與整件事。

瑞德原本打算出兩百萬美元，最後減爲一百九十萬。剩下的十萬元，我們得找其他人要。

在這裡先告訴大家，請人掏錢投資是很困難的事，眞的很難。然而，比起在康乃狄克州哈特福市（Hartford）的人行道上向路人乞討零錢，那不算什麼。

我念大學時，每個暑假花兩個月替「國家戶外領導學校」（National Outdoor Leadership School, NOLS），帶領爲期三十天的美國偏遠地區大冒險。那是一個野外課程，利用荒野傳授領導技巧。我年輕時，曾花了好幾個月和NOLS待在山裡。我自己的孩子後來也跟著參加；直到今天，我依然和學校保持聯絡。課程內容包括自力更生、團隊合作、野外技能。從北阿拉斯加的河流，一直到圍繞巴塔哥尼亞（Patagonia）山頂的冰川，那個課程帶我四處上山下海。我學到太多，NOLS的課程教會我紀律與凡事靠自己，還讓我對大自然的世界，生出應有的敬畏之心。我學會打繩結、找路，還有辦法赤手空拳抓鱒魚。

關於領導者的一切知識，我幾乎都是背著登山包學會的。

大學放暑假時，第三個月，我通常會待在家裡恢復體力或去拜訪親戚，不過我念完大三的那個暑假在一個組織打工。那個組織的官方名稱是「荒野學校」（Wilderness School），那非官方呢？大家管它叫「貧民窟少年犯矯正營」（hoods in the woods）。這個名字不是太政治正確，也與實情不符。參加的孩子確實是經過法院判決的年輕孩子，但我那年暑假認識的人大都聰明，充滿好奇心，行為端正。但是好記的名字會一直傳下去。

我有一個朋友是紀錄片製作人，他要拍攝荒野課程短片，需要有人幫他扛食物、補給品、額外的膠卷、備用電池、吊桿式麥克風，還有重達二十磅（約九公斤）的Nagra錄音機（那可是一九七九年，攝錄影機還要很久才會問世）。

嚴格說來，我是那部紀錄片的錄音師，但實際上呢？我是一隻騾子。

即便如此，在森林待了那個月之後，我產生共鳴，報名隔年暑假的荒野學校指導員工作。

荒野學校招收哈特福、紐哈芬（New Haven）、斯坦福（Stamford）等城市弱勢地區的貧民窟孩子，引導他們到野外探索。許多參加的孩子，一輩子沒離開過居住的城市——甚至幾乎沒離開過人行道。荒野課程教他們在河中划獨木舟、攀爬峭壁，在紐約附近的卡茲奇山（Catskill Mountains）登山步道健行，傳授基本戶外技能，包括如何生火、搭建臨時屋、淨化飲水，順道傳授領導與團隊合作，但眞正的目的是讓孩子處於看似不可能的情境，一遍又一遍向他們證明，他們做得到的事遠遠超乎想像。

替荒野學校工作讓我深深學到謙遜。我和其他領隊和指導員一樣，在樹葉濃密的郊區長大，我們是人生勝利組。表面上，我們和我們將帶進森林的孩子沒有太多共同點。在我們的成長過程中，大都吃得飽，居有定所，錢多多。許多參加的孩子則無家可歸，四處遊蕩，挨餓受凍。

要把從沒離開過哈特福市的孩子，扔到康沃爾（Cornwall）或歌珊（Goshen）附近的林子裡，那是巨大的轉變；那些孩子在貧困中長大，這輩子到目前爲止已經被剝奪的東西，我想也想不到。荒野學校爲了協助我們這些導師瞭解學員即將碰上的震撼，提供了幾種不同的訓練體驗，目的是讓我們感受到孩子的無所適從。所有的體驗地點都在市區內，包括哈特福、紐哈芬、斯坦福，也就是學員的居住地。每一項體驗都故意讓我們和那些孩子一樣困窘不安。

哪一項練習帶來最深刻的影響？有個練習是蒙住我們的眼睛，載我們到隨便一個哈特福的十字路口，沒收皮夾和手錶，然後告知三天後會來接我們。我們沒食物、沒水，沒事先預備可以過夜的地方，只有手臂上寫著的電話號碼。萬一想放棄，就打那支號碼。不用說，我們全部寧願在天橋下凍死，也不願承認自己辦不到，打電話求援。

星期二下午五點，我在查特奧克大道（Charter Oak）與泰勒路（Taylor）交叉口被放下車。一開始，那就像任何城市的普通午後，我很晚才吃午餐，所以不擔心肚子餓。我看地圖的技能立刻派上用場，一下子就找到康乃狄克河（Connecticut River）。我曉得如何在綠色空間生存。夜晚來臨，我用垃圾袋和一些掉下的樹枝，搭出臨時遮風避雨的地方。晚上很溫暖，我睡不著，沿著河流往下走，碰上一群青少年在開趴，從他們那邊弄來幾瓶啤酒。我不是很想和那群人徹夜狂歡到太陽出來，但我知道啤酒的卡路里夠高，可以趕走飢餓感，還能打發時間。

隔天早上醒來時，我的肚子咕嚕亂叫，步行到市內，被錯不了的油炸食物香味吸引，一路晃到鬧區的美食廣場。我像禿鷹般看著每一桌，試著鼓起勇氣，找人請我吃早餐——或者至少分我一塊貝果。但是我馬上改變了念頭，幹嘛要問？我看著生意人大口吞下麥當勞滿福堡和貝果，等他們離開，便偷偷溜進他們的座位。我還沒到翻找垃圾的程度，但我的如意算盤是找到一盤剩一半的薯餅。我就像聚集在廣場上的鴿子，留意有人要離開的跡象。我吃著別人吃剩的食物時，深深感受到人們看我的視線，或是特意**避開**眼神接觸。

這輩子從來沒人對我投以那樣的眼光。

到了第二天晚餐時間，我餓到胃縮成一團，別人吃剩一半的披薩還不夠。我需要直接向人討幾塊錢，替自己買點食物。我需要錢。別人的身上有錢。我只需要走向前開口要就行了。我在銀行窗戶瞥見自己的倒影，我身上的東岸學生風衣服還算乾淨，鬍碴還沒長到亂七八糟，我問自己：**這能有多難**？

答案是：超難。

有一種評估行銷或銷售任務的方法是分析要求的難度。你向別人要求什麼事？你答應給什麼回報？幾年後，我首度進入行銷業，我認為瓶裝水是發揮推銷術最極致的案例：最純粹的行銷技巧。**給我錢，我就會給你……水。我提供的回報幾乎是免費的，也幾乎無處不在，地球七五%的地表都有水**。

然而，什麼也比不上乞討零錢。當乞丐才是最純粹的推銷，那是最赤裸裸的開口求人：給我錢，但我不會給你任何東西。

我們不習慣要東西——如果真的開口要，我們學到要提供回報。然而，開口要錢、但不提供任何回報，沒服務、沒產品，連一首歌都不會唱給你聽，這種事嚇死人了，就像是凝視著深淵。

那天在哈特福，我覺得直接伸手要錢太直接，便從垃圾桶撿了一個塑膠杯，在熱區的步行區，稍微避開最人來人往的區塊，找到一個定點。我離家一百哩，但不想冒險碰到認識的人，萬一碰到朋友、朋友的朋友、朋友的父母，那就尷尬了。我在心中練習台詞：**可以給點錢嗎**？我想了一個很長的故事——我開始搭便車之後陷入困境，在公車上被扒，皮夾丟了。反而是唯一聽起來像在胡謅的說法才是事實：我準備帶一群弱勢少年造訪康乃狄克州的鄉間。為了這份暑期工作，我參加一場奇怪的城市測試。

第一個經過的路人人高馬大，身上穿著西裝，看起來像是律師一類的人。他即將走過我面前的那一刻，我退縮了，連視線都不敢接觸。一名建築工人走過時也一樣，那個人一邊脫下工作背心，一邊走向公車站牌。再來是穿著手術服的護士，她急急忙忙要到對街的藥房。每一次，我都下定決心，準備看著他們的眼睛開口要錢——但接著我的身體會縮起來。漸漸地，我開始駝背，垂頭喪氣。

我攀登過高山，划過木筏，參加過鐵人三項，但乞討是我試過最難的事。

我終於開口了。一個看起來很和善的女性，大約是我母親的年紀，她轉彎朝著我的方向而來，步伐快到像是有目的地，但也慢到像是心情不錯在逛街。我鼓起勇氣，看著她的眼睛開口，聲音小到幾乎聽不見：「可以給點錢嗎？」

「不行。」她說。她的臉一下子沉下來，頭也不回地走開。

至少我破冰了。接下來四小時，我討到一．七五美元，足夠到美食廣場買一個熱狗。我慢慢可以開口乞討了，我學到不要糾纏，要有視線接觸，要像喪家之犬、但不能過頭，聲音要大到能聽見，但不能大到像在搶錢或嚇到人。

不過，我突破零鴨蛋、成功討到錢的關鍵是簡單說出事實：「**能給我一點錢嗎**？**我真的很餓**。」你眞心誠意說話時，人們會聽見你，把注意力放在你身上，放下心防與憤世嫉俗。

關鍵是克服開口的羞恥感——對陌生人說出你最基本、最不可或缺的需求，做起來比聽起來還要難。

開口求人讓我感到卑躬屈節。別人拒絕我時，我心情低落。然而，最令人難以忍受的是，你是透明的。你鼓起所有勇氣，孤注一擲，在陌生人面前低聲下氣，唯一的結果卻只有**完全被無視**——那是最糟糕的部分。

相信我，在**那**之後，請投資人挹注兩萬五千美元，根本是**小菜一碟**。

我們募資的第一個對象是亞歷山大・巴坎斯基（Alexandre Balkanski）。我這輩子碰過好幾個性格鮮明的法國人，亞歷山大是其中之一。此外，還有我以前在寶藍國際的老闆菲利普・卡恩（Philippe Kahn）；菲利普面試我的時候打赤膊，只穿著茵寶牌（Umbro）的運動短褲。無線星球公司（Unwired Planet）的執行長亞倫・羅斯曼（Alain Rossmann）也是法國人；當我表明不去他的公司上班時，他勃然大怒（我是說，拜託，世上有比這更荒謬的事嗎？怎麼會想到要在手機上安裝網路瀏覽器？）。還有當然，艾瑞克・梅爾也是法國佬，我新公司的技術長。

再來是亞歷山大，DVD與影視技術的重要人物。他的公司「C立方體微系統」（C-Cube Microsystems）專門製作影視壓縮軟體，可以把類比錄影帶與影像素材轉換成數位位元，方便儲存與運送。我們認爲亞歷山大是完美人選：他會瞭解我們在做什麼，也會瞭解爲什麼會成功。他在這個領域的深度知識，將提供我們寶貴的洞見，瞭解該如何定位我們的服務。

我和瑞德開車到亞歷山大位於米爾皮塔斯（Milpitas）的公司總部。我知道這場會面有多重要，於是刻意盛裝打扮，把登山短褲換成乾淨的牛仔褲，還捨棄平日穿的T恤，換上polo衫。瑞德也穿了以他的標準而言算是時髦的打扮：深色牛仔褲與白色扣領襯衫。今日的我不再緊張了——我和瑞德已經是這種場合的老手，況且我們知道自己手上有值得買的東西。然而，接待人員讓我們坐在大廳的兩張椅子上，過了五分鐘、十分鐘、十五分鐘都沒人出來，我想我們兩人都流了些許冷汗。

我心想：**他在給我們下馬威**。

接著門打開了，一個很高的壯漢走進來，身穿西裝外套、長褲，腳上是一雙看起來很貴的皮拖鞋。

「哈囉。」他說。聲音聽起來帶著些微歐洲口音。

糟糕，我心想：**是個法國佬**？

當你向某人推銷事業點子時，永遠不可能完整講完簡報。那就像在最高法院打官司：你才提出第一個論點，幾分鐘內，人們就會向你拋出無數個問題。如果沒有，你可能麻煩大了。人們如果很安靜，十之八九不是因爲他們很有禮貌，在專心聽你講話——他們不應聲，是因爲興趣缺缺。更糟的情況是，他們認爲你的主張太弱太瞎，根本懶得跟你講下去。

所以我們做好心理準備，準備被打斷、問問題、指出我們的商業點子分析哪裡有毛病。我們沒料到，講到一半時——**郵寄DVD！全球最豐富的電影收藏！第一個進入市場！**亞歷山大搖了搖頭，用指關節敲了敲我們之間的玻璃桌，用我今日仍搞不清楚的某國口音說出：

夠匹不通。

（以上是我的音譯。）

狗屁？眞的嗎？我們冒險投下兩百萬美元，召集興奮投入的團隊，實實在在握有成爲下一個亞馬遜的機會。我看著瑞德，瑞德凝視著亞歷山大，臉上的表情看不出在想什麼；如果你不認識瑞德，你認不得那個表情。然而，我認識瑞德，我知道他在擔心。

亞歷山大告訴我們，DVD是曇花一現。「沒人會長期採用這樣技術。」他說：「從類比到數位，才是眞正的大躍進，一旦電影出了數位形式，把位元傳輸到塑膠片上會變得毫無意義，超沒效率，慢得要死。人們遲早會開始下載電影，或用串流的方式。到了某個時間點，那一天大概很快就會到來，你們只會剩下一個塞滿無用DVD的倉庫。」

「我不確定是不是那樣。」我說：「我認爲在那發生之前還有一段時間，我們至少有五年的空檔。」

亞歷山大搖頭。「更快。」他說：「我幹嘛投資一間五年後就不存在的公司？」

關鍵是什麼？亞歷山大幾乎全說對了。**DVD的確**屬於過渡階段的產品，介於類比式的

VHS錄影帶跟線上下載或串流之間。亞歷山大比誰都清楚，讓DVD過時的技術即將問世，畢竟這是他的專業領域。只要隨便瞄一眼Netflix目前的商業模式，就知道亞歷山大說對了，有一天，觀眾將有辦法直接從網路下載幾乎所有的電影。

只不過，亞歷山大預測的時間線全錯了。他不清楚好萊塢的情況。我和瑞德知道電影公司對DVD格式寄予厚望。更重要的是，好萊塢這次打算**主導DVD**，不想重蹈一九八〇年代的覆轍，讓錄影帶店成為片商與消費者之間的中間商，同一捲錄影帶被出租數十次。電影公司不想只為了分家庭觀影市場的一小杯羹，提高影片的售價。他們希望自家電影能直接進入消費者的家，而DVD代表著按下「重來鍵」的機會——電影公司能為這項新技術定出具備競爭力的價格。

那線上下載呢？六十五歲的電影公司高階主管不是世界上最熟悉科技的人。音樂產業發生的事嚇壞他們。Napster開啟了違法分享檔案的年代，雖然DVD已經發展出比CD強大的防盜版機制，電影公司仍然不太想讓顧客取得能輕鬆分享的數位電影檔案。

此外，亞歷山大也低估了「最後一哩路」的問題。在全美大部分地方，下載電影依然是不可能的任務，至少是麻煩透頂。高速網路只在某些地方有，而且老實講，速度其實沒那麼快。此外，網路的終點是電腦——不是電視。就算你**有辦法**在幾天內下載完一部電影，也無法從電腦放上電視——而多數人並不想坐在辦公室椅子上，在康柏（Compaq）的Presario電腦上觀賞《魔鬼總動員》（*Total Recall*）。

亞歷山大一生的歲月，都發生在電影與電視有辦法在網路上串流之前。從許多方面來講，他的C立方體公司讓一切成眞，但亞歷山大和大部分的開路先鋒一樣，走在太前面。

在這個世界跟上亞歷山大的腳步前，我們的商業模式在DVD的世界可行。我們有等待的餘裕。我們累積的每一分品牌資產——所有的顧客關係、Netflix所有的電影量身推薦技術，在世界改變時依然能派上用場。

我們也是那麼告訴亞歷山大的，但他用指甲修剪整齊的手，不耐煩地揮開每一個反論。如果你和潛在的投資人爭論，那就不用玩了。我們垂頭喪氣地離開亞歷山大的辦公室，嚇了一跳，也有點緊張。回桑尼維爾時，我跟平常一樣飆車，轉彎時完全沒慢下速度，一路衝回家，瑞德則是一句話也沒講。

在矽谷這個地方，沒人會當面直接回絕。你做完簡報後，一般會聽見：「很不錯，可是……」這句話是如此常聽到，如果聽見句子的開頭是「很不錯」，你會在心中開始收拾文件，伸手摸車鑰匙，準備回家去。

很不錯，可是我希望進一步普及之後再投資。

很不錯，但不如等你有一萬名訂戶後，我們再來談？

很不錯，但那不是我們目前主要的投資方向。

亞歷山大沒說我們**很不錯**，他說我們**狗屁不通**。

我和瑞德心神不寧。

下一個人選，我更難開口：這次我要向史蒂夫・卡恩推銷點子。一般來說，如果對象是我很熟的人，我會超興奮，但這次有點複雜、有點尷尬，因爲瑞德催我收回先前講好的事。

史蒂夫是我在寶藍的第一個老闆。從許多方面來說，他從以前到現在都是我的導師。他是個保守的人，永遠在幫我擦屁股。史蒂夫有一次告訴我，每次我敲他辦公室的門，他心中通常會冒出兩種念頭：**這傢伙這次又得罪誰了？他這次又在做什麼瘋狂的夢？**我確定當我走進史蒂夫在Pure Atria地下室的辦公室、邀他共進午餐時，他心中正冒出其中一個問題。

早在我們尚未完全確定有一天要朝Netflix的點子走之前，我就知道我想邀史蒂夫當董事。別的不說，每個董事會至少都需要一位第三者來打破僵局。

此外，史蒂夫是徹頭徹尾的影片技術狂熱人士。我們賣掉Integrity QA公司後，史蒂夫拿著分到的錢，和鮑伯・沃菲德（Bob Warfield）展開家庭錄影帶戲院系統的武器競賽。鮑伯是Integrity QA的另一位共同創辦人。他們兩人展開一場你死我活的競賽，至死方休。環繞音響、劇院座位、抗噪壁掛、皮沙發椅、最高科技的放映系統……凡是能裝進家庭戲院的東西，史蒂夫和鮑伯都裝了——或是很快就弄到手。任何最新的影片技術問世後，大約會有四十五天的空窗期，史蒂夫和鮑伯永遠搶著當自豪的第一人。

然而，我希望史蒂夫加入最重要的原因是什麼？史蒂夫是我的朋友。他肯幫我忙，不講假話，思慮周延。如果能有一個眞正支持我的人在，那就太好了。

請史蒂夫加入董事會很容易。基本上，我請他幫這個忙，他什麼都不需要做，只需要付出一點時間。我請史蒂夫共進午餐，帶他到辦公室附近的鬧區商場，走進吃到飽的印度菜自助餐廳。我說出我的點子，幾乎沒碰桌上的馬薩拉咖哩（tikka masala）。沒講多久，史蒂夫就說「好啊」，但從他說話的樣子，我看得出來，不管點子的內容是什麼，他都會說好。

只是現在，瑞德認爲我應該拜託史蒂夫不只是挪出時間。瑞德解釋，如果要請史蒂夫加入董事會，就得讓他有利害關係。

然而，要請史蒂夫掏出兩萬五千美元，只爲了加入我們的董事會，不是一件容易的事。我心中七上八下，拖了好幾天，覺得自己好像在騙史蒂夫，引他上鉤——原本說好只是單純幫我，現在卻要他掏錢。

我們去了同一間印度餐廳——我想或許這樣能帶來好運。我好緊張，史蒂夫還來不及打開菜單看一眼，我就脫口而出：**你可以出兩萬五嗎**？

我永遠忘不了史蒂夫臉上當時的表情。他呼出一口氣，閉上嘴唇，放下菜單，整張臉開始緩緩出現某種神情，主要是疲憊。一籃大蒜烤餅上桌了，我望著食物，藏在桌子底下的手，緩緩把餐巾紙撕成長條狀，即便在那種情況下，我也認得史蒂夫的表情。那是一張騎虎難下的臉，想著：「此時說什麼都不對。」

如果史蒂夫拒絕，**不願意**出兩萬五，他會拉不下臉，彷彿他根本不覺得我的點子會成功（他大概眞的沒信心），但如果答應了，他就會平白損失兩萬五——此外，我們兩個都知道，他會願意掏錢，不是因爲他喜歡這個點子，也不是因爲他覺得會成功，而是因爲我開口了。史蒂夫從我的表情和聲音，看見並聽見當年我在哈特福街頭艱難行乞的模樣：我眞的很餓。

史蒂夫應允的時候，我們兩人都明白，他會答應與我的點子無關。史蒂夫日後告訴我，當時他心裡想著：「哎，再也見不到那兩萬五了。」

我最緊張的時刻是向母親開口。

許多人在新創公司的種子階段，會跟父母拿錢。事實上，當時根本沒人會稱那個階段「種子輪」（seed round），那叫「親朋好友輪」（friends and family round）。

儘管如此，我已經快四十歲了，已婚，孩子都生了三個，開過好幾間成功的公司……還開口跟父母拿錢，實在有點可悲。彷彿回到八歲，拉著媽咪的腿，求她給你五十分錢，因爲你想去雜貨店買點心棒。

儘管如此，我還是開了這個口。

我跟老媽開口，因爲我爸絕不可能答應。我父親在金錢這一塊很堅持。他的父母在經濟大恐慌時期幾乎失去一切，因此財務上他極度避險。我父親以傳統的方式分門別類記帳，收入、投資、每個月的水電費帳單，一件都不漏（父親過世後，我整理他的文件，發現他連一九五五年至二〇〇二年間的瓦斯帳單，都用工整的工程師筆跡一筆一筆記錄好）。父親在華爾街見過人們傾家蕩產。在他心中，大公司與銀行才是眞正的事業，實實在在、以獲利爲依據、貨眞價實；那種頭幾年、甚至永遠賺不了錢的創投和新創公司根本算不上。如果我向父親推銷Netflix最初的點子，他會拿出放大鏡，批評到體無完膚。

我母親雖然對金錢也很謹愼，但她喜歡偶爾揮霍一下。此外，她自己就是創業者。我高中時，她開了一家房地產公司，事業很成功，擁有自己的積蓄。事實上，我和兄弟姊妹能念大學，也是用母親的錢。

母親人在東岸，我無法當面開口。我害怕打那通電話。銷售是劇場：每一場簡報、每一通電話、每一次與你這個生意人的互動，都在試圖利用小小的表演說服他人，包括顧客、客戶、潛在投資人。每一方都扮演著一個角色。可是兒子打電話跟媽媽要錢？那不是一場簡單的戲，那是歌舞伎表演：每件事都有進行的規矩和順序。

我們母子都曉得，她最終會答應——她是我的母親，況且這筆錢也不是**完全**在亂要，母親向來支持我和我的事業，也對我有信心。事實上，我會問她，原因在於我知道她會投資。此外，我知道**她**曉得我知道這件事。

我們母子都清楚她心中會依序冒出的念頭：

一、我不曉得兒子在講什麼。

二、等一等，什麼？

三、噢，我的天啊。

四、好吧好吧，畢竟我是他媽。

換句話說，我知道我將扮演有點被寵壞的兒子，她則會扮演有疑慮但大方的母親。我們兩人將上演多年來、由數十年的家庭互動固定下來的熟悉角色。而我們兩人都能接受。

那會讓西吉叔叔感到自豪嗎？

那通糟糕電話的詳細內容，我記不太清楚了。當年的我和現在不一樣，不擅長「請求的藝術」。我確定我亂講了一通恐怖的老套銷售台詞，像是：**我今天打這通電話，為的是提供您投資我公司的「機會」**。如果我人在查帕夸老家，我八成會和母親窩在圖書室一邊喝白蘭地，一邊討論這次的投資。

即便到了今天，每次想起當年那通電話，我依然渾身起雞皮疙瘩。

我確定母親彬彬有禮，表現出好奇心，問了幾個問題。我也確定我彬彬有禮，以滿腔熱忱回答。我唯一眞正記得的是，母親瞭解她的投資長期下來將開花結果，她大笑著告訴我：「我確定十五年內，我能用這筆錢買到市內的公寓。」母親說出這句話的時候，簡直是優雅的化身

母親想向我證明，她投資的這筆錢，不只是母親送給孩子的禮物——那是一筆眞正的投資，雖然**她**和**我**都心知肚明，她會拿出這筆錢，和我提出的事業優缺點分析與數字預估，根本一點關係也沒有。她投資的每一分錢，都是因爲她是我母親，我是她兒子。

我幾乎希望母親會拒絕我，但這下子非做不可了。

6 把近兩百萬美元的支票存進銀行的感覺

（一九九七年秋冬：離推出還有半年）

你糾纏第一個投資者幾個星期後（不曉得爲什麼，瑞德遲遲不肯在支票上簽名，寫上日期），他終於把支票交給你。這下子你有錢租辦公室、雇用員工，買幾張摺疊桌。

當然，不只那樣而已。支票代表有能力起步。你腦中的點子，眞的變成世界上的一間公司。支票代表「有」和「無」的差別。

那張支票是一切，還是金額不小的一筆錢。

你仔細檢查那張支票，一遍又一遍查看金額，確認逗點數量正確，日期正確，簽名看起來像是眞的。

你想要一路開車衝到聖塔克魯茲，去那間有嵌燈和發亮磁磚的銀行，櫃台後方金色的保險箱門半開著，彷彿遊艇的駕駛舵，在黑暗中閃閃發亮。你想換上有衣領的襯衫，或許再打個領帶——慎重打扮一番。

一百九十萬美元是很多錢，拿著那張支票令你神經緊張，好像你是從別人那搶來的一樣。最好還是就近找一間銀行就好。就算那家分行位於洛思加圖斯的購物商場，那又怎樣？你希望快點解決掉手中的燙手山芋。

你感覺像是逃犯。

你在銀行排隊，用流汗的手，一遍又一遍確認口袋裡的東西還在，把支票都摸濕了。任何人看到你那副模樣，都會懷疑你是不是做了什麼壞事。

當然，你以前經手過錢。你上班的公司撒過的錢，數字比這大很多。

然而，你從來不曾把那些錢拿在手裡。

排隊的人龍動得很慢，但終於輪到你站在銀行出納員面前。你心想：這筆大生意會讓她今天很開心。

你想著：銀行行員一定會很訝異。我打賭她正在悄悄跟經理打暗號，她會把我請進後面用古董家具和波斯地毯裝潢的辦公室。經理會幫我倒香檳，和氣地聊聊天拖住我，屬下則趁這段時間去確認細節。

壹佰玖拾萬元整。

然而，你把支票遞過去，什麼事都沒發生。出納員的臉上沒有一絲驚奇，沒有任何訝異，行雲流水般處理支票。

「您需要順便領一些現鈔嗎？」她問。

瑞德的錢存進銀行了，Pure Atria的購併案完成了，我們終於能離開貝斯特韋斯特飯店的會議室，不過沒搬到太遠的地方：我在對街找到了新地方，那是斯科茨谷千篇一律的辦公園區，租金貴到嚇人，但一次簽了許多年，讓我感到一絲樂觀，或許這一切不是在玩家家酒。

我們的新辦公室，和寶藍閃閃發亮的企業園區差遠了——也不是目前流行的巨型開放空間，除了發亮的金黃木板和多肉植物，還擺了消防員滑桿和懶骨頭沙發。我們的企業園區毫無特色可言，看起來像是牙醫診所或稅務律師事務所會進駐的地方。事實上，那裡還真的有幾位精神科醫師，外加一名驗光師。不過，進駐這個園區的大都是小型新創公司，隨著景氣的起起落落，搬入或搬離這個地方。

園區前方的旗桿旁有一個花壇，永遠種著新的花花草草。從來沒有東西真的能在那裡生長，也沒人打算達成這種目標，只會直接把盛開的花植入土中，一旦凋謝就挖掉，換上新一輪盛開的鬱金香、三色堇或水仙花。要花多少錢不重要，只要一直有盛開的鮮花妝點門面就行了。園丁推著擺滿盛開鬱金香的推車而過，準備匆匆插進土裡。你很難不聯想到，這個花圃象徵新創公司邪惡的生命週期：**種下去**、**開花**、**死亡**……接著被取代。

我們的辦公室是一個很大的開放空間，鋪著一條醜到爆的綠色地毯。那裡曾是一間小型銀行，甚至還留著一座可以走進去的金庫，金庫門沒上鎖。沿著長長的牆壁，有幾間辦公室、一間會議室，角落的辦公室有景觀，看出去是停車場和對街的溫蒂漢堡。我是執行長，所以我霸占了那間角落辦公室，只是沒東西可擺。

這裡不是什麼奢華空間，裝潢一共花了不到一千美元。沒有高級人體工學椅，沒有乒乓球桌，也沒有裝滿LaCroix氣泡水的冰箱，只有六、七張外燴用的便宜摺疊桌，以及幾張我從家中儲藏室挖出來的不成對餐桌椅。如果你想坐好一點的椅子，得自己從家裡帶來。我印象很深刻，有好幾位員工把海灘椅拖來公司，椅面和椅腿上還黏著沙粒。我太太羅琳第一次造訪辦公室時，指著我們的會議桌問：「那是我們家的舊餐桌椅嗎？」

辦公室家具的部分，我們能省就省，把錢花在技術上。我們在網路上買了數十台戴爾電腦，送到辦公室。我們買了自己的伺服器裝在角落——那時是一九九七年，還沒有共享的雲端。我們買了好幾哩長的線，在下班時間自己動手裝設。辦公室到處是纏繞的延長線和以太網路線，像是一條條橘色和黑色的蛇。電線宛如藤蔓，自天花板上垂掛下來。

我不記得正式搬進辦公室的那一天。我們可能叫了披薩，跑了幾趟好市多，不過實際發生的事，大概只是大家一一走進去，帶著自認會派上用場的家當。如果你在一九九七年某個秋日，站在Netflix的第一間辦公室，你會看見某種糟糕的混合體，既像電腦怪胎的地下室，也像政治人物的臨時選戰中心，但那完全是按照我們喜歡的樣子安排的。

我們的辦公室傳達一個明確的訊息：**我們不重要，顧客才重要**。我們到那裡工作的原因，不是因爲有誘人的分紅，也不是因爲有免費食物。我們是爲了同志情誼與挑戰，喜歡有機會把時間用在和一群聰明人一起解決有趣的難題。

如果你想要漂亮的辦公室，你不會替我們工作。你願意替我們工作，是因爲你想要有機會做有意義的事。

我們搬進斯科茨谷辦公室的同一時間，我家也在考慮要不要搬家，後來也眞的開始準備。在展開Netflix實驗的頭幾個月，我住在走路到辦公室只要五分鐘的地方，那是一間迷你租屋處。我和羅琳住在山上多年後，在一九九五年搬進那裡，原因是受不了要開車三十分鐘才能抵達聖塔克魯茲，而我每天也得開一個半小時的車，翻山越嶺去上班。我們賣掉山上的房子，搬到斯科茨谷租房子，替未來存錢。

我喜歡走路上下班。離家這麼近，輕鬆就能在晚餐時間離開辦公室，衝回家和家人待個幾小時，接著再回到辦公室完成當天的工作。然而，這不是長遠之計。我希望家裡的院子能比郵票大，羅琳也希望在較大的房子裡教養孩子。我們有三個孩子，在迷你租屋處，感覺孩子永遠會撞在一起，外頭也沒有太多空間可以嬉戲。此外，我們住的地方離公路非常近，車流的噪音讓我們夜不成眠。

然而，找新家的事一點進展也沒有。以我們的預算，找不到任何靠近聖塔克魯茲的房子。如果到山的另一頭、往聖荷西的方向找，更是令人挫敗。房仲聽到我們的預算後，帶我們參觀屋況糟糕到滑稽的物件，其中一間屋頂上竟然長著草——而且不是刻意的造景。另一間房子則附帶一群山羊。

來到十月，斯科茨谷旁的山丘釋出一棟三層樓的房子，總共占地五十畝。那塊地從前是葡萄園，二十世紀初是度假村。屋主們都八十多歲了，再也無力照顧房產。我們第一次過去看的時候，拖著孩子一起去。我們愛上那裡，對我們來說太完美了：有一棟大房子，還有好多好多空地。

然而，要價也逼近百萬美元。

那天晚上我有點驚慌，打電話問母親的意見。我母親是做房地產的，而且我家的情形，她幾乎和我一樣清楚。

「我們眞的很想買這棟房子。」我說：「但這是很大一筆錢，超過我這輩子花過的任何一筆錢，何況我剛成立新公司，眞的該增加風險嗎?我們該怎麼出價?」

「如果你想要那棟房子，就不要討價還價，錯過那間房子。」母親告訴我：「要付那麼多錢的焦慮，不會維持太久，但是住在那裡的喜悅，將持續一輩子。你就去吧。」

於是，我們勇敢賣下。

我買了房子有沒有不安？當然有。就連過完戶的隔天晚上，我和太太羅琳，與三兩好友坐在陽台上啜飲一瓶紅酒，看著孩子嬉戲追逐，紅木林拉長的影子籠罩著我們的新草坪——就連那一刻，我們表面上在慶祝自己好運買到房子，但我腦子裡還在想：**這是不是我人生中最大的錯誤**？萬一公司沒開起來，怎麼辦？萬一我沒工作了，怎麼辦？萬一郵寄DVD的事業不曾起飛，該怎麼辦？

「還記得我們大學畢業後的日子嗎？」住進新家的第一晚，客人都開車回家後，羅琳問：「我們的奢侈日？」

我和羅琳剛結婚時，大約欠了一萬美元的債。當時我進入直效行銷一行，從事人生第一份工作，一年大約賺三萬美元。羅琳的收入跟我差不多：她是股票經紀人菜鳥，負責打電話給陌生客戶。我們設定目標，一年內要還清債務，接下來十二個月，我們非常詳細地記帳，清點每一筆支出，不管多小都要記錄。牙膏：一．五元。火車站買甜甜圈：七十五美分。

我們一星期給自己兩大豪華享受：街尾雅典披薩餐廳（Athens Pizza）的方形披薩，以及一箱玻璃瓶裝的施立茲啤酒（Schlitz）。我們喝完啤酒後，還會拿瓶子去退錢。

「我們以前有過那種日子，現在可以再來一遍。」我附和。

我的本性並不節儉小氣——事實上，我在商場上的許多作爲，有點像在抗拒我父親對錢錙銖必較的作法。年輕時記帳，不是我一般會做的事，只是爲了解決問題。我通常有錢就花，不浪費，也不亂花，但矽谷的經濟呈現起起落落的循環，我一向認爲，拿到的錢應該花掉。用明智的方式花，但要花掉。

我很早就成功投資了一些新創公司，但從來不是大股東，所以儘管事業順利，卻沒賺到什麼大錢。我第一筆眞正的意外之財，出現在我加入寶藍的時候，那時我剛過三十歲生日沒幾個月。我加入的時機剛剛好：產品起飛，公司股票跟著一飛沖天。我很有錢……但只是紙上富貴，因爲我實際擁有的是股票選擇權。一天晚上，我在香港的一間酒吧，坐在寶藍銷售資深副總裁道格・安東（Doug Antone）身旁。我們聊到股票表現有多好又多好，我提到自己還沒變現任何股票，道格嘴裡的酒差點噴出來。

「你在等什麼？」他問：「我一拿到任何股票，就立刻賣掉。如果股票呈上漲趨勢，的確有很多增值空間，但如果跌了，你會慶幸自己落袋爲安。」

從那天起，我不只親身採取那樣的哲學，還成爲最大的提倡者，永遠叫員工盡快賣掉股票。我最喜歡的一句話，其實是羅琳還在當初階股票經紀人時的老闆講的：「牛市能賺錢，熊市能賺錢，豬頭會被坑殺。」（那位上司後來因爲內線交易被起訴。他如果照自己的建議做，大概會有更好的下場。）

雖然我承認自己對金錢的看法很矛盾，在Netflix的第一個秋天，每當我停下來，腦子就會被財務焦慮占據，唯一的療法似乎就是不停工作。當我整個人投入推動Netflix的事業時，就不會擔心Netflix的未來。此外，我在整理新家時，欠下房貸的驚慌感便會消失。搬家前有好幾個月，週末我都忙著整修房子：扯掉藤蔓，用牽引機清理灌木叢，處理掉前屋主十年前、二十年前，甚至是三十年前留下的枯木。

我想像自己種出大量的葡萄和果樹。我小時候在東岸長大，吃的是罐裝水果沙拉和糖漬梨子，我好想走出房子，踏進自己的後院，直接從樹上摘一顆水果，站在我擁有的土地上吃掉。然而，要做到那件事，就得先下點種水果的工夫。我需要清理出一塊地，種下樹苗，然後一週接著一週，一個月接著一個月，細心照顧園中生長的嬌弱果樹。

一九九七年的秋冬，離我們搬家還有幾個月，我每天的固定行程和我計畫的如出一轍。我會起床協助羅琳讓孩子準備好上學，接著跳上自己的車，開三分鐘去辦公室。如果天氣不錯，我又不急，我會乾脆走路過去。每一天，我努力讓自己想出的點子成形，身邊是我依據他們各自顯現的長才、親自挑選的歡樂團隊。我們處於緊鑼密鼓的籌備階段，對於有注意力不足及過動症，以及輕微強迫症的人來講（我一直懷疑我有），世上沒有更美好的地方。

每天工作時，我努力解決我替自己挑選的幾百個問題——不對，是**好幾千個**。由於我是主導者，身旁又都是傑出人才，我可以把精神集中在自己感興趣的事情上。身爲籌備階段的新創公司掌舵人，很大的樂趣就在這裡。公司小到每個人都得身兼數職，但又大到不必做你不擅長的事。

那年秋天，我們碰上以下幾個問題：

一、成立辦公室

如果你在寶藍或Pure Atria那種上市大公司工作，甚至你是已經上軌道的新創公司員工，你永遠不必煩惱這件事。但是我發現如果公司由你負責，你有義務替員工確保辦公室生活最基本的元素，包含電話、印表機、釘書機的釘書針。我們不只需要買電話、電腦，還要裝配電線，所有的機器才能運轉。就算是室內布置的問題，我們總共只傷了五分鐘的腦筋，依然有人得負責買摺疊牌桌，盡力把它們排成一直線。

還不只是那樣而已，我還得決定這輩子不曾考慮過的事。我們是希望每週還是每兩週請人打掃一遍辦公室？鑰匙要怎麼處理？該選哪家銀行？人資事務該外包嗎？

從某種角度講，這類的決策，全是我們這些創新者在一九九〇年代尾聲面臨的問題的縮影。如果你是從頭開始打造事業，你眞的得從零開始——空蕩蕩，什麼都沒有。此外，你還得想辦法解決事情。一九九七年的科技新創公司也一樣，尤其是如果你著眼於利用網路的新興力量，販售**全新**的技術產品。當時全世界還沒有多少片DVD，高速網路仍在發展的初期，線上網站沒有預先設好的模板。如果你想做一件事，就得靠自己打造——從零開始。

二、打造團隊

我們現在是一家眞正的公司了，得盡量把人補齊。我們有核心的七個人——克莉絲汀娜、泰、艾瑞克、鮑里斯、薇塔、吉姆和我，但還有很多職缺。我們需要有人替我們和電影公司、經銷商牽線。此外，我們也需要後台的程式設計與技術人才——也就是矽谷最稀罕的資源。我們永遠需要那樣的人。

到了晚秋，我總算說服米奇・羅威加入我們的雜牌軍。他如今開玩笑，他終於決定來回開一個半小時的車子替我們工作，原因是他可以趁機多錄一些他在撰寫的總統傳記。米奇按照順序寫，從第一任的華盛頓總統開始，過了好幾年，現在才寫到第十任的泰勒總統（John Tyler，米奇對總統的歷史**相當**狂熱）。

不過，我認爲米奇加入的眞正原因，其實是他對自己的店感到有點無聊了。他開始明白，他的自動租片機實驗依舊超前時代太多。我在VSDA碰到他的時候，他在推銷的神經系統軟體公司（Nervous Systems, Inc.），也要等好幾年才具備可行性。

米奇帶給我們無價的資源：租片事業他太熟了，電影公司主管和經銷商他也很熟。此外，他清楚如何以顧客想看的電影接觸他們。米奇帶來豐富的資歷與知識。我說服他加入的那個瞬間，我就知道他會是我這輩子雇用過最重要的人。

然而，米奇的太太依然認爲這個點子絕對行不通。

泰爲了協助我們進一步與顧客連結，把柯瑞・布里齊（Corey Bridges）帶進團隊，負責「獲取顧客」（customer acquisition）這一塊——講得精確一點，我們會開玩笑說那是「黑色行動」（Black Ops，譯註：指見不得光的祕密間諜行動）。柯瑞在加州大學柏克萊分校主修英文，他是才華洋溢的寫手，擅長創造人物。柯瑞很早就發現，找出DVD用戶的唯一方法，就是從網路的邊緣社群著手：使用者群組、BBS、網站論壇，以及其他所有愛好者會上去的數位聚會所。柯瑞的計畫是滲透那些社群，不透露Netflix員工的身分，假裝是家庭劇院或電影的愛好者，參與DVD與電影同好社群的對話，和「網路大大」交朋友，過一段時間後，慢慢讓聲望最高的評論者、版主、站主，留意到有一個很棒的新網站叫Netflix。距離我們推出產品還有幾個月，但柯瑞種下有一天可以收割的種子……帶來超大的收穫。

那技術人才呢？在艾瑞克的牽線下，我們雇用Pure Atria厲害的工程師蘇瑞西・庫瑪（Suresh Kumar），以及有才華、但古怪的德國人柯・布朗（Kho Braun）。艾瑞克、鮑里斯與薇塔都說柯是天才。他通常下午三、四點進公司，一直待到快天亮。有時，如果我特別早開始工作，我會在早上六點看見他坐在桌前，旁邊都是乾掉的茶包和吃到一半的穀物棒。辦公室的線路也是他裝設的；他花了一個晚上完成整個任務。柯這個人刻苦耐勞，創意十足，大多數時候話很少。我們一起工作的期間，我不確定自己聽過他一次說超過二十個字。

三、建立基礎

我堅信健康的新創公司文化，來自公司創辦人的價值觀與選擇。文化反映了你是誰、你做些什麼，而非來自字斟句酌寫下的使命宣言，或是在委員會議中討論出來。

你可以滔滔不絕宣稱員工是你最珍貴的資產，你想要確保辦公室是最適合工作的好地方，但最終你仍然得從小地方出發，實現你所說的話。

所以說，一旦支票存好了，我得做一些決定。我要付大家多少錢？會有員工福利嗎？有看牙津貼嗎？

答案是：

不是很多。

當然要。

沒有。

早期，每個人都減薪替我們工作。那不是因爲我們欺負員工，而是我們不曉得手上的錢究竟能撐多久——也因爲我們需要很多錢，才能蒐集接下來要談的第四點。

在那些日子裡，我在桌上放了一個罐子，裝有四十枚一美元，是我在銀行換到的銅板。每次開週會，我會拿出一枚當「獎金」，頒給本週對公司最有貢獻的員工。我會提醒：「不要一次就花完了。」

即便我請每個人爲公司未來的成功犧牲，我也要讓他們在成功來臨時（希望如此！）享受到果實。我們當時的薪資水準遠低於其他公司，但每位早期員工都以股票選擇權的方式，分得大量股份。他們一開始不會拿到很多錢——但我們在自己身上下注，相信有一天會有高額報酬。

四、建立影片庫存

我們的目標是擁有全球最齊全的DVD收藏。這將是很好的行銷點——也讓我們和其他實體店競爭者有所區隔。在實體競爭者的世界，依然只有少數顧客擁有DVD播放機，店家不太需要提供DVD片，更別說是發行過的每張DVD都收藏齊全。

我們的目標不僅止於此，熱門的片子我們也打算多買幾片。這樣一來，租片的客人想看某部電影時，就不需要等很久。

然而，該如何決定要訂購多少張DVD？例如要多少張《魔速小子2》（*D2: The Mighty Ducks*）？當然，最終我們研發出複雜的演算法，精準符合預期中的需求，但當時我們只能用猜的。更準確來說，是米奇會負責猜，他運用數十年的消費者知識，找出理想的租借收藏量（果不其然，米奇很少猜錯。他知道哪部片會大受歡迎——稍有不對勁，也逃不過他的法眼）。

此外，米奇也能替我們和經銷商牽線。一九九七年，DVD經銷商只有小貓兩三隻，分散在全美數十州。他們是小型利基公司，有時需要花上數天才能用電話聯絡上他們，運送上更可能花掉數週——而且大半時間，你訂的片子不會全數有貨。在我們努力收集世上每一片DVD的過程中，光是替難找的片子買到一張DVD，通常就要花上數星期。當時一共也不過只有數百部電影出了DVD格式，我們花了好幾個月才建立像樣的庫存。

然後呢？我們得找個地方存放DVD。

現在，輪到吉姆・庫克出馬搞定。還記得我們辦公室的銀行金庫嗎？吉姆把那裡改造成存放設施，花幾個月實驗不同的儲存、尋找與運送方式。我們希望以後一天會寄出數千片DVD。

上架呢？按照字母順序排列的箱子？起初幾個月，吉姆的任務很驚人。一開始的幾個月，每次我走進金庫，那裡看起來就像影迷拿來收藏片子的地下室。但最終變得有模有樣，彷彿一間貨眞價實的錄影帶店，影片依據字母和類別排列，熱門新片則自成一區。

五、設計郵封

我們開張前必須解決的最大問題是郵封。我和瑞德最初實驗的材料，只是一個簡單的賀卡信封，但我們不能眞的把沒殼的DVD塞進薄信封，就把數千片DVD寄往全美各地。我們需要眞正的郵封，一個在跨州郵政系統不可預期的旅程中能保護DVD的包裝。那個包裝必須夠堅固，還能**再次**使用，方便顧客把DVD寄回來。我們必須設計得很容易使用，客戶直覺就知道該怎麼做。此外，那個包裝還得夠輕巧，郵局會當成第一類信件（平信）處理。一旦被歸爲第四類（書籍、商品、錄影帶等包裹），成本將上升，遞送速度也會變慢。不論發生哪一種結果，生意就會做不起來。

我們做過各式各樣的實驗，試過紙板、厚紙、牛皮紙、特衛強塑料（Tyvek）、塑膠，也嘗試過各種大小的正方形與長方形。我們放進標籤，試過泡棉墊。數千種設計，由克莉絲汀娜、吉姆或我判斷不可行之後，最後沒派上用場。在某些日子，當我走進辦公室，總是分不清後方桌子堆的究竟是Netflix的郵遞材料，還是我學齡前兒子玩剪貼勞作剩下的東西。

讓郵封完美是關鍵——那將是我們與用戶實際接觸的第一個點。萬一DVD抵達時破了、晚到、被退回、刮到，或是用戶搞不清楚要如何利用我們的包裝將DVD寄回來，那我們就不用玩了。設計郵封是極度重要的任務，也是我早期重度參與的環節。我熬夜想著郵封原型，吃飯時在餐巾紙上畫出點子，有時晚上也會夢到郵封。

六、架設網站

這一點大概是最難想像的部分。在今日的世界，雲端已經問世，Squarespace等網站架設工具到處都是。只要你有MacBook和網路連線，就有辦法買到網域名稱，上傳照片和文字，然後拼湊出一個網站。然而一九九七年，在那個電商剛要崛起的年代，網站才剛問世幾年。如果你想利用網路**銷售**產品，你得靠自己架設網站。

你不只要買伺服器的儲存空間，還必須……買伺服器。你沒辦法從網路商店購買模板，得自行替網頁**寫程式**。

也就是說，你需要花數千小時設計、寫程式、測試、微調網站。我們希望網站長什麼樣子？我們希望用戶如何瀏覽網站？搜尋電影時的頁面長什麼樣子？網站該如何排列影片的順序？我們需要提供哪些內容來介紹每一部電影？

一旦顧客選中一部電影，他們會看見什麼？他們要如何輸入自己的資訊？如果顧客不小心填錯州名的縮寫或信用卡資訊，會發生什麼事？

眞的不誇張，相關問題幾乎無窮無盡。我們爲了解決問題，得讓兩大陣營協作：設計師（主要是我和克莉絲汀娜）與實際上打造網站的工程師。工程師這種生物不免一個口令一個動作，你請他們做什麼，他們只會**按照字面上的意思**做出你描述的東西，因此克莉絲汀娜很快就發現，她必須把需求說得百分之百明確。她用手繪的方式設計網站，仔仔細細重現我們究竟希望每一個頁面要有哪些東西，旁邊還要寫上數十條附註，說明每個元素將如何與下一個互動，接著交給艾瑞克，由他的團隊做出來。我們檢視他們做出來的網頁，提出進一步的建議，他們再加進去修改。

來來回回，來來回回，來來回回。

我們花了數個月。

可以想像了嗎？我們有好多事要做。

然而，眞正的樂趣也藏在其中，包括籌備過程、各式各樣的問題，還有我們必須解決的難題。我的面前擺著好多任務，還有好多我得準備和打造的小地方，根本沒時間焦慮未來。當我在辦公室工作時，焦慮全消失了。我忘記我幾乎負擔不起的新家裝修到一半的臥室，忘掉大兒子羅根的私立學校學費帳單，忘掉巴坎斯基皺著眉頭告訴我：「**夠匹不通。**」

我感到我和父親一樣，正在打造火車。我獲得極大的滿足感，一一列出所有的任務，研究所有的問題，接著逐一擊破。我在地下室裡打造某樣東西，我知道在不遠的將來，有一天我將邀請其他每個人過來參觀。

7 我們差點叫「電影中心公司」

（距離最後上線還差六個月）

人們最常問我關於Netflix文化的問題。我們是怎麼成立的？我們如何向新員工介紹公司？我們如何找出與彼此合作、互動、講話的方式？

當然，今天Netflix的文化出名了，有一個被大量下載的PowerPoint簡報，所有新進員工都會參考。

但老實講，這樣的文化不是衍生自會議，也不是由小心翼翼的規畫或圓桌討論形成的。一切都是自然而然發生的，源自團隊成員共同的價值觀。大家有一定的辦公室工作經驗，待過新創公司，也待過業界龍頭，大大小小的企業都碰過。對我們所有人來講，Netflix是一個機會，我們得以在一直夢想要待的環境中工作。這是一個機會，可以按照我們的方式做事。

文化不是你**說**了什麼，而是你**做**了什麼。

辦公室裡的每個人，幾乎都是我親自招募來的。我瞭解他們的工作方式。我知道克莉絲汀娜喜歡讓亂中有序——有大量混亂的事情得處理，克莉絲汀娜的精神就來了。泰的話，我很清楚如果放手讓泰嘗試最天馬行空的點子，她就會創意無限。此外，我知道幾乎不論把什麼問題擺在吉姆面前，他都有辦法解決——但是你得給他空間。

我知道我自己跟創始團隊的每一位成員，只要被交付一堆任務，再給予大量空間，我們都會做得很好。我們的文化說穿了，僅此而已。精心挑選十幾個聰明絕頂、創意十足的人才，給他們很多需要想辦法的好玩問題，再給他們空間解決。

Netflix最後稱這種作法爲「自由與責任」（Freedom and Responsibility）。不過那是好幾年後的事了。最初，我們不過是自然而然地行事。我們沒規定一天要上班幾小時。你想幾點進公司、幾點走，隨便你。你在辦公室待多久不重要，你完成了什麼才重要。只要解決了問題，事情做出來了，我不在乎你人在哪裡、拚命的程度，或是在辦公室待到多晚。

我的哲學，來自多年參加國家戶外領導學校的野外求生，我十四歲就開始背著背包去爬山。戶外活動讓我保持心情平和，我喜歡山上空氣的氣味、野外的寂靜，也愛極簡生活帶來的平和感。

然而，讓我如此熱愛野外露營的最大原因，在於我帶著一起去的人。當你人在林間，遠離人類社會，將有機會形成新的文化，建立一套自己的規矩、法則與傳統。當你睡在地上，吃著自己準備的簡單食物，聞起來像一星期沒洗澡（通常是眞的沒洗），你會眞正認識身邊的人。我最深厚的幾段友誼，就是在野外建立的。此外，我和家人也因爲一同在河上生活、登頂、在偏遠的珊瑚礁地形衝浪，而維繫深厚的感情。

背包旅行的過程，恰巧也是新創公司的完美雛形。新創公司小小的，通常很精簡，不跟隨主流想法，待在自己的天地裡。一群志同道合的人擁有相同的目標，攜手踏上一場旅程。

這群人在林子裡的時候，通常找不到東西南北。

在Netflix上線前的那幾個月，我學到在新創公司工作，就像在沒有現成道路的荒山野嶺前進。如果你踏上這樣的一場旅途，你只知道下一個營地在八哩之外、陡峭山脊的另一側。假設你的團隊成員各有所長——有兩個人帶著充氣船，另外兩個人扛著所有食物與設備，還有幾個人腳程超快，只負責背著輕便的行李，當探路的偵察兵。

一條可能的走法是直攻，翻山越嶺，抵達營地；另一條走法比較沒那麼費力，但得繞路，中間還得渡河數次；第三種方式更好走，地勢緩緩上升，東彎西拐，可以一步步攻克。你該替團隊挑選哪一條路？

答案是以上皆非。

如果根本沒有現成的步道，爲什麼要強迫每個人都走一樣的路？

不必扛著沉重補給的偵察兵，可以挑最陡峭的路線，快速抵達，觀察好最適合紮營的地點，找出哪裡取水方便、哪裡地勢平坦適合搭帳篷，比較不會風吹雨淋。帶著充氣艇的隊員，應該利用河流，靠划船抵達營地，雖然要花比較久的時間，但是可以保留體力。負責當「馱獸」的隊員，則應該選擇走起來較慢、但最不費力的方法。

你身為領袖的工作，其實是讓大家找出各自行動的方法。你會挑這群人一起披荊斬棘，辛苦走在沒路的地方，原因在於你信任他們的判斷力，而且他們懂得該怎麼做。所以，領袖如果要確保每個人都抵達營地，最好的辦法，就是告訴他們要去哪，而不是指定該怎麼去。你要告知明確的座標，接著放手讓大家自行搞定。

新創公司也一樣。真正的創新，不會來自由上而下的發號施令，也不會來自定義狹隘的任務。你要雇用一群專注於大目標的創新者，他們有辦法找出自己身處何方，著手解決問題，不需要你從頭到尾牽著他們的手。既有充分的自主餘地，又目標一致。

我從一開始就下定決心，要把在Netflix工作的每個人都當成大人看待，因為我任職於寶藍的期間，見過公司「不」把員工當大人對待，發生了什麼事。

我在寶藍工作時，公司正處於一九八〇年代奢華風的高點，園區占地數十英畝，有如詩如畫的園林，大廳以一池錦鯉為傲，還有紅杉林、健身步道、電影院、應有盡有的餐廳。公司的健康俱樂部提供壁球場、重訓室、健身房、奧運規格的泳池。此外，就一間超級體貼員工的公司而言，順便提供泡澡的浴缸，也是很自然的。

然而，就連提供按摩浴缸，也無法保證人人開心。寶藍搬到新園區沒多久，我和珮蒂·麥寇德（Patty McCord）吃完午餐走回辦公室，珮蒂當時是寶藍的人資經理之一。我們剛好遇見一群工程師正在泡公司提供的熱水池，便停下來打招呼，卻無意間聽見他們講公司的壞話。沒錯，他們坐在公司體恤員工的熱水池裡，抱怨公司的情形。這個畫面怎麼不太對？

那是一個荒謬的瞬間，但我和珮蒂走回去工作時，忍不住想，如果我們提供員工頂級餐廳、健身中心、奧運規格泳池，但他們仍在抱怨，那麼到底需要什麼，員工才會感到滿意？或許更重要的問題是，怎麼樣才能讓人們願意協助你，替你圓夢——而且感到開心？答案嚇了我們一跳，簡單到驚人。

人們希望被當成大人對待，要有可以相信的使命、需要解決的問題，還要擁有解決問題的空間。人們希望身旁圍繞著其他能力令人敬佩的成人。

多年後，珮蒂翻轉了Netflix的人資領域。她的許多哲學可以回溯到那天我們兩人在寶藍學到的事：人們不想要熱水池——那不是他們真正想要的。他們要的不是免費零食，也不是乒乓球桌，更不是無限暢飲的紅茶菌飲料。

他們**真的**要的是自由與責任。他們想要有志一同，但也有自行發揮的空間。

接下來，我帶大家看同一個問題在不同階段的各種面貌，大概就會清楚我們在公司籌備期間是如何運轉。接下來要談的問題，讓我們接觸到另一間年輕公司，那家公司有著自己的獨特文化——和Netflix非常不一樣。

我們開始收購DVD時，當時市面上大約只有三百多部影片推出DVD的格式。Netflix在一九九八年四月上線時，大約有八百部。從某方面來講，當時DVD的數量那麼少，對我們來說是好事——我們有可能每部電影買下兩張DVD，就宣傳我們擁有世上發行的每一張DVD，不是在騙人。

然而，世上僅有的DVD那麼少，也是問題。對外發行的很多都不是熱門影片。有的電影公司確實發行了一九九七年的民眾會想看的熱門片，例如《鳥籠》（*The Birdcage*）、《摩登大聖》（*The Mask*）、《火線追緝令》（*Se7en*），但絕大多數的DVD沒那麼經典，只是亂七八糟的大雜燴：老片《玉女神駒》（*National Velvet*）旁邊擺著《威鯨闖天關》（*Free Willy*）；芝麻街特輯《Elmo拯救耶誕節》（*Elmo Saves Christmas*）與《體育NG鏡頭大全》（*Sports Bloopers Encyclopedia*）擺在一起。此外，還有低預算的火車、NASA與二戰的紀錄片、數十部大自然影片，還有附了短篇影音文章的「雜誌」。除了大量印度寶萊塢的電影，卡拉OK伴唱帶、管弦樂團的音樂會影片、樂儀隊的表演片段也所在多有。

基本上，出DVD格式的影片很雜亂。沒人眞的清楚DVD會不會起飛，也不清楚若眞的起飛了，會如何產銷。DVD這個格式未來將主要拿來發行電影嗎？還是適合拿來聽音樂的技術？人們會不會想在自家的家庭劇院，用DVD的五聲道音效，看兩小時的南加大（USC）樂儀隊現場演出？

製造商與電影公司，因此有點像在試水溫。DVD的片單混雜著還算新的電影與被遺忘的老片。有的片子感覺用途是炫耀家庭劇院的設備。你看著DVD的片單時，你會以為DVD的觀眾主要是宅男，加上瘋狂的大學體育迷及動畫迷。

DVD的經銷商同樣五花八門。當時VHS仍是主流，因此許多經銷商不肯幫忙販售DVD。這一點不怪他們。沒人要的商品，幹嘛搞一堆庫存？所以DVD主要是非主流經銷商的天下，不太可靠，也不回電話。當我們努力讓每部DVD影片至少有兩張庫存，得先花好幾天追蹤誰有賣，接著又得浪費一星期，我們打過去沒人接，他們打過來我們也剛好沒接到。

在這個過程中，米奇・羅威貢獻良多。米奇懂得跟經銷商打交道，就連很小、很難找的也難不倒他。米奇知道如何讓那些人回電，他魅力十足、不放棄，還很願意打電話幫我們四處拜託。米奇在「影像軟體經銷商協會」擔任多年主席，累積了不少人脈。

米奇最寶貴的技能，在於他知道究竟該買下多少庫存。早期的歲月沒有演算法，也沒有公式——只能靠米奇判斷。米奇知道哪部片買三張就好，什麼時候又該一口氣囤三十張。我們每部DVD至少有兩張庫存，但如果是米奇覺得會熱門的，我們會多買很多張——遠超過錄影帶租片店會替類似片子買下的VHS影帶數量。

我們認為庫存的問題，將讓我們對上錄影帶店時擁有優勢。實體錄影帶店的空間有限，因此錄影帶店的部分工作，其實是找出如何處理一定會出現的問題：無片可租。米奇和其他業界同仁（主要是百視達）稱這方面的業務爲「**處理不滿**」（managed dissatisfaction）。如果有顧客走進店裡，想找《終極警探2》（*Die Hard 2*），但全借光了，這時該怎麼辦？你會試著讓他們租別片，類型差不多，他們可能也會喜歡。你試著讓顧客開心，他們才會再度光臨。即便如此，顧客離開時，依舊會留下不開心的記憶。

由於我們沒被綁在實體店面，我們覺得可以完全不必「處理不滿」。我們提供顧客的服務中，最接近「即時滿足」（instant gratification）的，就是庫存裡永遠有他們想要的片子，因此錄影帶店會買五、六卷帶子的影片，我們會買五、六十張。《鐵面特警隊》（*L.A. Confidential*）上市時，我們大手筆買下五百張，成本驚人，但我們擁有四個優勢：

第一：我們銀行裡有兩百萬美元。來啊，看看柏靈街與大街交叉口那間老舊的錄影帶店，有沒有辦法跟我們**比**資金！

第二：多買一些DVD片，其實不算昂貴的庫存，而是有夠便宜的廣告。道理如同先前的萬事達卡廣告：一部片：二十美元。擁有世上每一部DVD與永遠有庫存的名聲：無價。

第三：我們期待DVD市場持續成長。今日擁有感覺多出十倍的庫存，但等到市場變成十倍大，只是剛好夠而已。

那最後一點呢？嗯，萬一眞的砸鍋，總是可以把多的DVD賣出去。

當吉姆想辦法把所有DVD都塞進銀行金庫，我和克莉絲汀娜則碰上另一個問題：我們的顧客要如何尋找DVD？他們可以用哪些條件搜尋？我們在網站上該如何分類影片？我們該提供哪些資訊，方便使用者挑選？

當你租借DVD時，你會得到DVD的資訊。想一想DVD盒的背面：上面會放劇情簡介、演員名單、導演與製作人的名字，以及精挑細選後的幾句頂尖影評人評語（通常很誤導人）。如果是錄影帶店，早在影片上架前，這些資訊都已經整理好。當然，如果是百視達或米奇的影片機器人連鎖店，可以查詢店內的資料庫，找出演員、導演、類型等資訊，但顧客要的資訊大都就在眼前——想租片的話，只需走進實體店內，看到《不可能的任務》的錄影帶盒子上印著湯姆・克魯斯（Tom Cruise）的照片，把盒子翻到背面就有資訊。

我們前方的路比較難走。在**我們的**店裡，沒有可以翻過來看的盒子。我們提供租片者的尋找方式，不是先按電影類別分、再依據字母順序排列。我們希望提供篩選功能：可以查詢導演、演員、類別，讓租片人有辦法精確找到感興趣的電影。他們想看美國女演員安迪・麥杜維（Andie MacDowell）演過的所有電影嗎？租片人是否瘋狂著迷於西班牙攝影師奈斯特・阿曼卓斯（Néstor Almendros）的拍攝手法，也就是拍下《天堂之日》（*Days of Heaven*）中所有美麗日落的大師？租片人是否想看恐怖電影……不只是恐怖片，也想看吸血鬼電影……而且不是單純的吸血鬼電影，而是有**喜劇元素**的吸血鬼電影？

我們想讓租片人確切找到想要的東西，但那將需要大量的數據——要有客觀數據，包括導演、演員、製作人、發行日期，也要有主觀數據，例如類別與心情。此外，我們需要取得電影的得獎資料及好評（或是缺乏這些東西）。如果租片人想看史上所有得過奧斯卡金像獎的最佳影片，我們希望助他們一臂之力。

我們要如何建立這樣的數據庫？最直覺的方法是雇人整理所有的DVD資料，填好我們需要的所有資料類別。DVD電影目前還推出不到一千部，有辦法土法煉鋼。

問題是我們只有十二名員工，人手不足，而且時間是寶貴資源。但錢呢？我們有很多錢。所以我開始尋找其他選項，如果有辦法買現成的，不必自己建資料庫，那就用買的。

這是大錯特錯的決定。

根據近日的維基百科頁面，麥克・埃勒懷（Michael Erlewine）是「美國音樂家、占星家、攝影師、電視節目主持人……與網頁創業家」，一九九一年成立「全音樂指南」網站（All Music Guide，今日更名爲AllMusic）。一九九八年時，我只知道埃勒懷成立了「全音樂指南」，因爲我在尋找可能的數據來源時，無意間看到「全音樂指南」的姊妹網站「全電影指南」（All Movie Guide）。

我不知道埃勒懷曾經和巴布・狄倫（Bob Dylan）一起搭便車，也不知道他和美國歌手伊吉・帕普（Iggy Pop）組過藍調樂團。我不清楚他（當時已經）寫了五本占星書，包括《西藏大地聖尊：西藏占星與風水》（*Tibetan Earth Lords: Tibetan Astrology and Geomancy*）。我只知道他有我要的東西：數據。

我也有埃勒懷要的東西：ＤＶＤ。

「全電影指南」的目標是編纂有史以來世上每一部電影的詳盡目錄。埃勒懷雇用數十人全天候負責追蹤、觀賞與加註影片。造訪網站的訪客，可以找到最意想不到的資訊，不論你聽過什麼電影，他們統統有——你沒聽過的成千上萬部電影，「全電影指南」也都有。

問題出在埃勒懷沒有ＤＶＤ。埃勒懷是無法自拔的「全套收集者」，他不只想要世上所有電影的詳細資訊，還想要世上每一部電影的所有**格式**。關於ＤＶＤ這種格式，他想知道的資訊包括有沒有特別收錄的花絮、提供哪些語言、螢幕比例、是否提供五・一環繞音響。

埃勒懷需要的資訊，全在ＤＶＤ盒子上，但經銷商不太賣ＤＶＤ給私人消費者，因此埃勒懷嘗試蒐集時，遇上的阻礙比我們大。由於販賣ＤＶＤ的零售商更少，蒐集所有的ＤＶＤ，得花上數千小時，奔波數百哩，還得碰運氣。

我們兩個人因此開始協商。我們給埃勒懷錢，以及ＤＶＤ，好交換他的數據。

我喜歡協商。我是談判高手，主要原因是我輕鬆就能知道他人的需求。我有辦法在協商中瞭解對方想要什麼、需要什麼——也知道他們對如願以償有著什麼樣的感受。由於我有辦法快速找到另一方想要的東西，我得以有效運用策略，發現對雙方都有利的解決辦法。

然而，碰上埃勒懷時，我們在電話上談得不是很順利。我知道埃勒懷要什麼，埃勒懷也知道我要什麼，但我無法理解爲什麼他不肯退一步。達成協議明明對雙方都有好處，我們在電話上聊的氣氛也很融洽——但埃勒懷遲遲不肯鬆口。似乎不願意達成協議，我找不出原因。

因此我搭機過去和他見上一面。那年冬天的一個星期二，我搭機前往密西根的大急流城（Grand Rapids），落地後租了一台速霸陸往北開。我還以爲會看見埃勒懷的辦公園區、一座企業總部，搞不好建築物後方還有巨大的急流。然而，埃勒懷給我的地址是住宅區的一棟大房子，連個漣漪影子都沒有。每條私人車道都停放著皮卡，幾個穿法蘭絨衫的男人在庭院裡鏟雪。我停在一處圓形車道上，前方是一棟改建過的三層樓殖民風格建築，有屋頂的走道連接起一旁的幾棟屋子。我看見人們匆忙穿梭於各棟建築物，手上拿著紙箱，還有一個人拿著盤式放映機。眼前的景象看起來像公社，甚至是邪教所在地。

我們北加州的無趣辦公園區，和這裡相差千萬里。

埃勒懷帶我四處繞了一圈。他當時身材十分乾瘦，顯然吃很多羽衣甘藍、優格和燕麥。他穿著開襟襯衫，露出某種項鍊，講話斯文，但直言不諱，強調重點時身體會往前傾，也仔細聽我回應。我總感覺埃勒懷接下來會緩緩搖頭，喃喃自語：「哈，正如我所料。金牛座，上升星座是白羊。」然而，一旦對話的走向不是埃勒懷要的，他會立刻轉移話題。想當然耳，他似乎受到某種外在的力量引導，好像眞正的大老闆是某股更高的力量。他對於妥協是愛莫能助，因爲他實際上只是使者，做決定前必須先請示「上頭」。

如果說「全電影指南」的總部外觀像公社，內部則像某種唱片蒐集強迫症患者的腦袋。用牆壁隔開的空間內，每一平方吋都覆蓋著由地板延伸至天花板的架子，上頭擺滿LP、CD、錄音帶。房間顯然改造成了工作空間。我們探頭的第一個房間擺著三張桌子，一個角落一張。最靠門的那一桌，一個女人對著一盞小燈，拿高一張LP的內頁說明，面前有一本外國語詞典。「挪威民間音樂。」女人喃喃自語。

下一個房間，有個男人正在翻閱一大疊一九三〇年代的《綜藝》（*Daily Variety*）雜誌。

「你在找什麼?」我問。

「電影公告。」他回答：「我正試著比對拍攝日期。」

「他正在找根本沒拍出來的電影資料。」埃勒懷自豪地解釋。

參觀花了我將近一小時。我看著眼前的三、四棟建築物，裡頭全是對細節著迷的資料員工。有一棟車庫改造的建物特別嘈雜。「那是木工工作坊。」埃勒懷說。他打開那一間的門，眼前是鋸子、貨板、成堆的木材，以及數十個一模一樣的六呎高書架。

他們擁有的書本、黑膠唱片和電影數量過大，乾脆自行製作架子。

那一天與接下來幾個星期，我和埃勒懷一直沒達成協議，老是規避最可笑的細節。我一答應埃勒懷的一項要求，他立刻提出另一項。從某種層面來講，我其實完全知道該如何讓埃勒懷上鉤。他的網站號稱是全球第一的音樂與電影資訊庫，我造訪密西根後得知一項寶貴訊息：埃勒懷其實是個囤積狂。他**真正**的動機不是資訊：蒐集才是。他很聰明，找到方法變現自己的執著。他需要我的DVD的程度，超過需要我的錢。

然而，即便我有DVD，我猜埃勒懷遲遲不肯答應還有一個理由：他對自己的數據有偏執狂。我提議使用他的電影數據如上映日期與卡司等，當成我們的搜尋條目的基礎。我們會補足所有的DVD資訊，然後回寄給他。然而，埃勒懷堅持由**他**來增添DVD的數據，再回寄給我們。

埃勒懷願意接手更多工作，我當然樂得清閒，但眞正破局的理由在於，即便有我們參與，埃勒懷才能取得那些數據，他堅持他是**所有**數據的最終擁有者。我無法接受這一點。我們整個網站的基礎架構依據的是那些數據，萬一埃勒懷哪天心血來潮，突然因爲星象的緣故，決定他不喜歡我們，不喜歡我們的合約條款，或是因爲白羊宮正在上升，他隨便就能拿著水晶球回家，那我們將一無所有，大難臨頭。我不需要判讀茶葉渣，也能做出那項預測。早期的新創公司是脆弱的生態系，承受著四面八方互不相讓的壓力，如投資人的期待、市場現實，以及各種可能發生的事。我不希望再多一個掐著我們喉嚨的外在力量。

我懂得埃勒懷的焦慮。許多人士在網路榮景中都有那樣的焦慮。不論是「全音樂指南」或

「全電影指南」，埃勒懷的服務始於紙本，那是類比時代的產物。轉換到數位時代令他感到不安。埃勒懷死守自己囤積的寶藏，不想讓任何人奪走。

但是最後，我感到不耐煩。按照埃勒懷的打算，爲了有權瞭解我們手上實際擁有的DVD資訊，我們將得付錢給他。此外，我也知道埃勒懷在趁火打劫。我們才是時間急迫的那一方，而他擁有我們需要的資訊。還有幾個月，我們的網站就要上線了，我們需要他的數據，才能打造我們網站倚賴的數據庫。

我猶豫不決，拖拖拉拉。克莉絲汀娜和艾瑞克天天催我，一月過去，二月來了。我們需要數據，才有辦法打造資料庫模型。我們自己寫推薦語，把電影加進「蒐藏」，還忙著做其他的編輯決定，但我們所有的內容都需要附在一組根記錄上。即便我們在推出日之前早早完成內容，要把內容實際連上埃勒懷的內容，得耗費好多天的工夫，甚至是好幾個星期，不是網站上線的前一天把所有東西接上去就行了。

上傳內容將是另一個問題。即便我眞的和埃勒懷達成協議，他寄來的數據將過於龐大，不可能用網路傳送——那可是一九九八年。我們得仰賴類比年代的數據接收方式：一卷又一卷的磁帶。不必奢望用電子郵箱：數據得用紙箱運過來。那是我們需要爭取時間的另一個原因：拿到磁帶後，還得「轉譯」，教我們的網站「讀取」。

埃勒懷擬定的合約讓人完全無法接受。我恨死那份合約，但不簽不行。

埃勒懷贏了。

我自簽下合約的那一秒起，就開始思考脫身的方法。

我不得不佩服埃勒懷：他找出辦法變現自己的強迫症囤積癖。他的公司依據他的原則發展——他的公司就是他的化身。走過他們的「辦公室」，眞的宛如參觀唱片蒐集強迫症患者的大腦內部——但那個地方擁有自成一格的精神與身分。

我絕不希望自己的公司看起來、感覺起來或做起事來像埃勒懷的公司——但埃勒懷的公司很適合他。

我的方法總是較合乎情理。我認爲當員工開心、沒有爲了工作完全犧牲自己的生活，生產力會比較高。還記得嗎？把公司設在聖塔克魯茲的點子是我提的。我希望縮短通勤時間，有機會早上進公司前，先去衝個浪。

但我們有共識，一旦Netflix實際開始運作，大家的工時會變得很長。這點我們完全理解，因爲我們都是矽谷老手，以前一週工作五十、六十或七十小時，所在多有。差別在於，這一次是我們自己選擇的。我們不是在替別人圓夢，是在替自己工作。

所以沒錯，我有時會睡在辦公室沙發上。沒錯，我有一次看到程式設計師在男廁洗小鳥浴。我也不否認，一九九七年的秋天，我每天除了從對街的義大利餐廳外帶焗烤千層茄子（有夠便宜，只要六・九五美元），還吃過太多其他東西。

然而，當我需要休息一個早上，騎騎登山車，讓腦袋清醒一下，我會去。當泰需要一邊做指甲、一邊思考該舉辦什麼公關活動，她會和美容院預約。

今日這類作法叫「自我照顧」，當時我們單純稱之為「常識」。如果我們想要徹底翻轉整個產業，我們得保持頭腦清醒。

即便是在Netflix上線前的焦頭爛額期，我和太太羅琳依舊維持我們夫妻長期以來的傳統。星期二，不論發生什麼事，我五點一到**立刻**下班，整晚和妻子度過。我們會把孩子交給保母，一起散步到海灘，前往我們最喜歡的「苦甜小館」（Bittersweet Bistro），來點烤鮭魚，再來幾杯酒。有時，還會到聖塔克魯茲的市區戲院看電影。

我需要那種和羅琳相處的時間——只有我們兩人，沒有孩子，沒有家務。我需要充電，和好朋友相聚幾小時，放空一下。

我自從在寶藍任職，就制定了這個約會之夜。公司的員工工作到晚上七、八點，不是什麼稀奇事，只是家常便飯。我起初不在乎長工時——反正上班就是那樣。幾個月後，我卻開始擔心倦怠的問題，也擔心我沒有把夫妻關係擺第一，尤其是有了孩子以後，有好多相處時間都被家庭活動主導：練球、家庭聚餐、準備送孩子上學或上床睡覺。我希望聯繫夫妻間的感情。

我一訂好星期二是約會夜之後，就盡力維護當天的下班時間，說好五點走人**就是**五點走人。

秒針一指到十二就離開。最後一分鐘才出現的危機？那也沒辦法。只能在下午四點半舉行的緊急會議？最好快點開完。需要在下午四點五十五分和我談一談？我已經走向我的車子。

一開始，我堅持週二準時五點下班，引發了不少衝突，但最終大家都知道我的時程（我在面對無數挑戰時堅持立場），知道要把會議排開。他們尊重我的堅持，並且想辦法處理。

一九九七年秋天，我們的公司正在緊鑼密鼓的成立階段，太容易放棄星期二晚間的約會傳統。有好多事要做，有好多問題要解決，我手上有幾百件事要處理。我通常會在早上七點到公司，中午在桌前吃飯，接著工作一整個下午，直到傍晚六點左右。接下來，我會開車五分鐘回家，準時和孩子一起吃晚飯。我會協助羅琳把孩子哄上床，再回到辦公室工作幾小時，最後在晚上十點或十一點離開。

回到家之後，我會放鬆一下，睡個幾小時。我想那段期間，我每晚平均只睡五小時——通常不到。

有一晚，我回家吃飯，兒子羅根在門口迎接我，但沒像平時給我一個擁抱，反而說有問題要問我。

「好啊，羅根，你要問什麼？」

兒子仔細觀察我幾分鐘，死盯著我從肩上鬆開的後背包。

「裡面裝著培根嗎？」

我歪頭：「你說什麼？」

「媽說你會帶些培根回家。」兒子告訴我。

我愣了一秒鐘，然後就懂了，我狂笑五分鐘，停不下來。

後來，羅琳告訴我，我籌畫開公司的那段期間，每次孩子問爸爸去哪了，羅琳總是回答兩種說法：不是告訴孩子我去買培根，就是說爸爸在爬企業的階梯（編按：「在公司一步一步升遷」之意）。羅琳後來不再那麼講了，因爲羅根告訴同學，他爸爸的工作是在公司裡爬梯子。

「你畢竟不是油漆工。」羅琳說。

即便如此，我覺得羅根說得其實沒錯。在早期Netflix尚未開始營運前，我就像在爬無窮無盡的長梯子。每往上踩一階都有必須解決的問題。每解決一個問題，就離目標更近一些。我們正在往上爬，想到我們能爬到多高，我心底就一陣興奮。

然而，不論我能爬多高，也不論我看見前方還有多少步，我星期二永遠在下午五點準時離開辦公室。我不想變成某種成功的企業家：開了第二間或第三間新創公司，但老婆也換成第二任或第三任。空出一個晚上留給妻子，就能讓我們夫婦避免瘋掉，感情和諧。

一九九七年十一月，我們有了辦公室，也有了正在測試、半運作中的網站，我們想出數十種郵封的原型，也有初步的DVD庫存，甚至設定好上線的日期：一九九八年三月十日。

我們還沒取好公司的名字。

新創公司在早期階段，通常有一件事大同小異：多數的公司從概念發想，到找資金，再到眞正成立，不會用同一個名字。名字很重要，有時要花很久的時間才找得到，例如，亞馬遜（Amazon）最初叫「卡達布拉」（Cadabra），推特（Twitter）一開始叫「狀態」（Status）。

你得一邊開發服務項目，一邊等待靈感乍現，讓適合的名字冒出來。有時要等上幾個月才會有靈感，但在想出來之前，一般會有個初步的名字。你在測試網站、設立電子郵件帳號、和銀行來往時，先用那個初步的名字頂著，總不能一直叫**「馬克．藍道夫的無名專案」**。

我們最初的代號是Kibble，那是英文的「狗食」。

我們在取暫用的公司名稱時，老友史蒂夫．卡恩建議我選一個糟糕透頂、不可能拿來當正式名稱的字眼。「六個月後，」他說：「你已經精疲力竭，就會脫口而出：『管他的，就繼續用這個名字好了。』到那個時候，你幾乎完全喪失判斷力，但要是你先前取的是個明顯不能用的糟糕名字，像是『我們想敲詐你.com』或『把你的錢全部給我拿來.net』，你將被迫想一個全新的名字。」

那就是爲什麼我們進駐新辦公室後，有好幾個月，公司都叫Kibble。

我們的銀行對帳單上寫著Kibble，我們正在測試的網站，網域名稱是Kibble.com。我的電子郵件帳號是marc@kibble.com。

Kibble是我提的點子，源自一句古老的廣告行銷格言：如果狗不肯吃，不管廣告說那個狗食有多美味，也沒有用。寓意是不論你讓牛排冒出多少滋滋聲（不論你有多會行銷），如果產品差強人意，根本是白搭。如果你家的狗不吃，不管愛寶牌（Alpo）狗食宣傳多轟轟烈烈，沒用就是沒用。

我會挑Kibble這個名字，理由是要提醒自己專注於產品。我們最後必須打造出民眾會愛的東西。我們的競爭對象是產業龍頭，萬一大家不想使用我們的服務（如果我們賣的狗食不好吃），我們不會走得長遠。

此外，反正Kibble的網域名稱原本就是我的。事實上，我到今天還留著。在網路瀏覽器打Kibble.com，你會進入我的個人網站。寄信給marc@kibble.com，信就會送入我的收件匣。

我們不曾打算用Kibble當公司的正式名稱，但史蒂夫講得沒錯——幾個月過去了，離服務上線的日子愈來愈近，Kibble感覺好像也不錯。

「召開團隊會議的時候到了。」在一個星期五下午，我終於宣布：「我們必須決定公司的名字。」

全公司一共十五人，大家依序走進我的辦公室。搬進辦公大樓後沒多久，我和克莉絲汀娜就在白板上畫好兩欄，一欄寫上和網路有關的字，一欄寫上和電影相關的字。我們決定，最適合我們公司的名字，將是把這兩類的字眼組合起來：一半和電影有關，一半和網路有關。最好的名字會把兩組字眼天衣無縫地結合在一起，而且音節與字母數愈少愈好。

挑名字實在有夠難。首先，你得選擇琅琅上口的名字，好念又好記。最好是一到兩個音節；理想上，重音應該落在第一音節，譬如最熱門的網站名字：*Goo*-gle、*Face*-book，那些名字一說出口，就有「砰」一聲的感覺。

公司名稱要是有太多音節、太多字母，民眾很容易拼錯你的網站。字母太少，又很容易忘掉。

此外，還得看那個名字是不是已經被取走。如果別人已經搶先擁有那個網域名稱或商標，根本別談你是否找到完美的名字。

過去幾星期，我請大家一想到點子，就加在白板上。我已經做好大部分的跑腿工作，查好那些名字有沒有人使用、有沒有人登記過商標等等。現在該做決定了。一個下午過去，影子在地上拖得愈來愈長，我們詳細討論要取什麼名字，從兩欄字詞中抓出音節組合在一起，進入決選名單的名字包括：

- TakeOne（第一次拍攝）
- TakeTwo（第二次拍攝）
- SceneOne（第一幕）

- SceneTwo（第二幕）
- Flix.com（電影.com，編按：flick在英文俚語中意指「電影」）
- Fastfoward（快轉）
- NowShowing（熱映中）
- Directpix（直接電影）
- Videopix（錄影帶電影）
- E-Flix.com（E電影.com）
- NetFlix（網路影片）
- CinemaCenter（電影中心）
- Webflix（網路電影）
- CinemaDirect（電影直播）
- NetPix（網電影）

有幾個名字挺不錯的，像是Directpix.com、NowShowing、E-Flix.com。

我們幾乎已經選定「CinemaCenter」（電影中心）這個名字。

每個人都有自己屬意的名字。我養的黑色拉布拉多露娜（Luna），經常造訪辦公室，鮑里斯與薇塔超愛牠的，想把公司取名爲令人摸不著頭腦的「Luna.com」。「Luna」這個名字與我們的服務毫無關聯，但簡潔有力，只有四個音節。吉姆喜歡NowShowing（熱映中），而克莉絲汀娜喜歡Replay.com（重播）。

我則喜歡Rent.com（租片），我覺得所有名字中，這個名字和租影片最相關，但我甚至沒寫到白板上。這個名字除了沒提到網路，已經有人註冊了網域名，買下得花四萬美元。當時四萬美元是很大一筆錢。

我們所有人（眞的是所有人），一開始完全沒人選Netflix.com。Netflix（網路電影）的確是兩個音節，而且同時包含「電影」與「網路」的意思，但大家擔心「*flix*」會帶來的聯想。

「那個名字就是會讓我想到A片。」吉姆在開會時表示：「『Skin flicks』（裸體電影）。」

「還有那個x也會讓人聯想到A片。」克莉絲汀娜補充說明。

「我們總得挑個名字。」泰說。泰已經焦慮到快把頭髮拔光了。還有幾個月就要正式營運，她還得設計公司logo。「我們得選定一個名字。」

所以我們選了。不是靠投票，也沒有所謂載入史冊的所有人投下神聖的一票。我們只是把名單列印出來，凝視著那張紙，接著每個人回家好好想一想，隔天達成共識：我們是NetFlix.com。

這個名字並不完美，聽起來有點像A片網，但那是當時我們所能想到的最佳選項。

8 準備好開門迎客

（時間到了：一九九八年四月十四日）

說到A片，在Netflix即將成立的一星期前，史蒂夫．卡恩邀請瑞德、羅琳和我共進晚餐。

等等，不是你想的那樣。

「你現在大概已經累到沒力氣保持清醒了。」史蒂夫在電話上說：「但新的踢屁屁到貨了，我等不及要試用。我們晚上吃一頓好的，喝點小酒，你告訴我煩心的事，我來安慰你。」

「踢屁屁？」

「巨型的超低音喇叭（譯註：「踢屁屁」是buttkicker的直譯。劇院裝置配合巨大聲響震動時，會撼動座椅，故得其名）。」史蒂夫說：「我裝在地板下，還附在托梁上，整個房間會跟著震動。」

史蒂夫約的時間是星期二晚上，所以我和羅琳平日請的保母可以幫忙帶孩子。約會之夜的重點雖是遠離工作，遠離瑞德和史蒂夫等Netflix的董事會成員，當時離推出服務只剩下一週，我幾乎不可能離開Netflix辦公室。就算人不在辦公室，我的心思也總是飄回工作上，想著在上線前，所有剩餘的小問題要如何解決。

史蒂夫曉得我的狀況。他認識我很久了，太瞭解我無法真的好好休息，決定出手相助——至少要讓羅琳休息一個晚上。

「你唯一需要做的，就是帶一片DVD過來。」史蒂夫說。

小事一樁。當天我離開辦公室時，走進金庫，看都沒看就隨手抓了一片DVD。那天早上剛送來一批新的電影。

我真的需要休息一下，我太太羅琳也是。「摩根快把我逼瘋了。」我們前往洛思阿圖斯（Los Altos）時，羅琳在車上抱怨：「她一整個下午都在偷我皮包裡的口紅，想吃下去。」

我覺得聽起來太可愛了，不過我懂。

史蒂夫住在洛思阿圖斯的東側，整條街都是剛完工的巨型豪宅。史蒂夫的房子沒那麼誇張，但也很不錯，是真的很不錯的很不錯，美到可以上《建築文摘》（*Architecture Digest*）。這展示了，要是一生的事業一帆風順，將能擁有的財富（當然不是土財主的格調）。

「我覺得你車門可以不必鎖。」我停車時，羅琳挖苦：「在這一區不需要。」

史蒂夫站在家門口迎接我們，手裡端著酒，玻璃杯裡，已經倒好分量適中的卡本內紅酒

（Cabernet，給我的）和霞多麗紅酒（Chardonnay，給羅琳）。史蒂夫帶我們參觀房間，處處裝潢美麗，無懈可擊。我印象最深刻的兩件事，第一件是書房的一道牆壁上，整面都是鳥眼楓木（bird's-eye maple）材質的櫃子，還有就是客廳擺滿現代主義的家具，看上去簡直是直接把《陰間大法師》（*Beetlejuice*）的電影場景搬過來。這還是我第一次見到一個房間擺了一把以上伊姆斯夫婦（Eames）設計的超高價座椅。

「這間家具博物館歸我老婆凱倫（Karen）管。」史蒂夫趁太太聽不見時，告訴我們：「這些鬼東西，我完全不認識。」

參觀房子時，我一直聞到食物香味，但史蒂夫和凱倫一直在我們身旁，那是誰負責照看爐子？我們到吧台旁吃小點心時，我這才瞥見穿著白色廚師服的外燴人員，閃進廚房的雙開彈簧門。這是我的第一次外燴體驗：我從來沒參加過請廚師來做菜的晚宴。

瑞德夫妻抵達時，史蒂夫舉起空酒杯。「我們到車庫喝雞尾酒！」他大笑說著。三十秒內，一位面帶笑容的侍者端來一盤的琴通寧，史蒂夫帶我們到車庫，炫耀他新買的保時捷。我不是對車子狂熱的那種人，但我懂得適時發出讚嘆聲，而且車庫裡不只有保時捷，還有全套的家庭健身設備：閃閃發亮、嶄新的健身機器，還有跑步機、健身腳踏車，全部擺在壁球俱樂部等級的橡皮地墊上。史蒂夫比我大十歲，但身材大概比我好。我們在寶藍時，史蒂夫的四十歲生日心願是每天午休時間都要跑步、連跑四十天，還拖著我氣喘吁吁一起跑。

我手上拿著酒，想著未來是否也能擁有這一切——好車、家具博物館、廚房裡有外燴人員。我想起自己破舊的富豪，後座堆著狗玩具，家裡的屋頂正在漏水，但我目前手上沒錢修理；Netflix辦公室的綠色地毯髒兮兮的。隨著上市日愈來愈近，還散發一股奇怪的臭味。

感覺上，我不可能過著和史蒂夫一樣的日子，或者要很久很久以後才有可能。

廚師還要半小時，才會準備好晚餐。羅琳和凱倫又多倒了一些霞多麗，討論起我們家的廚房該怎麼整修。我、史蒂夫和瑞德走到後陽台。

「有帶泳衣嗎？」史蒂夫問。

就這樣，我穿著臨時借來的夏威夷泳褲，在鹹水泳池裡浮浮沉沉，和Netflix最早的兩位投資者來一場臨時董事會議。

「如果時間多一點，我還有很多想做的事。」我說：「例如我們想加上『觀賞清單』（The List），可以讓用戶存下很多想看的片子。米奇想出數位店員的點子，協助用戶找到他們會想看的片子。」

史蒂夫說：「聽起來不錯。」他把酒杯擺在池邊。「每次我去好萊塢影視，都會問那個戴鼻環的孩子，租哪一片比較好。另一個店員每次都亂推薦法國新浪潮的影片。」

瑞德什麼話都沒說，但我看得出來他在想事情，至於在想什麼，天曉得。一九九八年春天，瑞德已經厭倦他在史丹佛的同學，將大部分心力放在他另一個事業「科技網」（Technology

Network, TechNet）。科技網是一個遊說團體，結合了瑞德兩項彼此交集的興趣：「科技世界」與「教育改革」。科技網的遊說事項，包括進一步保護科技公司，讓公司不必再煩惱被股東控告；方便外國工作者取得簽證；改善數理教育等等。瑞德認爲特許學校（譯註：公辦民營學校，以雙語教學或科學教育爲號召）是很好的解決辦法，他正在利用科技網支持特許學校，捐錢給愈來愈多的政治人物。

老實講，瑞德要煩心的事已經夠多，他把頭埋進水裡，游到池子另一頭時，我鬆了一口氣。我不希望瑞德把銳利的眼光放在Netflix的問題上。爲了埃勒懷的事，我們已經錯過一次讓公司正式上線的日子（從三月十日挪到四月十四日），我不希望讓瑞德覺得延過一次，又得再延。

瑞德游了一圈又一圈，用身高一八三公分的身體，像海豹一樣，在水裡靈活擺動。我告訴史蒂夫，我們打算趕在最後期限之前，打造出「觀賞清單」。如同我們的許多權宜之計，那只是暫時性的功能。克莉絲汀娜想出一個版本：使用者只要按下一個按鈕，就能標記感興趣的電影，下次再看到，就會出現圖示。什麼樣的圖示？用紅線纏著的一根手指。

「工程師討厭那個圖示。」我告訴史蒂夫：「他們說那是『血腥手指』。」

我們大笑。有那麼一瞬間，先前幾週累積的壓力消失了。沒錯，最後期限迫在眉睫。人們把希望放在我們身上：我們得讓投資人滿意，還要付員工薪水，讓顧客知道我們的存在。不過說到底，我們只要做一個讓民眾有辦法租借DVD的網站。我們不像瑞德背負改變世界的使命。我們得搞定血腥手指，不過暫時先那樣，也還過得去。

我們擦乾身體，吃起晚餐——今晚的菜色是搭配某種醬汁的淡菜，還有史蒂夫保證沒瀕臨絕種的某種魚，再大口吞下我說不出名字的紅酒。吃飽喝足後，我們走進史蒂夫客廳旁的家庭劇院。距離我上一次過來已經有一段時間，史蒂夫又重新裝修了幾次。放映室的巨大皮椅，搭配巨大的扶手（還有杯架）。每張椅子分開來擺放，每一張都比我家的任何家具來得豪華——史蒂夫整整擺了十二張豪華座椅！走道裝有軌道燈，就跟眞的電影院一樣。螢幕大概有八呎寬，占據一整面牆，投影系統吊掛在天花板上。史蒂夫指著喇叭：前方有高聳的直立式擴音設備，後方有兩台大的，劇院中央也有一個，史蒂夫說，中間那台音響只用來播放對話，然後指著第二排微微靠中間左側的一張椅子：「看到那張椅子了嗎？那是最好的位子。」史蒂夫解釋：「那個位置聽到的聲音最完美，一切都完美平衡，音量與音色都剛剛好。」

凱倫打開放映室外的爆米花機。裝滿汽水的冰箱旁，擺著一個複刻版的糖果盒，我瞄一眼裡頭的東西。

巧克力棒。我的最愛。

大家挑好零食後，史蒂夫問：「馬克，你帶電影來了嗎？」

「當然。」我摸索一下背包，找到了。「我不曉得這是什麼片，只知道今天剛到貨，是本週主打。」

史蒂夫看一眼DVD外盒。「噢，是《不羈夜》（*Boogie Nights*）！我聽說不錯的樣子。」

「試試看吧。」我說。我感到身心舒暢：心情放鬆，肚裡全是紅酒和海鮮，還得到朋友的加油打氣。我坐在前排，窩在羅琳旁邊的躺椅上。史蒂夫坐在最好的位置，身旁是凱倫。瑞德坐在他們夫婦後一排。

燈光暗下，布幕升起，透過DVD的高清畫質，我們在八呎螢幕上，清清楚楚看著主角大砲王迪哥毫不保留地釋放（譯註：《不羈夜》是敘述A片產業的電影）。

我第一秒嚇壞了，接著笑到噴淚。

「我希望你的內容團隊比你更清楚公司到底出租哪些影片。」羅琳說。

我也這樣祈禱。

那一晚，史蒂夫讓我明白做好準備的幾個優點，不過在這方面，我大部分心得其實都是在戶外學會的——尤其是在山裡。

山裡絕不是可以掉以輕心的地方。

你得渡河，一步沒踏好，就可能摔進幾小時前剛融雪的冰水。就算沒凍死，你也可能被沖到下游，卡死在露出的暗礁中或倒塌的樹幹下。就算沒有，也有可能一腳卡進岩石，人倒頭栽，不斷被湍流沖上沖下，直到再也無力讓頭浮出水面。

雪原也很危險。穿越雪原時，你的步伐得夠有力，才能形成結實的落腳處，但很有可能在踏步時重心一移，踩踏處無預警地崩塌，一路摔下山，愈滾愈快，只能祈禱自己及時用冰斧撐住，不再高速下墜，摔進分隔白雪與地面的岩溝。

峭壁也一樣。攀爬峭壁時，你得和岩石約好，答應不會多逗留半秒，一摸到下一個支點，便立刻前進；峭壁則答應你，你用手抓住、賭上性命的那一小塊岩石突出處，將支撐住你的重量。要是一下子崩塌，你整個人將往下墜，半空中沒有任何東西能接住你，你將直接摔進凹凸不平的峭壁底部。

野外有野牛、美洲獅、灰熊等危險動物；外加有毒的植物、漿果、蘑菇；你可能碰上感染、撕裂傷、挫傷、腦震盪，也可能遇到雪崩、岩石鬆動、泥流、冰瀑，此外還有暴風雪、傾盆大雨、冰雹、氣溫驟降。

大自然有無數方法能告訴你，你不受歡迎，你孤身一人，沒人能來救你。

然而，各式各樣的大自然風險中，最嚇人的大概是打雷。山裡的天氣變幻莫測，這一秒天空萬里無雲，下一秒便烏雲密布。還有什麼比這更恐怖的嗎？毫無預警之下，雲中突然劈下一道能量，瞬間讓參天的花旗松變成一根燃燒的生日蠟燭。此外，你人在高處時，曉得雷電會打在周圍的最高點，不是什麼令人安心的事——樹木、岩堆、帆船船桅、冰斧、你的頭，都有可能是被擊中的點。閃電可不會依據你的宗教、教育背景、性向、多有錢，或是能臥推多少磅，決定要不要擊中你。大自然只知道，你整個人暴露在空曠處，不知道下一秒會發生什麼事。至少在那個特定的瞬間，釋放百億瓦特的位能最快速、最便捷的方法，就是衝破雲層，一次擊到地上。即便得通過你的頭，竄過你的器官，最後穿出你的腳底，才能做到……也只能算你倒楣。

要在山裡頭保持理智，你不能一直去想這些事，不過最優秀的登山家都是些瘋瘋癲癲的傢伙。我算不上什麼登山傳奇人物，但我人在高處時，永遠會自問：「哪些地方可能出錯？」如果我得橫越一條溪，我會沿著溪邊往下走個幾百碼，觀察萬一失足、被溪水沖下去，會不會被東西困住。我會尋找河岸旁能抓住的樹幹，看看湍流在哪裡趨緩，萬一出事我要往哪游。此外，當我涉水渡溪，或踩上充當橋的河上木頭時，我會先鬆開背包腰帶。這樣是比較難背，但萬一得游泳自救，絕對比較容易鬆開背包。

新創公司就像那樣。你花很多時間思考可能發生的事，做好準備。有時你得有備案，但多數時候，你只是想好到時要如何回應——你偵測到布滿岩石的河流，觀察萬一摔下去，峭壁的哪個地方可以抓。大部分時候，最糟糕的情況並不會發生，但真的發生時……萬一大便**真的**砸中風扇怎麼辦？你得有水桶和拖把，還得穿上雨衣。你究竟會是成功人士，還是全身沾滿大便，差別就在這裡。

不過，就如我們在Netflix開幕那天學到的事，兩者有時並沒有差別——你是在糞堆裡打滾的成功者。

Netflix正式營業的第一天，我一大早就醒了——大約在清晨五點。我悄悄下床，穿上拖鞋，走出去並關上房門，羅琳還在睡，不知在咕噥些什麼。再過兩小時左右，孩子們就會起床，不過在那之前，整間屋子都是我的。在日出前的黑暗中，我跨過未完工的廚房內的鐵鎚和花崗岩樣本，整間房子就剩那裡沒完成，但我們並未加緊腳步。看舊裝潢就知道，那間廚房是一九七一年的產物：螢光燈照明、酪梨綠的櫥櫃、木地板上鋪著翹起的亞麻仁地板。

咖啡壺裡還剩一些昨天的咖啡，我用微波爐加熱，站在廚房喝完，感到腦筋終於開機。我沖一壺新咖啡，把咖啡粉倒進濾紙，將熱水加進咖啡機水箱。理論上那是幫羅琳泡的，但她起床前，我大概又會喝掉半壺，太需要咖啡因了。

自從瑞德六個月前開好支票，大家完成了好多事——我們蒐集庫存，製作好網頁，打造出一間有文化的公司。我們不辭辛勞，努力讓DVD電商網站的夢想成眞。

到目前爲止，那感覺依然像是尙未實現的夢。對工作人員來說，Netflix網站已經存在，但是對於世上其他人來說還沒。我們絞盡腦汁想出各種可能發生的問題，還等著我們，甚至不確定我們是否預測到正確的問題。成功尙在未定之天，還要再過幾天、幾個月，才會見眞章。

新創公司的生命週期有好幾個階段，不過開張那天會發生板塊漂移。開門營業前，你活在規畫與預測的夢想區：你的努力是暫時的。你預測哪些事可能出錯、哪些事可能成功。那是高度發揮創造力的工作，令人興奮，基本上是樂天的。

然而，你的網站開始營運那天，有什麼改變了。這下子，你的工作再也不是預測與預期：基本上變成見招拆招。你預期會碰上的問題？實際冒出來的問題，比你想得多太多了。你準備好的解決方案？其實一百件事，你只想好了一件。有成千上萬你從未想過的問題，現在統統得解決。

那天早上，我看著太陽從群山後方升起，心中想著公司的不同團隊，想像吉姆那邊今天會碰上的事，想著艾瑞克的程式設計師，想著泰和行銷團隊。我順一遍今天的計畫：早上九點開張，接著是一整天滿滿的新聞發布會，還有從接到訂單到出貨的流程。

換句話說，我在做自一九九七年夏天以來一直在做的事：想好策略。出發前，你得擬定漂亮的作戰計畫，協調好軍隊接下來要如何調度。

自公司開張的那一秒起，你就陷入戰爭的迷霧。

我在早上七點左右進辦公室，召開標準的每日會議。克莉絲汀娜、泰、吉姆、艾瑞克、我，一一走進會議室，確認今日的行程。

「新聞發布會在九點開始。」泰告訴我。

泰花了好幾個月的時間，聯絡記者和新聞媒體，翻爛名片盒，看看有誰有興趣報導我們的新創公司，好讓大眾在開幕那天獲知消息。一整個早上，我都在和記者通電話，努力用聽起來自然的方式，說出預先準備好的講稿。

我的講稿摘要如下：

> 今天早上，全國第一間網路DVD出租店正式上線，只要是擁有DVD播放機的民眾，不論住在哪裡，也不論住家離租片店有多遠，這下子可以取得世上所有的DVD片，可以買，也可以租。

「第一位是誰？」我問。

「《聖塔克魯茲前哨報》（*Santa Cruz Sentinel*）的史蒂夫・沛瑞茲（Steve Perez）。」泰回答我。

我們從公司所在地的地方報開始接受採訪，不是巧合。我的策略是永遠先暖身。沒有什麼比得上接第一通電話時，另一頭傳來友善的聲音。

（這一次，這項策略成功了。《舊金山紀事報》〔*San Francisco Chronicle*〕和雅虎〔Yahoo!〕兩家新聞媒體也報導了我們上線的事，但只有《聖塔克魯茲前哨報》給了我們最顯眼的位置，還附上照片。我的檔案夾深處，還存放著那張已經褪色、開幕隔天的全頁報導剪報。照片上的我，完全是從一九九〇年代末走出來的，皮帶上扣著呼叫器，身旁是一台捷威〔Gateway〕電腦，外加一堆雜七雜八的電腦線。那是路由器嗎？）

還搞不清楚如何設定錄影機嗎？扔了吧。錄影帶就跟爺爺的拍立得一樣，早就過時了。

「好。」我在腦中過一遍講稿。我知道不論發生何事，我透過電話講話時得保持鎮定，傳達歡欣鼓舞的心情。管他是炸彈爆炸、伺服器著火，還是網站當掉——我都得閉上眼睛，繼續念完講稿。

Netflix讓租借DVD變得再簡單不過。不必開車，不必找停車位，不必排隊。還片也很簡單。我們一週開七天，每天二十四小時營運。

我們最後一次順一遍吉姆團隊的流程。

「訂單會進來。」吉姆說：「一旦我們收到信用卡授權，金庫的印表機就會印出下單內容。我的團隊會找到DVD片，塞進封套，掃描，留下自庫存取出的記錄，接著交給丹（Dan）。丹會放進宣傳單，封好，貼上標籤，再次掃描，顯示爲出貨中。接著放進桶子，準備寄出。」

吉姆的臉上仍然掛著傻笑，但我看得出他很緊張。吉姆花了好幾週精簡流程，找出缺點和缺乏效率的環節。然而，在網站帶來實際的訂單壓力前，他也只能做到這麼多。我們的一個大問題是我們完全不知道，開幕這天到底會接到多少訂單。五張？十張？二、三十張？一百張？

柯瑞夜以繼日潛伏在網路論壇上，不斷把Netflix推銷給科技迷與電影迷，開張那天他同樣繼續努力。然而，會有多少訂單？我並未屏息期待數量會很大。

艾瑞克的團隊，鮑里斯、薇塔、蘇瑞西和柯，個個面無表情，我看不出他們緊不緊張。不用說，今天絕大多數的壓力都在他們身上。他們預期網站會出現五花八門的問題，也想好處理的各種對策。然而，他們也知道事情一定會在意料之外的地方出錯，因此他們將在喝不完的激浪汽水（Mountain Dew）和披薩中度過這一天。艾瑞克對著他的團隊，喊了幾句聽不太懂的提醒，我趁機觀察他們。鮑里斯和薇塔感覺和平常一樣處變不驚。柯看起來爲了公司開張，特別盛裝打扮，換上乾淨的黑色T恤、還算乾淨的黑色牛仔褲。頭髮看起來梳過。

克莉絲汀娜則是緊張萬分，她爲了這一天已經準備數個月，用了數十本筆記本、數百張紙，詳細記錄網站的運作流程——使用者如何與網站互動、萬一出錯該如何回應。克莉絲汀娜的團隊花了數百個小時，把埃勒懷的電影基本資訊，整合進我們的電影內容，替我們資料庫中的九百二十五部影片寫出資訊豐富的有趣介紹。我從會議室窗戶可以望見克莉絲汀娜的團隊，還在用手動的方式，掃描最後一批要上傳至網站的DVD盒子的封面影像。對他們來說，今天要做的事和平常一樣，但是對克莉絲汀娜來說，今天將壓力爆表，因爲她比任何人都懂網站的後勤工作。

「你知道嗎？」克莉絲汀娜告訴我：「這是我們兩人第五次一起見證上市日？」

沒錯，我們在Visioneer公司共事時，一塊推出一系列的PaperPort掃描器。此外，我們兩個也各自推出過數十次全新的產品，但以前是以前。畢竟在軟體與包裝商品的世界，在上市日當天，你想反悔也來不及了。產品已經完成數週——從工廠出貨，裝進盒子，由卡車運往全國各地。上市日當天要做的事只有發布上市消息。

我說：「我感到這次會有點不一樣。」我們走到辦公空間中央、擺著一排電腦的區域。

克莉絲汀娜回答：「我想你說得對。」

接下來發生的事，完全超乎我們的想像。

一開始很順利。早上八點四十五分，辦公室裡每個人都聚在艾瑞克的電腦前。網站將在九點準時上線，我們已經做過好幾輪的確認。印表機的紙都擺好了嗎？所有的DVD片都塞進封套擺在金庫了嗎？每一件事都準備好，萬事俱備了嗎？

我們的網站實際上有兩個版本，其中一個存在沒上線的伺服器。艾瑞克用那個副本，測試新網頁和新功能。新東西會先放在測試專用的伺服器上（staging server），東弄弄西弄弄，看看效果是否如同預期。更重要的是，要確認新功能與網站的其他部分完美整合。有一定的把握不會造成災難後，再把新版本**推送**至讓網站實際上線的生產伺服器（production server）。

那天早上之前，這兩個網站的差別只存在於理論。雖然其中一個理應是最終版本，連至網路，但是大眾看不見。雖然我們已經演練過推送上線的實況，假裝有真的客戶在使用，但測試結果都不是真的。接下來，一切都會改變。

艾瑞克第一百次點開測試網站的頁面，假裝自己是顧客，嘴裡念著：「看起來沒問題，沒問題。」艾瑞克點選連結，填好訂單欄位，鮑里斯與薇塔也跟著緊張起來。他們知道、我們全都知道，上線過程一定會有某個環節出錯。他們摩拳擦掌，準備在出問題時，立刻衝上去解決。他們預備好可能出錯的地方。萬一用戶在結帳頁面，填寫錯誤的美國州名縮寫，輸進不存在的NF，而不是NC（北卡羅來納州）、ND（北達科他州）、NE（內布拉斯加州）、NM（新墨西哥州）、NV（內華達州）或NY（紐約州），那會發生什麼事？萬一信用卡號碼不是「4」開頭（Visa卡）或「5」開頭（萬事達卡），或是根本無法認證，那該怎麼辦？我們會順利補救，還是會整個完蛋？

我知道我們的新網站萬事俱備，但還欠一件事：確認用的電子郵件。我們還沒替使用者設好自動回覆的確認郵件：在顧客下單後聯絡他們，再次確認付款與出貨資訊。我們得手動寄出確認信給每一位顧客。那顯然不是理想作法，但我想應該行得通。

「還有五分鐘。」克莉絲汀娜在八點五十五分宣布。她拿著一個超大杯子灌咖啡，吃著司康，所以我知道她超緊張——克莉絲汀娜平日是健身狂，謝絕所有奶油糕點。

「我們科技宅那邊的情形如何？」我問柯瑞。柯瑞一整個早上都泡在論壇上，提醒重度使用者Netflix今天上市。

柯瑞聳肩。「很難講，我想他們會出現，但誰知道會有多少人冒出來。」

吉姆手扠著腰，我看得出他的腦中正一遍又一遍預演出貨流程，完成訂單內容，包裝好，預備在下午三點出貨。郵件得在三點前送至斯科茨谷的郵局，才能確保當日寄出。

八點五十七分，泰拍我的肩膀：「記住，五分鐘後你就會接到電話，所以你可以跟著倒數計時，但之後就要守在電話旁。」

我點點頭，眼角瞄到門開了又關。瑞德來了，趕在我們開幕的最後一秒出現。我沒想到他會過來，但我很高興看到他，也對我們趕上進度鬆了半口氣。瑞德進來時，對我點了一下頭，但什麼也沒說，只是有點尷尬地站在圍在電腦前的眾人後方。

八點五十九分，辦公室靜悄悄的，我聽見我的手錶秒針在動。九點一到，艾瑞克彎身按幾個鍵，我們上線了。我們屏住呼吸。艾瑞克在電腦上裝了一個鈴——有點像櫃台沒人在的時候，提醒員工顧客需要協助的那種鈴。每次有訂單進來，鈴聲就會響起。我填好當天第一筆訂單當成測試：我，馬克．藍道夫，我要一片《賭國風雲》（*Casino*），請送至斯科茨谷以外的地址。我按下Enter鍵下單，幾秒鐘後鈴聲響了。幾乎同一時間，佇列出現另外三筆訂單，每一筆的信用卡一授權，鈴聲就響起。庫存開始減少，裝箱單列印出來，我拍了拍艾瑞克的電腦乞求好運，回到辦公室等著接聽媒體電話。

幾分鐘內，鈴聲像機關槍一樣響起。雖然我辦公室的門關著，我正在和《聖塔克魯茲前哨報》的記者沛瑞茲通話，仍聽得見隔壁此起彼落的鈴聲。

我們享受了美好的十五分鐘。

有十五分鐘的時間，顧客選好電影，填好個人資訊，把信用卡號碼交給我們，按下「確認」的紅色按鈕。有十五分鐘的時間，鈴聲響起，擺在辦公室後方的兩台雷射印表機印出訂單，吉姆的團隊拿著訂單到金庫。有十五分鐘的時間，每一筆訂單指定的影片找到了，DVD放進郵封，地址標籤貼上去。有十五分鐘的時間，處理完的訂單堆成小山，擺進門邊的箱子。

幾個月前，我們發現這是個大好機會，我們可以在價值十億美元的市場裡，建立起重要的商務品牌，正式啓動成長最快速的消費者電子領域。Netflix在今晨成立了全球第一家DVD網路租片店Netflix.com。Netflix擁有每一部DVD電影——任君挑選，想租什麼片都有。

我望著辦公室玻璃窗後方，興奮到頭昏眼花。我請泰守在我旁邊，在我辦公室的白板上，寫下所有的媒體提問——我們用來決定公司名稱的同一面白板。雖然每一通電話的開頭，我都說出預先準備好的講稿，我喜歡利用記者的提問當切入點，講出較長、較深入的故事。我希望以即興的方式，真正點出我們嘗試做到的事。我在答案中插進美國的歷史、大眾文化，甚至是野外的體驗，但我需要一個錨點，一個可以抓住的東西——也因此我需要看著白板上的問題。泰拿著麥克筆守在白板旁，彷彿矽谷版的益智搶答節目主持人。

儘管DVD市場出現驚人成長，全美多數的錄影帶店尚未提供DVD——即便有，選擇也有限，通常一部影片只有一片。Netflix不一樣，幾乎不管你要什麼DVD，Netflix全都有。我們不提供X級電影，但是今天早上，我們提供任君挑選的九百二十六部片，我們擁有全球最大的DVD庫。此外，我們的倉庫裡有數百片最熱門的電影，保證顧客隨時租得到想看的片。

那一天，我興高采烈一遍又一遍介紹我們的事業，實在很難不興奮。只要望向我的辦公室窗戶外頭，這段日子以來努力實現的夢想就在我眼前上演。

大家只要上Netflix網站，一下子就能找到想看的電影。我們會在兩、三天內送達。顧客可以留著DVD七天，看多少次都可以。看完後，只需把DVD放回我們提供的信封，丟進最近的郵筒，即可還片。我們甚至提供回郵。

然而講著講著，我發現事情不對勁。艾瑞克對著電腦皺眉頭，鮑里斯與薇塔瘋狂地敲打鍵盤，蘇瑞西趴在地上，抓著伺服器底下的某樣東西。柯插插拔拔牆上的線，追蹤每條線連至天花板的何處。

克莉絲汀娜輕聲走進我的辦公室，咬著手上還剩的指甲。我剛和《舊金山紀事報》的記者喬．史瓦茲（Jon Swartz）聊完。

對我們、對顧客來說，這是極度令人興奮的展望。最重要的是，對整個DVD社群來說也是大事。

我把話筒掛回去，這才注意到鈴聲沒在響了。

「怎麼了？」

克莉絲汀娜翻白眼。「伺服器當掉了。」

伺服器當掉是今日新創公司不必煩惱的另一件事。現在幾乎每間網路公司都在雲端上營運，不像艾瑞克和柯必須花很多時間，辛辛苦苦打造資本密集的設備。今日的企業只需要開好支票，購買別家公司存放在有空調的倉庫裡的電腦存取權，那裡有備用電源和大量的儲存空間。然而一九九八年，雲端服務尚未問世。如果你希望經營電子商務網站，或是任何流量大的網站，你得有辦法自己提供網路頁面、儲存數據、追蹤顧客資訊。也就是說，你自己的辦公室必須擺著成排的電腦，充當網頁的主機。

Netflix問世的那一天，我們一共也就兩台主機。柯瑞在網景（Netscape）待過兩年，他一直試圖告訴我，我們需要多儲備幾台。「會派上用場的。」他一遍又一遍告訴我：「就算上線那天用不上，很快也會需要。爲什麼不預先大量購置好？難道你不想替最佳的景況做好準備？」

我的確想做好準備，但內心大概還是有點迷信，擔心過度樂觀會帶來厄運。克莉絲汀娜講得好——開公司就像開派對，你不確定其他人是不是都會出席。如果一個客人也沒有，買太多桶啤酒就麻煩了。

然而，柯瑞當然說對了。只有兩台伺服器，彷彿只騎一頭騾子，就想在美國的舊西部闖蕩江湖，完全不夠用。

我走出辦公室，艾瑞克和鮑里斯正準備開車到山的另一頭，那裡有弗萊電子產品連鎖店（Fry's）的坎貝爾市（Campbell）分店。他們打算買八台新桌機，每一台都要配備大容量的六十四MB記憶體。

「應該夠了。」艾瑞克面帶懷疑說。

「他們買回來前，我們要做什麼？」克莉絲汀娜問：「我們有可能損失數十名顧客啊。」

「完蛋了！」泰說：「所有記者都會來上我們的網站，結果上不去！」

瑞德終於開口。一整個早上，他還是第一次說話。「你們不能放上牌子嗎？『本店今日已打烊，明日請早』？」

我們已經習慣叫Netflix我們的「店」。那的確是一間店——我們提供的服務，彷彿米奇家族經營的「影片機器人」租片店電商版。然而，網站和店面不一樣，我們沒辦法在門上懸掛「現在是午餐時間，稍後回來」。網路全天候營業，沒有打烊時間。

「我們有錯誤頁嗎？」我問。

克莉絲汀娜臉一沉。「沒有。」她低聲說。

「那就來做吧。」我說。接下來四十五分鐘，我們趁著艾瑞克和鮑里斯去買新伺服器的時候，匆忙拼湊出「稍待片刻，立刻回來」的頁面，讓顧客安心他們的確來對地方——我們立刻會回到崗位上。

那一天，那個頁面出現了很多次。

一小時後，柯架設好八台新的伺服器，我們接訂單的能力大增為五倍。每一件事都很順利，網站再度上線，訂單如雪片般飛來，大概止血了四十五分鐘。接著伺服器再度當掉。

艾瑞克和鮑里斯又衝去弗萊電子。我沒跟去，但我到今天都能想像，那是什麼樣的情景——他們兩個開著Netflix財務總監葛瑞格・朱里安（Greg Julien）生鏽的皮卡，毅然決然走進店裡，推著購物車直接走向電腦區，接著碰上同一位結帳人員，兩人討論該用誰的信用卡先刷。店員大概看過同樣的狀況幾百次了，幾百間新創公司面臨過同樣的危機。畢竟這是矽谷。

網站一整天當個不停。由於我們還沒辦法計算網路流量，不曉得到底錯過了多少顧客。簡直是一場糊塗，不過同時間這些都是**正面**的麻煩——代表我們的網站有訪客，而且訂單一直進來。

「顧客眞的來了！」我感到不可思議：「大家上我們的網站，把信用卡資訊交給我們！」

Netflix搬進新辦公室時，我買了一瓶瑞脊酒莊（Ridge Estate）一九九五年的卡本內蘇維翁（Cabernet Sauvignon）——那款加州葡萄酒，約比我和羅琳平常買的酒貴了一百美元（也就是一瓶要一百二十美元）。我告訴每個人，等網站出現第一百筆訂單，我們就打開那瓶酒慶祝。我們還舉辦非正式的投票，請每個人猜測何時會抵達這個里程碑。蘇瑞西負責庫存和訂單記錄，他猜的時間最短，他認爲不到一天就會有一百筆訂單。

我猜要一、兩個月。

猜猜誰猜對了。

我在下午兩點多宣布：「蘇瑞西，你猜得眞準。」第一百筆訂單進來了。我把獎金一美元拋給他。蘇瑞西一把接住硬幣，視線甚至沒離開螢幕。

當然，我們都祈禱能有這種好成績，但事情成眞的那一刻，依舊令人感到不可思議。我看著訂單不斷湧進，聽著印表機列印出表單，大大鬆了一口氣。幸好，我們盛大的開幕迎來的不是鴉雀無聲。

我們很受歡迎，甚至有點太受歡迎了。

箱子沒了，膠帶沒了，紙沒了，墨水也不夠。

印表機當天第四十次卡紙後，我走向柯瑞的辦公桌，問他能不能讓事情稍微慢下來。伺服器又掛了，印表機卡住，克莉絲汀娜的內容團隊忙著替收到的訂單打出一封又一封的確認信（看來待辦清單上，設計自動回覆郵件應該放在前面一點的地方）。

「你能不能拖住科技迷一陣子？」我問。

柯瑞大笑：「我試試看。」

他安靜了一秒鐘。

「可是他們**真的**很熱情。」柯瑞說。

時間一分一秒過去，當天的死線開始逼近：下午三點鐘。斯科茨谷的郵局會在下午三點將所有郵件放上郵車，送往聖荷西。如果我們的DVD要搭上郵車，就必須在三點前把所有要寄的東西送過去——不然的話，我們向使用者承諾的當天寄送，就會變成**隔日**寄送。

吉姆堅守下午三點的大關。然而，隨著當天時間一分一秒過去，訂單一直湧進來——伺服器不斷當掉，印表機不停卡紙，克莉絲汀娜的團隊不停打著確認信，寄給每個租借DVD的顧客，手都起水泡了——吉姆開始緊張。

「萬一碰上塞車，我們可以把所有郵件直接載到聖塔克魯茲的郵局。」吉姆說：「他們最後一次收信是四點。」

吉姆花了好幾星期研究郵局的收件時間、營業時間及送信路線。他知道我們寄出的DVD會先依據目的地預先分類，第一站先到聖荷西，再送往當天早上我們在訂單上看見的所有目的地，像聖地牙哥、西雅圖、聖安東尼奧（San Antonio）。但前提是我們必須先寄出。

「我會在兩點五十二分出發。」吉姆說：「我會到斯科茨谷郵局，多留一分鐘的誤差時間。萬一兩點五十二分還沒好，我便直接殺去聖塔克魯茲的郵局——但是得開二十分鐘才會到，而且誰知道會不會有地方停車。因此爲了安全起見，我得在三點半離開。」

我知道吉姆只是不小心說出腦中的想法。過去幾週，吉姆六度開車去郵局，試著找出最快的走法。到了郵局後，他還摸清停車和投遞信件的地方，展現極度的樂觀心態，甚至在皮卡後面放了一台手推車。萬一訂單多到箱子太沉，就可以用推的。萬一推車眞的派上用場，他也事先研究好郵局的無障礙坡道在哪裡。

「你覺得怎樣好就怎麼做。」我說：「但是第一批訂單從公司所在地的郵局寄送，不是很好嗎？」

吉姆點頭。我們邊說邊踏進金庫，吉姆團隊的兩名成員正忙著翻找DVD，找出最新進來的訂單租借的影片。我隨手拿起門邊桌上的訂單，加入尋找行列，在依據字母順序排列的DVD牆邊，找著《烈火悍將》（*Heat*）。我走過《烈火悍將》好幾遍，但眼睛就是脫窗沒看見，中間至少兩度撞到吉姆的人手。

「馬克，你眞是無可救藥。」吉姆說。他一把從我手上搶走DVD，一秒鐘放進郵封，瞬間貼好地址，以專業手法封好。「快點滾出去。在郵局關門前，我們還得搞定四十五張訂單。」

金庫牆上的時鐘顯示，當時是兩點二十四分。

全辦公室的人都緊張兮兮的，直到兩點五十二分，吉姆出發前往郵局，大家才鬆了一口氣。今天的截止時間過了，現在只需想辦法讓明天更順利。

我們原本還以爲只會有十五、二十人使用我們的網站訂購DVD，結果有一百三十七人——理論上，接下來數量會更多，因爲我們不曉得網站當掉時，到底有多少人嘗試下單。

這是振奮人心的起頭，但也只是起頭而已。有幾百個得修正的地方——不對，是**幾千個**。

我們有沒有開紅酒慶祝？辦公室沒開瓶器，我只好用原子筆把軟木塞壓進瓶內，把酒倒進原本裝著健怡可樂的寶特瓶醒酒，然後大家用紅色免洗杯代替酒杯。不管怎樣，我們還是開了那瓶酒，在會議室短暫乾杯。我尋找瑞德的身影，但沒看見他——他那天下午不知何時離開了。

「敬開始！」我說：「敬前方的工作。」

前頭有好多工作。我們需要讓確認信能自動寄出。線上訂購單有數十個問題。我們可以抓出顧客填錯的各州代碼，但不太能夠驗證郵遞區號，國際訂單更是沒辦法處理（誰曉得會有別國民眾試圖下單！）。此外，我們依舊需要研發演算法，確保熱門電影永遠有庫存——再想辦法把顧客引導到較爲冷門的電影，並實際租借。

成千上萬個難題等著我們解決，我們都明白那將耗上數個月，因此乾杯後就捏扁免洗杯，扔進回收桶，回去工作。

大約在傍晚六點，有人訂了披薩。我在晚上十點左右離開。工程師大概會整晚待在辦公室，努力讓網站隔天不致因爲流量再度當掉。當然，網站在晚間還得開門營業——你無法關上霓虹燈招牌，一早再度開工。那天，我們所有人理解了，我們在Netflix的工作進入全新的境界。

那天晚上，我再次坐在家中還沒裝潢好的廚房中。我人在餐桌旁，孩子睡了，羅琳也睡了，我仍處於亢奮狀態，當天的腎上腺素尚未褪去。我人正嗨的時候根本睡不著，乾脆拿出筆記本，寫下所有尚待解決的事：

- 網站備援——伺服器當掉時，如何能迅速修好？
- 設計好一點的裝箱單——標籤一直脫落，卡在印表機裡。

- 更多存貨？要幾片才夠？多少片算太多？
- 需要指標！請蘇瑞西依據顧客來源和下單租了哪些電影，報告今天湧進的訂單。還有呢？

我想著可能的解決辦法，隨手排起擺在餐桌上的木板。這棟房子原本的地板鋪著有一百二十年歷史的紅木，我們拆掉後還留著，羅琳想拿來做架子。我抬起其中一片，掂了掂重量，感受木頭紋路，試著想像把它釘在後方牆壁上是什麼樣子。牆壁上是一道道試擦的油漆痕，看看最後該用什麼顏色。我幾乎可以想像裝潢好的樣子。

廚房仍在打造中，但我們的生活已經圍繞著廚房打轉。我心想，就跟Netflix一樣——Netflix已經建立起來，但尚未完工。老實講，大概不會有完工的一天。每一天，我們都得拴緊螺絲——水管要暢通，櫃子要裝滿，爐子得擦乾淨，瓦斯費要按時繳。

但它已經存在了，已經出現在世上。

幾年前我去攀岩，穿越山頂下的一片雪原，突然感到頭上有一股劈啪作響的靜電，頭髮豎了起來，頭盔周圍閃著一圈紫外線光。那是「聖艾爾摩之火」（Saint Elmo's fire）——帶正電的電磁場即將放電到地上，也就是即將落下的閃電。

整個春天，Netflix帶給我的感覺就像那樣——嗡嗡作響的藍霧包圍我的頭。然而，自四月十四日起，Netflix不再只是位能，而是通電的電流，正電與負電相接，劈下一道響雷。

現在，我們得想辦法駕馭這道雷。

9 上線後我一天的生活

（一九九八年夏天：開張八星期後）

清晨五點

「輪到你了。」

羅琳說完後轉身，用枕頭罩住頭。

Netflix上線兩個月後。我躺在黑暗中，瞇著眼看時鐘收音機，等著轟炸出現。已經開始了：樓下某處傳來窸窸窣窣的聲音，接著是小小聲的砰砰砰，我家小兒子杭特正在迎接早晨，把動物絨毛玩具一一扔出嬰兒床欄杆。幾秒鐘後，他就會把腳塞進欄杆，撐著扶手翻出嬰兒床，落在用老虎和大象娃娃鋪成的著陸墊上。

家有小孩子，誰還需要鬧鐘？

我在昏暗的光線中穿好衣服，踏進走廊，杭特已經在等爸爸了，一手抓著心愛斑馬的無毛破舊耳朵。

「小傢伙，你好嗎？」杭特跟著睡眼惺忪的老爸下樓。來到廚房，杭特舉起雙手，讓我抱起他，放進嬰兒椅。我一如往常，混好一碗穀片、香蕉、牛奶，放在杭特面前。他把手插進碗裡，開始埋頭苦幹，咖啡機嗶嗶嗶叫了三聲，最後幾滴咖啡噴進壺內。

時間分秒不差。

我坐在杭特對面，打開筆電，早上的監控報告已經寄到信箱。

Netflix上線後，我們充分利用網站帶來的數據。我們的網站巨細靡遺，每天晚上一過午夜，Netflix的伺服器（現在有二十四台）便開始統整前一天的數據，替隔天做好準備。電腦會結算餘額，調整庫存，協助對帳，自生產伺服器讀取前一天的每筆交易，加進記錄檔，建立數據倉庫。數據倉庫和我們爆滿的金庫不同，沒有實體，一塊硬碟就能搞定。

每一位顧客、每一筆訂單、每一片DVD出貨，我們的數據倉庫都清楚每一位顧客住在哪裡，加入的方式與時間，向我們租過多少次片子，平均而言多久之後會歸還。數據倉庫完全知道人們在何時造訪網站、來自哪裡、進入網站後做了哪些事。數據倉庫知道他們查看了哪幾部電影，把哪部片放進購物車，也知道他們是否完成下單——如果沒下單，數據倉庫知道他們是在哪個環節放棄的。此外，數據倉庫也知道誰是第一次造訪，誰是回頭客。

只要一塊硬碟，就幾乎什麼都知道。

有這麼多數據要考慮，很容易感到無從著手，此時監控報告就能幫上忙。

監控報告是數據摘要：簡潔有力、一目了然，列出租片與銷售次數最高的十部電影，還有過去二十四小時多了多少新顧客，接到多少筆訂單，以及訂單中有多少是租借DVD，有多少是直接購買。

今天早上的監控報告──我用一隻眼睛瀏覽，另一隻眼睛則盯著杭特慢慢清空他的碗。有好消息也有壞消息。左欄是好消息：銷售在五月飆升五成，也就是我們第一個完整的營業月。六月的月營收剛好超過九萬四千美元。如果一連十二個月都能有那樣的成績，我們就會抵達新創公司的神奇數字：年營收百萬。我提醒自己在一週尾聲的公司會議上提這件事。

壞消息是旁邊那一欄：租片營收。

我看見租片營收依然只有四位數時，抽搐了一下。

而且第一個數字是1。

我們賣出九萬三千美元的DVD，但租片收入幾乎不到一千元。

「該死的。」我喃喃自語。杭特抬頭看了我一眼，接著繼續低頭吃穀片。任何不是香蕉的東西，杭特都沒興趣。

我倒了第二杯咖啡，思考著數字。買斷和租片的營收會差那麼多，原因在於價格。顧客買一片DVD是二十五元，但租片才四元。賣出一張DVD的營收是租片的六倍，但不用講，賣

DVD片只能賣一次，出租則能**租**好幾百次。

問題出在沒人向我們租片。就算**真的成功**說服某個人租片，也幾乎沒人租第二次。

我依序鋪好麵包，先塗花生醬，再塗棉花糖醬，替羅根和摩根做好三明治。輪到爸爸替他們做午餐時，他們都很高興，因爲我和羅琳不同，我允許孩子吃垃圾食物。我忍不住用垃圾食物平衡健康食物。我一邊削紅蘿蔔，心思則飄到千萬里之外，想著我們近日的促銷活動——到底要如何調整文案、圖片或價格本身，才能扭轉情勢，讓人們想要租片。

羅琳進廚房時，我幾乎沒感覺。她在一陣兵荒馬亂中完成所有任務，把已經穿好衣服、可以出門的羅根和摩根趕進廚房，在餐桌旁就定位，幫他們倒好穀片和優格，順便把我做好的午餐塞進午餐盒，也把杭特塞進褲子和上衣，再把足球護脛、幼稚園作業、毛衣、泳衣收進袋子，催促三個孩子走出廚房門，坐上大台的紅褐色速霸陸，繫好安全座椅，快速跟我吻別——一切感覺就發生在幾秒內。

論效率，論專案管理，沒人能勝過羅琳。

早上七點半

我進辦公室時，克莉絲汀娜正在白板上寫些什麼。六個月前，我們利用這塊白板腦力激盪可能的公司名稱。在正式上線那天，我們在那塊白板上塡上記者的提問。現在，那塊白板看起來像喝醉的DVD雜誌行銷部門，正試著重塑品牌。

- DVD觀眾？
- 數位位元
- DVD快遞
- ~~怪胎一籮筐~~
- DVD資源
- 短片雜誌
- DVD行家

「這是什麼？」我瞇眼看著那些名字，每個名字後面都寫著數字。「《數位位元》（*Digital Bits*）真的有七百位讀者嗎？」

克莉絲汀娜回答：「我相當確定。」她用手擦掉一行行的字，因爲板擦已經消失很久了。「但它們絕對是最大的雜誌了，這些有的……很小。《DVD行家》（*DVD Insider*）大約有一百名讀者。」

「給你看一樣東西。」克莉絲汀娜說。她放下白板筆，轉身到自己的辦公桌前，打開電腦打了幾個字，再給我看螢幕：「你看看這些網路互動！」

螢幕從上到下是一來一往的網路論壇對話。克莉絲汀娜用白板筆指著頁面中央的一篇文章，發文的用戶名我不認識：漢彌頓・喬治（Hamilton George）。

好奇問一下，有沒有人試過那間DVD郵寄租片公司？叫Netflix？他們好像所有的片子都有，價格也滿合理的。

「那是柯瑞的網路帳號。」克莉絲汀娜解釋：「他是這個群組最活躍的用戶。」Netflix推出後，柯瑞沒有停下「黑色行動」的戰略。他有十七個分身，每個分身各參加不同的網站。現在Netflix上線了，柯瑞可以追蹤哪些網友確實造訪網站，向我們訂購DVD。Netflix問世前，柯瑞是我們的推銷員，現在則是我們的間諜。

克莉絲汀娜捲動「漢彌頓」的發言記錄頁面，閱讀網友的回應。

「網友愛死柯瑞了，或是……」克莉絲汀娜停頓了一下：「或是漢彌頓。啊，都一樣啦。」

我有次問柯瑞，他那些分身的名字哪來的。

「名人。」柯瑞回答：「我只是把名字倒過來。」

漢彌頓・喬治（Hamilton George）＝喬治・漢彌頓（George Hamilton）。

各位，原來我們的間諜是老片《前世冤家今世歡》（*Love at First Bite*）的高富帥吸血鬼男主角。

早上九點

我早上待在自己的辦公室，仔細研究我們和東芝（Toshiba）合作的折價券合約，順便打電話給聖塔克魯茲地區的各家乾洗店，因爲我忘了自己究竟把「新媒體戰袍」送到哪家去洗了。是這樣的，如果要瞭解我的「新媒體戰袍」，你得先明白我們這間年輕公司面臨的最大挑戰，基本上是某種雞生蛋、蛋生雞的問題。

如果幾乎沒人擁有DVD播放器，我們要如何行銷DVD租片服務給大眾？

如果你試圖接觸一大群消費者，直效行銷的作法是向郵寄名單仲介購買客戶名單。你可能指定：「給我兩百萬DVD用戶的地址。」接著按照清單發送郵件。但如果是嶄新的技術，用戶名單就尚未建立，因爲幾乎沒人有DVD機。

製造DVD機的消費者電子產品龍頭，和Netflix在同一條船上，但他們划行的方向跟我們相反：如果市面上幾乎找不到DVD片，沒人會想買一台要價一千兩百美元的DVD機。

一月時，我嗅到了機會。Netflix需要管道，接觸到家裡有DVD機的消費者，DVD製造商則需要讓新顧客取得DVD影片。如果我們結合雙方的利益，一起推銷呢？

於是，我一月飛到了拉斯維加斯，參加「消費電子展」（Consumer Electronics Show, CES）。消費電子展當時是全球最大的貿易展。之前參加影像軟體經銷商協會（VSDA）的展覽，讓我彷彿踏上了迷幻藥之旅，但是跟消費電子展比起來，VSDA根本是乖乖牌的主日學。每家消費者電子產品龍頭都到了，替員工包下整間飯店，攤位足足有美式足球場那麼大，展示琳琅滿目的高科技裝置。想想3D，想想機器人，想想PlayStation，再想想3D機器PlayStation，都是在距離上市日好幾個月，就出現在消費電子展上。

除了米奇，克莉絲汀娜的先生科比．基什（Kirby Kish）也陪我一同造訪這塊異國之地。科比出身消費者電子產品界，自請當我的「叢林嚮導」——他幫我引薦，帶我瞭解我們要面對的跨國集團的複雜階層。「馬克，前方是個不一樣的世界。」我們在麥卡倫（McCarran）國際機場下飛機前，科比事先提醒我：「你要做好心理準備。」

那是貨眞價實「東方與西方的交會時刻」——大部分參展公司的總部都在亞洲，他們的美國辦事處也集中在美國東岸，辦公園區大都設在紐澤西郊區。此外，他們的公司文化很不一樣。索尼（Sony）或東芝的員工穿西裝上班，車子停在錫考克斯（Secaucus）、韋恩（Wayne）或帕克里奇（Park Ridge）各地千篇一律的辦公園區，走進單調乏味的建築物，加入數千名同仁。他們服從嚴格的階級制度，每位員工都有明確的職責，負責特定的任務，聽從上司的指揮，指揮鏈又長又複雜。他們每天過著朝九晚五的生活，超時工作有加班費。在每個月一次的週五便裝日，可以穿卡其褲和polo衫上班，但一個月就那麼一天。

換句話說，消費者電子產品公司的精神和新創公司的心態南轅北轍。

不過，我可以理解爲什麼會那樣。消費者電子產品公司販售產品時，前置時間長到不可思議。從研發到包裝，再到行銷和出貨，推出一台新的電視、VCR或CD播放器，需要數年時間，中間眞的有數十萬個小決定要做，還要把所有決定整合起來。跨國企業擁有數萬名員工、數百項產品，協調決策很花時間，不是幾個產品經理就能拍板定案。我們Netflix只有一個克莉絲汀娜，索尼的克莉絲汀娜一定有好幾千個。

消費者電子產品公司當時正面臨一項重大挑戰：該如何標準化DVD技術。DVD的容量、尺寸與使用者端功能等細節，依舊每家各行其是。三大巨頭的代表爲了簡化事情，也爲了避免規格大戰，不得不組成彆扭的同盟，同意一起替DVD這項新興技術設定規格。他們的同盟叫「DVD Video集團」（DVD Video Group）。

一九九八年的消費電子展大會上，「DVD Video集團」第一次公開亮相，我就是爲了見他們才參展。那次見面的感覺不是很有希望。相較於會場其他浮誇的展示區，我們會面的地方很小，大概只有我家廚房那麼大，四周用紅龍柱圍著，裡頭有二十幾個人走來走去，包括東芝、索尼、松下（Panasonic）三大製造商各自的代表。整場活動感覺像是美、英、蘇三國的雅爾達會議——由三巨頭組成不穩定的聯盟，不習慣與彼此合作，拿著小盤起司走來走去。

我的目標是和三個人說上話：索尼的麥克・費德勒（Mike Fidler）、東芝的史蒂夫・尼克森（Steve Nickerson）、松下的羅斯提・歐斯德史塔克（Rusty Osterstock）。這三家公司大約掌控九成的DVD播放器市場。我知道如果想達成任何協議，就得和他們其中一人搭上線。

說得倒容易。我只是一家員工十七人的新創公司的老闆，網站甚至還沒上線。尼克森、費德勒與歐斯德史塔克的公司，規模卻龐大到內部需要發行自己的電話簿，而我只是想沾大公司光的煩人蒼蠅。

即便如此，我有自信。首先，我穿著剛才提到的「新媒體戰袍」。那是我替矽谷以外的「IBM」買的（IBM = Important Business Meetings，重要商務會議）——碰到不能只穿牛仔褲跟運動鞋的場合，我就會穿那套衣服。我認爲很重要的一點是不能打領帶，而且要像是在娛樂圈遊刃有餘，所以我買了淺綠卡其褲、搭配帶一點螢光的西裝外套。此外，我還買了有著淺淺幾何圖案的襯衫，店員告訴我那叫「水波紋」。

整套衣服搭配起來荒謬至極。羅琳第一次看到我試穿時，笑到停不下來。「你看起來像變色龍。」她說。

從某方面來講，我的確是。我需要融入幾種不同的環境——媒體界、消費者電子產品的世界與科技業。穿著那套「新媒體戰袍」（New Media Outfit，我有時會簡稱爲NMO），讓我有辦法混進遠比我的公司更龐大、更有勢力的企業。

那天下午，我穿著戰袍，汗水直流，衣服乾了又濕，濕了又乾。我用同一套說法，向每一家廠商推銷：想想看，如果我能一舉替他們解決障礙，增加DVD機的銷售量？如果他們能向每一位顧客保證，購買DVD播放器的話，立刻就能取得世上發行的每一部DVD？

接著來到我的重點：如果他們賣出的每一台新DVD播放器，都附贈免費租三部Netflix影片的兌換券？

雞有了。

蛋有了。

雞和蛋同時搞定！

我們的網站將獲得流量，他們可以擴大DVD使用人數。聽起來不賴吧？

三個人全都婉拒了。

麥克．費德勒告訴我：「聽起來很有意思。」麥克是加州人，個性隨和，衣著得體，髮型也比消費電子展上大多數西裝男好看，全身散發著自信。不過他怎麼可能沒自信？他可是替產業龍頭索尼工作。麥克告訴我，這件事希望渺茫，不過他會好好想一想。

羅斯提．歐斯德史塔克負責松下的DVD營運，人矮矮的，穿著藍色牛津襯衫，才三十五歲，但看起來很老成——長相是那種老起來放的人。歐斯德史塔克對我的提議不置可否。

「嗯嗯嗯。」歐斯德史塔克說。或許是他見到我五分鐘之前剛跟費德勒講過話，才沒直接拒絕。「我們再通電話。」

史蒂夫．尼克森聽起來最感興趣。史蒂夫大學時代打袋棍球，裝扮是我熟悉的東岸貴族學院風——一看就知道很貴的保守西裝、閃閃發亮的W型翼紋皮鞋、卓克索（Drexel）大學的畢業戒指。史蒂夫體格健壯，朝氣勃勃，我認爲他是勇於冒險的人。

「我們來聊聊。」他說。

那天下午，我帶著一堆名片，背著裝有十片DVD的贈品包，以及初步的戰果，離開消費電子展。米奇說吃晚餐前，要向幾個朋友打招呼，我原本不以爲意——直到出了消費電子展的會場，踏進拉斯維加斯會議中心（Las Vegas Convention Center）的另一區，進入平行時空。

「嗨，米奇！」一個穿著肚兜的年輕美女對著他咯咯笑。

「米奇！好久不見！」另一位波霸貼上米奇的胸膛，來了一個擁抱。

米奇眉開眼笑。「這位是海倫。」他介紹：「這位是茱麗葉。」

此時，我才認眞看了看四周，到處都是膚色相當人工的古銅色猛男，挽著用雙氧水漂成金髮的美女。美女身上除了很重的妝容，幾乎一絲不掛。報到櫃台上方的巨大牌子，用挑逗的草寫體，寫上口紅色的「AVN」三個大字。

AVN是《成人影片新聞雜誌》（*Adult Video News*）的縮寫，也就是A片的產業雜誌。我們這會兒來到「成人娛樂博覽會」（Adult Entertainment Expo）——這個展覽每年都和消費電子展在同一週登場。

我後來才知道，原來米奇經常參加這個活動。他多年來成功經營錄影帶連鎖店，因此和A片產業很熟，認識所有的主要成員。米奇在成人娛樂博覽會上，就像在影像軟體經銷商協會一樣自在。接下來四小時，我緊張兮兮，結結巴巴報出自己的名字，眼睛不停吃冰淇淋——一邊絞盡腦汁想著，到時要怎麼跟老婆解釋這件事。米奇拿出熱情四射的態度，四處和片商老闆、各大經銷商、導演、演員打招呼，感覺像是多年老友。這裡的高階主管，看起來和消費電子展上的高層，沒有太大不同。要不是穿著清涼的眾家美女一直往米奇身上貼，我會以爲我們仍在和索尼的商務人士談話。

幾小時後，我們回到旅館。我告訴米奇：「你認識**每一個人**。」我的DVD背包裡，又多了幾片新朋友。

米奇露齒而笑地說：「認識位高權重的朋友就是爽！」

一月過去，進入二月，再來是三月。費德勒和歐斯德史塔克都沒和我聯絡。老實講，我一點也不意外。對他們來講，這是高難度的挑戰。像索尼和松下這樣的公司，產品開發期長達數年。要在那些企業的產品盒子上貼貼紙或是塞優惠券，必須和數十個不同的專案領導人協商數個月。按照一般的流程，如果想要有機會把我們的優惠券放進索尼的DVD盒，大約得在一年前就開始談。若要像我希望的那樣，在推出新產品時突然加入，負責人必須冒非常大的風險，賭上自己的事業，而消費電子展的參展公司，通常不獎勵冒險。

我到今天還是不知道，爲什麼東芝的史蒂夫・尼克森會打電話給我。我想是因爲，儘管尼克森在規避風險的環境裡工作，他看見一個風險大、報酬也大的機會。沒錯，要應付層層的決策鏈是一場噩夢。的確，萬一一個沒搞好，尼克森很可能丟掉飯碗。然而，如果和一家叫Netflix的新公司合作促銷，能讓他接觸到DVD的顧客，這項剛起步的科技將有辦法擴大客層。

此外，尼克森的公司是東芝，東芝是永遠的第二名。在消費電子展的世界，索尼是公認的王者，不需要冒險。然而，東芝這樣的公司永遠在搶奪市占率。冒險或創新**可以**讓公司殺出重圍。

不論史蒂夫・尼克森當初是怎麼想的，他願意姑且一試，我一輩子感謝他。就我個人的判斷，史蒂夫是Netflix的故事中最重要的一個人。當年要是沒有他的協助，Netflix絕不可能成功。

我帶著「新媒體戰袍」飛到紐澤西，和尼克森在四月連談數日後達成協議。東芝允許我們在他們賣出的每一台DVD機，放一張小小的宣傳單，說明可以在Netflix網站免費租三部電影。顧客只需造訪Netflix.com，輸入DVD機上的序號，就能租三部電影，一毛錢都不必花。

這是雙贏的局面。Netflix得以在擁有DVD機的消費者最需要我們的時候，直接接觸到他們。此外，東芝也解決了自己最大的問題：說服猶豫的買家，他們找得到新機器可以播放的片子。外盒上擺著顯眼的優惠廣告：**買就可以免費租三部片！**

然而，這項協議除了是雙贏，還帶給我很大的啓發。是這樣的，新創公司是個孤獨的天地，你努力做沒人相信會成功的事。大家一遍又一遍告訴你，這行不通。你獨自對抗全世界。然而現實是，你無法單打獨鬥，你需要找人幫忙。你要說服大家用你的方式看事情，讓他們感染你的熱情。你要讓他們戴上魔法眼鏡，有辦法看見你替未來擘畫的願景。

史蒂夫・尼克森瞥見我說的未來，他信了。此外，成效已經出來。幾天內，我們的流量立刻大增，而且曉得流量是從哪裡來的。柯瑞用戴蒙・馬修（Damon Matthews）這個化名，在東芝的網路討論區側聽，看來我們的宣傳在東芝的客群中引發了共鳴。

既然如此，到底爲什麼大家免費租完三部影片後，就不再上Netflix？

早上十一點十五分

我們和東芝的合約做了幾處小小的調整之後（都是一些小地方），我打電話給「DVD快遞」（DVD Express）的麥克・杜貝克（Michael Dubelko），花無數個小時試圖說服他，我們能協助彼此。

「這邏輯說不通，馬克。」他說：「我們也賣DVD，我們怎麼能和競爭者合作？」

「我們只需要你推銷租片服務。」我說：「那不一樣。」

「怎麼不一樣？」

這一類對話是鬼打牆，通常講半天也沒用。販售DVD的網站，自然不想和可能跟他們搶市占率的網站合作。

我告訴杜貝克，我懂。但我曉得這是有可能的。我掛掉和杜貝克通的電話，想起史蒂夫・席可斯（Steve Sickles）。席可斯是最大型的DVD網站之一「每日DVD」（DVD Daily）的管理員，先前我們在紐約市的日式料理店Nobu吃鰤魚生魚片時，我成功說服他一起合作。他的網站提到的每部電影，現在都會連到Netflix。我也想起《數位位元》的比爾・杭特（Bill Hunt）。有一次，我們在亞特蘭大的遊戲專業展走廊上碰到面，他同意只要我們偶爾在網路上提到他，他也會禮尚往來，在評論文章中提到Netflix。

或許關鍵是面對面談。

我靠在椅背上，腦力激盪還有哪些新地方可以穿上我的戰袍——我剛剛找到那套衣服的下落，原來我送到了聖塔克魯茲的「任務」乾洗店。艾瑞克探頭進來：「你好了嗎？伊山（Ishaan）和戴夫（Dev）在等你，他們準備好出發了，但兩人都很緊張。」

「緊張？爲什麼？我眞有那麼嚇人嗎？」

艾瑞克攤手。「我是不覺得啦。」他說：「可是他們嚇都嚇死了。他們不曉得和執行長吃午餐會發生什麼事。」

在我和瑞德寄出歌手珮西・克萊恩的CD近一年後，公司人數開始成長，不再只有創始團隊。雇用新員工時，我不再只靠自己的名片盒——也就是說會有新面孔。爲了確保我們仍是緊密結合的團隊，我發起每月一次的聚會，帶所有的新員工去吃午餐。這麼做有幾個目的，至少有機會認識每個人。幾乎每次面試新人，我人都在，然而在面試的場合，人多半會緊張，還得談自己的豐功偉業，你很難看到他們的另一面。中午聚餐可以讓我多多瞭解大家。

不過更重要的是，午餐是塑造文化的機會：可以解釋在Netflix工作的重點，說明我們對大家的期待，以及我們承諾員工做到哪些事。

只是今天的午間聚餐讓「文化」兩個字有了不同的意涵，因爲我將和兩位剛進公司的工程師一起用餐。

才兩個月時間，雇用工程師已經變成比想像中還大的問題。矽谷的工程師搶奪戰向來激烈，數百家公司同時搶奪最好的人才。搶人這方面我有一點經驗，我漸漸瞭解到一個關鍵事實：大部分的工程師在意的不是錢。這點對Netflix來講算是有利，因爲比起大公司，我們的籌碼不多。

多數的工程師可以自由挑選要去哪間公司上班。他們做決定時，主要會問兩個問題：

一、我是否敬重老闆？

二、我是否能負責解決有趣的問題？

Netflix通過第一題，因爲我們有艾瑞克・梅爾，他是公認的天才，大家尊敬他。如果你問我的話，我們第二題也**通過**，因爲絕對有好玩的挑戰等著你。

我在Netflix上線前，原本也指望另一項招人優勢：地點。每天大約有一萬九千人「翻山越嶺」，從聖塔克魯茲通勤到矽谷的科技公司。這群人之中，大概會有一萬八千九百九十七人討厭通勤（我猜不透剩下的三個人在想什麼）。

我還以爲會有很多地方工程師受夠了通勤，願意立刻接受離家近的工作機會。我太有自信，甚至在斯科茨谷的電影院，買了電影放映前的廣告：「我們需要人手。」

然而，我完全錯估情勢。我還以爲我們會需要大量的「前端」工程師，替電子商務建立網頁技術。然而，我們眞的需要協助的部分，卻是「後端」的問題——與訂購處理、庫存管理、分析、財務交易有關的流程。

此外，如果你想請工程師做**那種**工作，在斯科茨谷買下多少映前廣告都沒用。厲害的後端工程師大都住舊金山附近。艾瑞克的名聲再響亮（加上我的說服功力），幾乎不可能說服某個人每天開車七十五哩來上班。

不過，艾瑞克想出一個辦法。七十五哩外的工程師不可能，那七千五百哩外的呢？矽谷近日來了大量印度工程師，他們正在找工作，很願意加入剛起步的新創公司。在蘇瑞西的協助下，艾瑞克前往斯科茨谷的文化中心與板球場，招募到戴夫與伊山這些有才華的移民程式設計師。此刻，他們兩個正在等我。我衝出去打招呼，腦中已經在想我可以聊些什麼，讓他們對新生活安心，以及我可以做些什麼，讓他們適應美國的環境，還有該如何確保他們做的是有價值的工作。

此外，我也想著要在薩諾托（Zanotto's）點什麼——就是對街那家義大利餐廳。

中午十二點四十五分

我吃完午餐回到公司，得知羅琳打電話找我。我不是很想回電，因爲我大概知道老婆要講什麼：關於錢的煩惱。我們的女兒摩根秋天要上幼稚園了，我們打算讓她念跟老大羅根同一間私立學校，地點在聖塔克魯茲靠海的地方，但私立幼稚園比托兒所貴很多。

我終於找到羅琳時，她劈頭就問：「我們怎麼負擔得起？」我聽見背景有孩子的聲音，似乎還有海鷗在叫。

「你們去海灘了？」

「我和羅根學校的一群小朋友在一起。我知道摩根很興奮能念捷威幼稚園（Gateway），但我認爲這是非常錯誤的決定。」

羅琳不說話。我聽見海浪的拍打聲，混著孩子的開心尖叫。

「我們應該賣掉房子。」羅琳說。

一樣的對話不斷重複，出現的頻率，幾乎和我移居蒙大拿的美夢一樣，不斷提醒著我，萬一

Netflix失敗了，當郵差的美夢就要成眞了。最近錢的問題更是經常冒出來，幾乎達到我和太太平日要吵起來的地步。

「我們會沒事的。」我提醒羅琳。我看到玻璃窗外，戴夫和伊山正在拆箱子，裡頭裝著嶄新的捷威電腦。艾瑞克在一旁照看，臉上帶著微笑。

「我只是希望你實際一點。」羅琳說：「很多東西我們都能割捨。或許我們可以想想如何更節省。」

「公司現在很有進展。」我告訴妻子：「今天我們正式成爲百萬公司。」

我沒告訴羅琳，我們其實是預計**即將**成爲百萬公司，也沒提我有多擔心那個百萬營收準備打哪來。我只告訴妻子，我們晚餐再談這件事——我和平常一樣會回家吃飯。

下午二點

「你講完電話了嗎？」

泰沒等我回答，一下子溜進我的辦公室。她和平常一樣，問題還沒問出口，就知道答案。

「索尼那邊的廣告活動，我們試著替最終的新聞稿定案。」泰停下來，做出誇張的噘嘴表情：「索尼說什麼都不肯批准我們的稿子。」

當我第一次和索尼接洽優惠券的合作事項，索尼讓我碰了軟釘子，但一看到我們和東芝合作，又覺得別人有，他們也要有。商場上和體育界經常發生這種事——年輕新秀嘗試新東西，一旦成功了，產業領袖就會突然加入。爲什麼？因爲他們是老大，你拿他們沒辦法。

此外，索尼自己的促銷沒起太大作用——買DVD機，送一片《詹姆士·泰勒音樂會》（*James Taylor in Concert*）。泰勒是索尼旗下的歌手，等於幾乎不花成本，但他們想得太美了。一九九八年離〈火與雨〉（Fire and Rain）這首歌發行已經整整二十年，甜蜜寶貝詹姆斯（Sweet Baby James）實在不是科技迷的菜。

泰把一大疊紙攤在我的會議桌上。

「你看看這堆東西。」泰猛力搖頭，我覺得我聞到髮膠的氣味。「我不知道他們怎麼有可能完成任何工作，他們似乎沒有任何人有權做決定。我開始覺得我們應該說**去你的**，不管他們同不同意，照樣把新聞稿發出去。」

「那樣不太好。」我說。我從辦公桌起身，彎身看那堆紙。「我才剛花了好幾個星期，努力讓他們信任新創公司。如果現在對他們發飆，一切就完了。」

只是泰說得也沒錯，對方眞的在吹毛求疵。新聞稿的草稿上，有一堆畫掉的地方，一修再修。「他們這次又覺得哪裡有問題？」

「每一件事！」泰攤手表示無奈，抓著新聞稿，用鮮紅色的筆刺下去。「我們提到的每一件事，他們都覺得有問題——DVD市場的成長趨勢、上市的電影數量，甚至是我們感到多興奮

——每一句話都要經過六道關卡層層審核，我們甚至還沒開始碰法務的部分呢。」

我說：「我來打電話給麥克。」我不是太樂觀。麥克・費德勒以「笑面虎」著稱：他能夠臉上帶著大大的笑容，要求你做一件很殘忍、很昂貴、很困難的事。三週前，他就是這麼對我的。他告訴我，他聽說東芝有興趣合作，他認爲我們也可以合作，但他不要免費租**三部**DVD電影，他要**十部**，而且不只那樣。除了免費租十部電影，他要我們多送顧客**五張完全免費的DVD**。

這項提議對我們來說太昂貴了。從我們的收藏出五張免費的DVD，成本等於一百美元，也就是說，按照麥克要求的條件，每一位擁有索尼DVD機的顧客造訪Netflix網站，我們就得付索尼一百美元，再加上免費租十部片的成本。最糟糕的是，我已經答應和東芝獨家合作。然而，和最大的業界龍頭索尼合作的機會，實在好到不容錯過，付出代價是値得的。麥克要什麼，我都會給。

現在催促麥克，他可能會生氣，但打電話給麥克吵新聞稿的用語，將遠比打電話給東芝的史蒂夫容易。我將得夾著尾巴承認，我背叛了東芝，和東芝的火辣姊姊索尼偷情。我實在是很怕打**那通**電話。

「給我二十分鐘。」我告訴泰：「看看我能不能在笑面虎那邊使上力。」

下午四點

危機解除。麥克沒生氣，合理地答應會繼續努力。

「我們會試著加快腳步，更主動一點。」麥克告訴我：「我們這次很小心，因爲我們覺得有可能成功。」

眞是悅耳的好消息。

現在，我只需要想辦法讓人們租片，即使**不是**免費。一天又過去了，但我終於有機會拿出早上的數據開始研究。

情況比想像中還糟。我們不只是無法推進，完全是兵敗如山倒。

別誤會——我們開幕兩個月就有這麼多生意很好。每個月十萬美元的DVD銷售，不只能支付幾張帳單，還能向供應商與夥伴證明我們眞實存在。艾瑞克的團隊因此有機會利用眞正的客戶，做網站壓力測試，而不是憑空預測。我們的營運團隊也很興奮，看見實際的包裹每天被送出門，整間公司都有了活力。

但那只是一時的。

現在，我們是唯一做這門生意的，但要不了多久，亞馬遜也會開始販售DVD。亞馬遜之後，博德斯（Borders）也會跟進，再來是沃爾瑪（Walmart）。接下來，幾乎全美每一家店，不論是網路或實體商店，都會賣起DVD。

仔細想想，賣DVD其實就是在做商品生意。我看著數字，清楚一旦大家用幾乎完全相同的方式賣起相同的東西，我們的利潤遲早會萎縮到什麼都不剩。時間可能是下星期、下個月，甚至是明年，但那一天肯定會來臨。一旦發生，我們就沒戲唱了。

DVD**租借**才是眞正有潛力的事業。你很難找到租借DVD的實體店，更別說是網路租片——這種獨占被打破還要一段時間。我們吃了不少苦頭，學到DVD網路租片的營運面不好做。也就是說，潛在競爭者也不容易抓到訣竅。我們至少領先了一年。此外，租片的利潤比較高，同一張DVD可以出租數十次。

監控報告顯示，我們賣出很多DVD片，卻未能說服太多人租片。同時間又租又賣，眞的不好做。存貨管理變得很複雜：法律上，有的DVD片我們同時可以出租**並**販售，有的片子我們只能出租或只能販售。我們的倉庫與出貨流程必須考慮到有些片子寄出去又會寄回，有的則是賣出去就是賣出去了。

同時提供DVD的販售與租片服務，也讓我們的顧客搞不清楚狀況。他們上Netflix的網站時，不確定我們這間公司到底是做什麼的。我們得在首頁解釋，大部分片子使用者可以買，**也**可以租——而網頁設計的通則是，如果還得解釋，那就失敗了。此外，我們的結帳流程也很麻煩。

我靠在椅背上思考：**每件事都不必要地困難，我們得要專注才行。**

但要專注在哪件事情上？

我們應該專心賣DVD，這個帶來九九%營收的生意，但是等競爭者都湧進市場後，到最後不免關門大吉？或是我們應該把有限的資源全部投入DVD出租？——如果成功了，將是利潤很高的生意，但目前毫無做起來的跡象？

這題很難回答。

下午五點十五分

我駛進家中車道，已經聽見孩子們在廚房的說話聲。我還沒踏上門廊台階，羅根已經飛撲到我懷裡。

「你帶培根回家了嗎？」羅根露出大大的笑容。他現在六歲了，懂得開自己的玩笑。

我抱著羅根進屋，摩根抬頭看我們，她正在玩迷你的玩具廚房。摩根喜歡趁媽媽在廚房裡忙碌，在一旁玩扮家家酒。羅琳正在加熱冷凍千層麵，摩根看來是在炒蛋。「你爬上梯子了嗎？」女兒和平日一樣問我那句話。她看見我笑，便知道這句話很好笑，但不懂眞正的意思。

羅琳搞定烤箱，吹開黏在臉上的一撮散髮，走過來親我的臉頰，眨了眨眼。她白天對金錢和未來的焦慮，似乎鎭定下來——錢的事和私立學校學費可以等。我放下羅根，抱起嬰兒高腳椅上的杭特；杭特把臉窩進我的衣領，我發覺脖子沾上蘋果醬。

Netflix暫時離我很遙遠。

晚上八點

辦公室唯一透出亮光的地方，只有「倉庫」開著的門——我們已經開幕兩個月，但依舊把所有的DVD都擺在金庫裡。吉姆聽見大門開啓的聲音，一手掐著披薩、一手端著油膩膩的紙盤走了出來。

「我們有麻煩了。」吉姆扭動手臂，示意我拿出他夾在腋下的牛皮紙文件夾。他放下披薩，在牛仔褲上擦了擦手，把文件夾搶回去，抽出一張紙，指著其中一欄數字。「這個你之前看過了，但情況愈來愈糟。」

我們定的預算，假設郵資只需要三十二美分，那是一九九八年一盎司信件的郵費。我們設計郵封時，希望重量壓在一盎司以下，然而吉姆近日的分析顯示，前一個月只有少數租片郵封的重量不到一盎司。更糟的是，我們超過一半的郵件都在兩盎司以上。

「情況愈來愈不妙。」吉姆解釋。他抽出文件夾內的另一張紙。「你看我們的包裝成本。」

我的視線掃過數字。我們遠遠超過預算。我們抓的預算，依據的是最初的測試——將珮西．克萊恩的CD塞進賀卡信封。然而，我們現在顯然已經從概念進入大規模執行的階段，當初的預估過於簡化。

我很沮喪，卻不完全感到意外。從夢想成眞的那一刻起，事情就會複雜起來。直到實際嘗試過之前，你不可能知道事情會如何發展。你要擬定好計畫，但不能太有信心，找出答案的唯一辦法就是實際做做看。

我們很幸運，當初用來測試的CD毫髮無傷抵達瑞德家，但如果要寄成千上萬片DVD到全美各地，不能單憑運氣。要讓DVD不被刮傷、不留指紋及其他常見的損傷，就必須放進某種保護套。我們決定採用的透明塑膠套堅固耐用，但也很貴很重。此外，加上印有電影資訊與獨立序號的三乘三吋紙標籤，信封變得更重（也更貴）。

我們用來郵寄DVD的信封，從測試用的簡單粉紅賀卡信封，演變成拼湊各種元素的大雜燴。從薄紙變成厚紙板，加上回郵信封，形成第三層紙。目前的版本，也就是在吉姆後方金庫的那堆郵封，有兩道黏條，而且萬一得一次寄多片DVD，尺寸（與重量）也會隨之增加。

吉姆不好意思地對我笑了一下：「你又多了一件事要煩心。」他拿起披薩，回到金庫。

我抓起一個郵封，走過辦公室，坐在艾瑞克的桌子旁。那裡擺著艾瑞克充當「客人椅」的鋁製野餐椅。我的上方，線路蜿蜒在兩塊天花板的隙縫之間。我呆呆地把郵封從一隻手換到另一隻手，開開關關封口，心想：「一定還有更好的辦法。」

封口處或許可以改成不同的形狀。我翻找艾瑞克的桌子，打開抽屜找剪刀或裁刀，任何能裁紙的工具，但什麼都沒找到。

但我想到了。

我走到停車場，打開富豪後車廂，抓出塞在後座的海灘袋。我和羅琳管這個袋子叫「餐廳袋」，裡頭塞滿小玩意。當你帶著三個不到七歲的孩子出門時，你需要能分散孩子注意力的百寶袋，裝有蠟筆、著色本、剪刀、膠帶、軟陶、可以彎的鐵線、彩色圖畫紙和紙板，還有好多好多的紙版。

我把那個包塞在腋下，回到辦公室，鑽進倉庫多拿幾個郵封。我把餐廳袋裡的東西全倒在會議桌上，找出紙板，抓出幾把剪刀，開始動手。

晚上十點

吉姆還趴在桌上，拆開DVD盒的包裝玻璃紙，拿出DVD，放進保護套，加上標籤，小心翼翼掛進一排排緊密的洞洞板。吉姆的腳邊是一堆不要的DVD盒，他會在夜晚工作結束時拿去垃圾桶扔——辦公室裡沒地方擺那些東西，也沒有留著的理由。

我把做好的紙板信封模型丟在吉姆桌上，吉姆抬起頭。「科學怪人郵封來了。」我告訴他：「如果你還餓的話，這是你的烤肉三拼大餐。」

我把蓋口撕下，貼在新的地方，摺出新封口，隨手割出放姓名地址的信封窗口處，用蠟筆做記號——新模型很粗糙，但足以讓吉姆接手，做出更多實物大小的模型，秤重，找出郵資。

我下午已經喝過濃縮咖啡，晚餐後跟羅琳又來一杯咖啡，但此時眼皮沉重，腦筋累了，該回家了。我回辦公室時，原本甚至沒打算設計郵封，但工作就是這麼回事——永遠有好多事要做，事先擬定計畫和待辦清單簡直是浪費時間。

我離開前，看見吉姆走過辦公室後方。蘇瑞西還沒下班，在列印裝箱單——我先前沒留意到他還在。他身旁是一個穿著印度寬鬆便服的女人，戴著耳機，用隨身DVD播放器看影片。我以前見過她——她是蘇瑞西的太太。我們上線的前一個月，蘇瑞西嚇了艾瑞克一跳，說自己得回印度結婚。婚後，每當他的妻子戴薇瑞（Devisree）知道丈夫需要熬夜工作，就會到辦公室陪他，有時睡在電腦桌旁的沙發上。

這是新創公司版的眞愛，我忍不住微笑。

我很幸運，我的通勤路程比其他人短很多，一下子就能見到家人。我開車回家，一路拐彎上山丘，再開下長長的車道，家便映入眼簾。羅琳替我留了門廊的燈，照亮我在後頭剛種下的柳丁樹，位置靠近我規畫中車庫最後所在的位子，但那還很遙遠，在許久以後的未來。

我在門邊脫下鞋子，躡手躡腳地進屋。整棟屋子靜悄悄的——孩子睡了，廚房清乾淨了，沒用的看門狗露娜窩在樓梯下方。我跨過露娜，跳過每次都會嘎吱作響的第四階樓梯，但我鑽進床裡時，羅琳還是醒了，睜開眼睛。「怎麼樣？」

「有進展了。」我說。我抱住羅琳，迷迷糊糊進入夢鄉，但突然想起，杭特睡在他的嬰兒床裡，不到六小時，他就會開始轟炸地面，把動物玩偶丟過嬰兒床的柵欄。我推了推羅琳。

「明天換妳顧杭特了。」我提醒她。

10 美好歲月

（一九九八年夏天：Netflix 上線兩個月後）

「天啊，瑞德，你到底要把我們帶到什麼地方？」

我們剛剛走過的街道，看起來像某種貧民窟的電影場景。人行道上淨是垃圾，窗戶玻璃是破的，大部分商家的大門深鎖，就算有開，也看不太出來：隨你貸當鋪、美麗假髮店，接著過了幾道門，有個簡樸的入口，上方的紅色雨棚寫著：「成人娛樂中心」。

瑞德回答：「喬伊說地址是第二大道一五一六號。」他瞇著眼，研究那天早上印出的地圖，「應該轉個彎就到了。」

我匆匆瞥一眼該棟大樓的入口，一群衣衫襤褸的年輕人窩在那，窗戶招牌寫著「公共衛生局——舊針換新針計畫」（Needle Exchange Program，譯註：減少毒癮者感染疾病的社會福利）。「我不知道，我還以為會比較……現代？」

「到了。」瑞德說。他指著對街一棟破舊的四層樓磚造建築。窗子髒兮兮的，沾著一道道灰塵。大門上的褪色招牌寫著「哥倫比亞」（Columbia）。或許這棟建築物**曾經**由改變世界的公司進駐；即便如此，顯然也是很多年前的事了。「你看！一五一六號。」

我們過馬路，瑞德踏上門階，突然有些不確定——儘管手中的地圖說明，真的就在這裡。我靠向大樓前側那排落地窗，手罩在眼睛上方，瞄見一個燈光昏暗的大廳。一張褪色木桌的後方牆上，有面大招牌寫著AMAZON.COM。

幾天前，瑞德接到喬伊・柯維（Joy Covey）打來的電話。喬伊是亞馬遜的財務長，她想知道我們是否有興趣到西雅圖一趟，和她以及亞馬遜的創辦人兼執行長貝佐斯見見面。喬伊沒說為什麼想見我們，但她不必解釋，理由很明顯。

當時亞馬遜雖然成立沒幾年，純粹是個買書的網站，貝佐斯早在一九九八年就決定，他的網站將不只是書店，他**什麼**都會賣，而我們知道他下兩個目標是音樂與影片。儘管貝佐斯不太可能有興趣（或是笨到想要）出租DVD，他顯然很快就會開始販售DVD。亞馬遜一旦開賣，我們就死定了，將瞬間關門大吉。

我們還從我們的創投人那聽說，貝佐斯的公司在一九九七年的首次公開募股（IPO），取得五千四百萬美元的資金，他打算撥出一大部分積極收購小公司。那種作法稀鬆平常——大多數公司打算進入新事業領域時，會做所謂的「自製或外購分析」（make-or-buy analysis），也就是考量靠自己從頭打造新事業的成本、時機、困難度，評估是否乾脆**買下**已經在做相同事業的公司，比較便宜、比較快，也比較穩當。

我們熟悉這種情形，因此一下子就理解，爲什麼貝佐斯和喬伊想跟我們見面。Netflix是他們收購的對象。

我得坦承，雖然我很興奮，心中不免苦樂參半。一九九八年夏天，我們終於上軌道，也開始微幅加速。我還沒準備好退出遊戲，把公司拱手讓人。

然而，亞馬遜打電話來時，你得接電話。即便當時是一九九八年，亞馬遜也還不是今天的龍頭老大。

我們繞了半天才找到的建築物，絕對不像龍頭公司的辦公室。通往二樓的樓梯變形了，嘎吱作響。接待處凌亂不堪，布滿灰塵，一堆亞馬遜的箱子堆在角落。牆邊的椅子不成對。桌上有一台電話，玻璃墊下壓著分機號碼。瑞德靠過去，瞇眼看著玻璃，撥起電話。

幾秒鐘內，喬伊就衝進大廳，對著我和瑞德露出大大的笑容，彷彿我們是很久沒見的老友。喬伊美麗大方，即肩的深金色頭髮，垂散在脖子的一串大珍珠上。喬伊比我們兩個人都年輕，卻已是備受敬重的成功商業人士，十二個月前剛剛精力充沛地讓亞馬遜上市。她說服心存懷疑的投資銀行家，一間離獲利還早的公司（而且也不打算快點獲利）價值兩百億美元。

喬伊聰明絕頂，據說ＩＱ有一七三，十五歲從中學輟學，在雜貨店幫忙顧客裝袋，付自己的帳單，拿到高中同等學力證明（ＧＥＤ）之後，兩年半就拿到弗雷斯諾加州州立大學（Cal State–Fresno）的文憑。她短暫當過會計師，之後就去念了哈佛的商業與法律雙碩士學位。

貝佐斯招募喬伊進亞馬遜時，她無意間提到大學畢業後，她是美國註冊會計師（ＣＰＡ）考試的全國第二高分——勝過近七萬名野心勃勃的會計師。貝佐斯開她玩笑：「眞的嗎？喬伊？只有第二高分？」喬伊回嘴：「我又沒念書。」

喬伊帶我們到擁擠的亞馬遜辦公室隔間中，我很難相信這裡就是重新定義了電子商務的公司。地毯上滿是污漬，用來隔開座位的髒板子搖搖欲墜，幾隻狗在走廊上閒晃。每個隔間都塞了好幾人，有的桌子擺在樓梯下方，有的塞在走廊邊緣，幾乎每一吋水平的地方都塞滿了物品：書、沒封口的亞馬遜紙箱、文件、列印的紙張、咖啡杯、盤子、披薩盒。這樣一比，Netflix的綠色地毯與海灘椅辦公室，有如ＩＢＭ高階主管的尊榮等級。

貝佐斯不見其人，便聞其聲：嘻—哈—哈—哈—哈。該怎麼說，他擁有……獨特的笑聲。如果你看過貝佐斯講話的影片，你會聽見他某種版本的笑聲——但絕非原版毫不保留的開懷大笑。一九九〇年代末，他就開始雇用私人訓練師；我認爲他也絕對請人修正過他的笑聲。如今只聽得到禮貌的咯咯笑，但當時是打嗝般的狂笑，就像卡通《摩登原始人》（*The Flintstones*）裡巴尼・羅伯（Barney Rubble）的那種笑聲。

貝佐斯人在自己的辦公間，我們走進去時，他剛掛掉電話。他的桌子、與他共用辦公室另外兩人的桌子，全是將裁切過的門板，用三角金屬片固定在四乘四的木腳上。我突然發現，那間辦公室每張桌子都如出一轍：都是用門板架在廢物利用的簡單四乘四木條上。

貝佐斯人不高，穿著燙過的卡其褲、清爽的藍色牛津襯衫，頭已經快跟今日一樣全禿。大大的額頭，配上有點尖的鼻子，加上襯衫有點過大，脖子有點太短，整個人像是剛從殼裡探頭出來的海龜。在他後方，天花板暴露的管線上，掛著四、五件一模一樣燙過的藍色牛津襯衫，在搖頭風扇吹出的微風中擺盪。

寒暄過後，我們走進建築物一角，那裡清出了一個空間，足以擺下一張大桌子和八張椅子。這張桌子同樣是用回收的門做的。我清楚看見之前裝門把的洞，用圓形軟木塞平整地補起來了。

「OK，傑夫，」我笑著說：「這些門是怎麼回事？」

「這是在悄悄傳遞訊息。」他解釋：「公司裡每個人都用這種桌子。意在告訴大家，我們只把錢花在會影響顧客的地方，其他的事我們不花錢。」

我告訴貝佐斯，Netflix也一樣。我們甚至不提供椅子。

貝佐斯大笑。「就跟這棟建築物一樣，眞是一團糟，我們幾乎連轉身的空間都沒有，但是很便宜啊，能撐多久是多久，不過連我也承認，我們現在需要更多空間。我們剛剛租下以前的西雅圖太平洋醫療中心（Seattle Pacific Medical Center），空間很大——但我們談到很好的價格，根本沒人要租。」

我一點都不訝異自己聽到的話。貝佐斯是出了名的節儉，幾乎是摳門。他的「兩個披薩會議」很有名——如果需要超過兩個披薩，才能餵飽負責解決問題的團隊，那你雇用太多人了。替貝佐斯工作的員工工時很長，薪水也不高。

然而，人們願意效忠貝佐斯。他是那種天才型的人——就跟賈伯斯或瑞德一樣，他們的怪異性格，只會增加傳奇性。以貝佐斯來講，他著名的聰明頭腦和出名的宅男特質融合在一起，成爲某種具有感染力的熱情，推著他迎頭面對每個挑戰。貝佐斯這個人從不回頭看，用他自己的話來講，他「利用『遺憾最小化框架』（regret minimization framework）來評估機會」。貝佐斯讓瑞德看他的手錶，炫耀那支錶會接收科羅拉多州科林斯堡（Fort Collins）全國原子鐘的無線電訊號，一天自行修正三十六次。貝佐斯是《星際爭霸戰》迷，整個童年都在和朋友模仿戲裡的情節。他的朋友會當寇克艦長或史巴克，貝佐斯則永遠扮演企業號上的電腦。

貝佐斯講話時，我注意到他和我不一樣，他不會做手勢，而是用頭來強調重點。如果是問題，他會抬起下巴。如果要強調一件事，則會突然點頭。他的頭如果呈四十五度角，意思是他在好奇。貝佐斯三十四歲了，但依然跟小朋友一樣，會發出很感興趣的「哎呀」。然而，再多孩子般的喜悅，也掩蓋不了在他不透露情感的雙眼後方，具備雄心壯志的大腦，永遠在分析。

我開始向貝佐斯介紹Netflix，詳細解釋我們花了多少力氣讓網站起步。他問了很多問題，例如：我怎麼知道我每張DVD都有？我如何預測租片率？我預期的銷售出租比是多少？不過，我發現讓他最感興奮的地方，顯然是我們開張日那天的故事——尤其是響鈴的環節。

「太妙了！」他大叫，興奮到手都要舉起來。「我們有一模一樣的東西！每次有訂單進來，鈴聲就會響起。我得阻止每個人衝到電腦前，看看顧客是不是他們認識的人。」

我們交換公司最初的代號：貝佐斯聽到我們取名為「狗食」，哈哈大笑，告訴我亞馬遜最初叫「卡達布拉」，是咒語的意思，他覺得會讓人聯想到線上購物的神奇性。「問題是『卡達布拉』（Cadabra）聽起來太像英文的『屍體』（cadaver）。」說完再度大笑。

雖然亞馬遜在一九九八年規模還很小，他們已經擁有超過六百名員工，營收超過一．五億美元。現在則是貨眞價實的企業，有著很大的壓力，但是我和貝佐斯聊起上線那天發生的事情，從他的神情和講話聲，我看得出也聽得出，從各方面來說，他很懷念那些比較簡單、比較令人興奮的日子。

反觀瑞德，他顯然感到無聊。什麼「遺憾最小化框架」——瑞德是一個從不留戀過去的人，完全不眷戀，因此，那些早期的奮鬥與瘋狂開幕日，他沒什麼興趣。他溫和的凝視轉成面無表情，不耐煩地晃起腿。我知道他想把對話導向今天要談的正事：Netflix做些什麼、Netflix可以如何配合亞馬遜在做的事，以及某種對雙方都是雙贏的「安排」。

我才剛向貝佐斯和喬伊介紹完我的專業資歷，正準備介紹克莉絲汀娜、泰和團隊的其他關鍵成員，瑞德已經受夠了。

「我們不需要講這些有的沒的。」他發火道：「這和Netflix、亞馬遜，以及雙方合作的模式到底有什麼關聯？」

每個人都愣住了，現場鴉雀無聲。

「瑞德，」幾秒鐘後，我開口說：「亞馬遜明顯考慮把Netflix當成他們進入影片市場的跳板。我們的人員將是任何可能的收購中很重要的一部分，因此他們自然想要瞭解我們是誰。」

喬伊也跳進來緩和氣氛，我鬆了一口氣。「瑞德，」她建議：「你能不能協助我瞭解你對單位經濟（unit economics）的看法？」

這顯然是瑞德想聽到的話，他也明顯鬆一口氣，終於要進入正題。他開始向喬伊解說數字。

一小時後，會面結束了，貝佐斯回自己的辦公室，喬伊留下來收尾。「我對於你們的成績印象非常深刻。」她說：「我也認爲雙方有很大的結盟可能性，我們將能進入影片的領域，但……」

我先插一下話。我不喜歡「但」這個字，那個字後面接的話都沒好事。這次也一樣。

「但是，」喬伊說下去：「如果我們決定要走這條路，大概會是八位數出頭。」

人們講到「八位數」時，他們是指數千萬美元。如果他們說「八位數出頭」，那表示只是**勉強**和八位數搆上邊，大概會落在一千四百萬到一千六百萬美元之間。

對我來講，那算還不錯的收購數字，因爲我當時大約擁有公司的三成股份。一千五百萬美元的三成，就工作十二個月來說，算是不錯的報酬——尤其是你的妻子不斷明示，不該再給孩子念私立學校，應該賣掉房子，搬到蒙大拿。

然而對瑞德來講，那個數字不夠看。他雖然擁有公司的七成股份，但也投資了兩百萬美元。此外，他近日剛完成Pure Atria公司的首次公開募股，早就擁有「八位數的身價」，而且是**靠近**九位數的八位數。

我們在搭機返家的路上討論利弊得失。好處是什麼？好處是我們找到方法，解決最大的問題：我們還沒開始賺到錢，缺乏可重複、可擴大規模或可獲利的商業模式。我們的營業額很高，大都來自販售DVD，但成本也高。購買DVD很貴，運費也很貴。我們希望讓只上門一次的使用者變成回頭客，因爲免費贈送了數千片DVD，這些促銷活動也很貴。

除此之外，當然還有一個最大的問題：若我們**不把**自己賣給亞馬遜，很快就得跟亞馬遜競爭。掰掰了，DVD銷售。掰掰了，Netflix。

現在把Netflix賣給亞馬遜，就能解決所有問題——至少能把問題交給口袋比較深的大公司。

可是……

我們就快有所突破了。我們有可行的網站、聰明的團隊，也和數家DVD製造商簽了合約。我們已經找到辦法取得幾乎世上每一片DVD，我們無疑是最佳的DVD網路供應商。

等亞馬遜成爲我們的對手，事情絕對會更加複雜、更加困難，但我們還有一點時間，現在感覺還不是放棄的正確時刻。

窗外的瑞尼爾山（Mount Rainier）在我們眼前展開。「聽著，馬克。」瑞德吃著飛機上的花生，喝著薑汁汽水。「這個事業很有潛力，我認爲Netflix能替我們帶來的收益，將超過Pure Atria的案子。」

我點頭表示同意，接著不知爲何，我選擇在那個時刻告訴瑞德，我們應該放棄事業中唯一獲利的部分。我想是因爲那天下午和貝佐斯見面——親眼看到亞馬遜簡樸的辦公室和一切的一切，只是讓我更加確信，我們永遠無法在DVD的零售市場競爭，最好還是專注在會讓我們與眾不同的事業上。

「我們只需想辦法不再賣DVD。」我告訴他：「我們同時租片又賣DVD，除了顧客感到混淆，營運也變得疊床架屋。此外，如果我們不賣公司，亞馬遜進入這個領域時，將**摧毀**我們。我認爲我們應該現在就抽身，專心做租片這一塊。」

瑞德挑起眉頭。

「這樣有點像是把所有的雞蛋都放在同一個籃子。」他說。

「那是唯一能確保雞蛋不會破的方法。」我回他。

順道一提，那是眞的。我在Netflix學到很關鍵的一件事：你不只得有創意發想，也不只需要身邊有對的人，還得**專注**。對新創公司來講，光是把一件事做對就已經夠難了，更別說要把一堆事做對。尤其是，如果你不只試著同時做好幾件事，那幾件事還相互衝突。一定得專注。你選定的事，如果感覺是不可能的任務，更是非得專注不可。

瑞德也同意我的看法。「你說得對。」他把幾顆花生丟進嘴裡。「如果這個夏天能找到資金，就能爭取一點時間。這是個大難題。」

瑞德皺眉，但我看得出他很開心自己有機會動腦。

「我們目前的營收，有多少百分比來自租片？」

「大約三％。」我說。我請空服員給我琴通寧，我現在非常需要來一杯。

「太糟了。」瑞德說：「但販售DVD是OK繃。如果我們撕開OK繃……」

「我們就得專注於傷口。」我說，把萊姆汁擠進雞尾酒。

就這樣，接下來的航程，我們來來回回討論。直到飛機落地，我才發覺我們實際上並未正式否決貝佐斯的提案。我們只是回到之前在十七號州道共乘通勤時的討論模式，來回掂量各種想法，加以淘汰。我們沒做正式決定，但也有了共識：我們不賣公司。

抵達之前，我們同意由瑞德出馬，柔性、有禮貌地婉拒亞馬遜。我們最好和亞馬遜維持友好而非敵對的關係。一旦他們進入DVD銷售市場，起碼還有點商量的餘地。

同時間，我們需要想辦法讓人來租我們的DVD。

機會來敲門時，不一定要開門，但你有義務從鑰匙孔偷看一下。我們就是這樣處理把公司賣給亞馬遜的機會。

那年夏天，幾週過去，那一窺開始變得更誘人，因爲不是所有我和瑞德一起參加的會議，都像和貝佐斯那場那般順利。

我們上線後，第一大問題是資金。上線前，我們剛從我在寶藍的老同事里克・謝爾（Rick Schell）那裡，多募得二十五萬美元。我們穩定塞進倉庫的DVD愈來愈多，那筆錢一下就燒完了。我們銀行裡還有現金，但很快就會需要更多。錢絕對不從我們自己的獲利出——離那個階段還太遠。然而，如果要增加B輪募資，我們需要說服別人，我們不是初出茅廬的新事業，但我們有可能獲利，龐大的獲利，而且那一天很快就會到來。

這一次，我們沒有請親友幫忙，改找專業投資人，也就是眞正的創投人士。要打動這群人，無法用眞誠的表情表達「我很餓」，他們需要數據。

聽起來很簡單，對吧？不對。

事情得快轉到我的富豪旅行車內。我們停在「機構創業夥伴」（Institutional Venture Partners, IVP）沙丘路辦公室前的停車場。IVP是矽谷著名的創投公司。不到二十分鐘，我們就被請進豪華會議室，開始說明爲什麼IVP應該投資我們。我們要求四百萬美元。我嚇壞了。就連一般不顯露情感的瑞德，也明顯感到憂心。我們兩人都清楚，我的數字無法自圓其說。

前三個晚上，我們的小會議室直到半夜都還亮著。我們的臨時財務長杜恩・曼辛基（他甚至對營收數字沒信心到不肯全職上班）跟我一起熬夜設想各種財務狀況，試著讓數字看起來只要能拿到一筆小型投資，我們就有辦法把公司帶到能賺錢的境界。

但數字很難看。

瑞德駝背坐在副駕駛座上，他第一次看見數字，一眼就看出等一下IVP合夥人也會得知的事實：要是市場沒出現重大轉變，我們的公司撐不下去。

「OK。」我說。我掀開筆電，練習我的簡報。「各位可以看到，我們上線後幾週，用戶大幅成長。網站流量增加了三〇〇%，至少有一半的Netflix.com訪客試用我們的服務。我們預期，和東芝與索尼合作後，獲取的顧客在新年之前將成長二〇〇%。到時候，DVD機的銷售……」

「馬克，這些數字兜不起來。」瑞德打斷我：「你還沒從每一位新用戶那得到足夠的營收，來抵銷促銷的支出。這就像開著計程車載客去另一州，卻只為了賺四塊錢的車資。」

瑞德說得沒錯。我們和東芝、索尼合作的促銷，的確讓我們接觸到新的DVD機用戶，代價卻很高。我們為了吸引顧客上門，前期燒了很多錢。算進來回的運費、郵封、人力、DVD片後，免費租三片DVD的成本超過十五美元，而索尼那邊的方案更貴，因為他們免費讓顧客租十片DVD。

如果顧客免費試用後，成為回頭客（也就是「掏錢的顧客」），其實也沒那麼糟，可是我們的免費試用者只看不買。事實上，僅有五%會回來再次租片，也就是說，我們每次靠促銷獲得一位眞正的顧客，就得補貼二十位免費試用者（每人十五美元）。算一算，獲得一位付費顧客的成本是三百美元。那叫作CAC（發音同*kack*）：意思是「獲取新顧客的成本」（cost of acquiring a customer）。此外，當你發現搶客賺到的錢，永遠無法彌補那麼大的成本時，你也會發出一聲CAC（呃啊）。

我轉換切入點，深深強調前景可期：「我們的月增率達到三成。」我指著四月到七月上升的直條圖，那看起來像是正在蓋的摩天大樓。「隨著DVD格式愈來愈普及，數字只會繼續增加。DVD播放機今年的價格，已經只有去年的一半。民眾開始掏錢買這項新技術——他們一買下，Netflix將是他們看見的第一樣東西。今年的耶誕節會造成**大轟動**。」

「如果我們爲了促銷而傾家蕩產，」瑞德說：「就算是耶誕老公公親臨斯科茨谷也沒用。」

「我知道。」我皺眉。我的注意力**都**放在讓網站上線，讓公司成長，先讓世上有這麼一間公司。我沒能顧到初衷：創造出實實在在、有辦法自行運轉的事業。

我見樹不見林。

瑞德歪著頭，好奇地看著我。他不習慣看到我這麼驚慌。從前**都是我**協助他做簡報，協助他提案，幫他軟化他想傳達的訊息，避開尷尬的問題。我試著教瑞德用笑話緩和緊張的氣氛（多數時候都不成功）。提案的關鍵是解讀現場情緒，感受聽眾想聽什麼，說出他們想聽到的事——前提是不說謊、不混淆、不扭曲事實。提案的時候，不一定要追求完美：你只是在提出前景。如果你讓人們感到你就是他們要找的人，你不必有全部的答案。

那天，停車場裡的我有點失常。瑞德看出來了。

「來吧，」他打開車門：「下車了。」

我又多磨菇了一下，再次瀏覽投影片，多灌最後幾口咖啡。

「馬克，收起你的窩囊相。」瑞德說，然後重重關上車門。

當天的提案不是很順利。對方雖然沒像瑞德那樣質疑我的投影片，看起來也不太安心。幾天內，他們的分析師打電話到辦公室，抛出我還沒找到有力答案的問題。

IVP最後還是決定提供資金，但與我的提案沒有太大關係，他們是在投資瑞德。瑞德執行過幾筆大交易，還曾不情願地在《今日美國》（*USA Today*）的頭版亮過相，一旁是他的保時捷。懷中有錢的人士信任瑞德，瑞德過去曾讓**他們**發財。早在一九九八年，瑞德頭上已經頂著矽谷的成功光環：Pure上市、尚未與Atria合併前，他已經讓許多人成了大富翁。

更重要的是，瑞德過去有著良好的記錄，解決了看似無解的問題。投資人與創投從以前就知曉他的能力，現在更是清楚。那就是爲什麼人們一看到瑞德走進來，就立刻掏出支票簿。大家知道瑞德能做到的事教不來，也複製不來——甚至幾乎無法**解釋**。瑞德就是很有一套。

說到底，那就是厲害創業家的能耐：化不可能為可能。貝佐斯、賈伯斯、瑞德・哈斯汀——他們全是天才，完成沒人認為有可能的事。此外，一旦完成一次不可能任務，再做一次的機率就會大增。

IVP肯提供資金的原因，不是我們前景可期，也不是我們的提案完美，更不是我的投影片和熱忱讓他們驚豔。IVP之所以投資我們，只因為不管事情看起來多不可能成真，瑞德都能化腐朽為神奇，而這間公司有瑞德在。

我很感激那一點。此外，我也感激瑞德，儘管那個夏天他還在忙科技網的事，但他也開始關心我們在斯科茨谷的日常營運。然而，現在回想起來，每件事也是在那時開始變調。

記憶是一種奇怪的東西，記憶會扭曲時間。如果在我寫這本書之前，你問我Netflix的早期階段到底有多長，也就是坐草坪椅、舉辦寒酸耶誕派對、熱烈討論、在霍比餐廳吃薯餅的那段日子，我會抓抓頭，回答一年半或兩年。

實際上，大概只有一年。然而，那十一、二個月很關鍵。那些日子存在於某種寧靜的真空之中，不同於先前與往後的歲月。在我們差點把自己賣給亞馬遜之前，我們只是努力讓從來沒人做過的事情成真。我們獨立運轉，沒有競爭。從某種角度來講，Netflix的辦公室銀行金庫牆壁保護著我們。我們在發臭的綠色地毯空間裡做夢。

Netflix的那段日子，其實就是古希臘人所說的「昔日的美好時光」（halcyon days）。又臭又長的相關神話起源，我就不多講了，但基本上意指一年中有七天風和日麗的日子，好讓阿爾庫俄涅（Alcyone）這種翠鳥能趁機下蛋。

Netflix的太平日子從一九九七年的夏天，一直持續到隔年的夏天。一九九八年秋天或那之後，我從未在某個時間點意識到那段好日子已經過去——人世間的轉變很少會讓你發現。改變是一點一滴出現的，你很難指出終點在哪裡。諷刺的是，那樣的改變正是你一直期待的事。所有的新創公司等的就是那個時間點，那是我們耗費大量心力努力推動的事。然而，轉變眞的出現時，心中還是會有感慨。

即便如此，從後見之明來看，我**可以**指出高水位線，告訴你Netflix早期美好歲月的最高點落在六月。當年的夏季野餐會在霍克雷斯特葡萄園（Hallcrest Vineyards）舉辦。當天的景象歷歷在目：野餐桌上擺著披薩，紅木林圍繞著一片開闊的原野，我們每人手上都有一杯葡萄酒。我家的拉布拉多露娜，和其他人的寵物狗，成群在草地上奔跑，所有的孩子手上都拿著特別爲這次野餐購置的全新水槍互射。我們在瑞德的協助下，募得六百萬美元，有辦法撐過年底，而且天天都在擴張，雇用新的工程師與網頁設計師，累積片單，每個月增長數千名新顧客。我向員工還有感到無聊的孩子敬酒，最後由米奇自豪地遞給我一塊車號是「Netflix」的自選車牌。我一手拿著車牌，一手拿著一杯黑皮諾（Pinot Noir），眺望著山谷，心裡想著：**哎呀，這真是太美好了**。

一年，或許是一年多，聽起來很短。但那十二個月左右的時間，深深奠定了公司的文化、方向與精神。沒有那些東西，就沒有今日的Netflix——或者看起來會非常不一樣。

當然，要是少了後來發生的事情，Netflix今天也不會存在。平順的日子就是那樣：你需要一段能好好孕育新生命的時期，但如果你希望蛋能孵化，小鳥能展翅高飛，起一點風是必要的。

11 柯林頓總統只要兩美分

（一九九八年九月：上路五個月後）

我們有麻煩了。

還記得嗎？我很自豪能和索尼與東芝達成協議，把剛買DVD機的民眾直接導向Netflix。我，馬克・藍道夫，一個徹底的新創公司人，像個超級英雄，穿上我的新媒體戰袍，說服一群保守的日本消費者電子產品公司，加快促銷活動的腳步？然而，看來習於按部就班、前置作業期很長的大公司，一旦打起閃電戰，事情很容易出錯。

還記得嗎？我們的促銷活動對用戶來講，簡單明瞭。如果你在一九九八年秋天購買索尼的DVD機，外盒上貼著促銷貼紙，可以免費租十部DVD，另外再附贈五片免費的DVD。你只需要到Netflix.com，輸入每台DVD機專有的序號，馬上就能免費租十部影片，還能擁有五片DVD。

如果優惠劵能放在盒子裡就好了，但索尼的系統化生產流程無法那麼做。此外，你得買下DVD機，才有辦法得知序號吧？

錯。

我們促銷幾週後，吉姆的金庫團隊開始發現，有一名顧客不斷重複訂購。這個人訂了超大量的DVD，一星期就下訂幾百片。

我們當時沒有設定出租上限，我們非常需要有人租片，不會做趕跑顧客的事。問題出在這個重度使用者不是用租的，完全只靠索尼的促銷活動就拿走大量的免費DVD。

吉姆皺著眉頭在金庫裡告訴我：「這個人有可能眞的超熱愛DVD機，買了好幾車。」他看著堆成小山的郵包，全寄到同一個地址：「不然他就是個騙子。」

那天下午，我和米奇開車到弗萊電子，親自確認顧客會看見什麼樣的包裝。在店內，索尼的DVD機上，我們黃色的Netflix貼紙，好好地貼在每個盒子的右上角。到目前爲止看起來還不錯。米奇拿起盒子，看了看背面，放回去，又抽了抽宣傳單，一下子就可以拉出來。他繼續往前走，盯著貨架上一模一樣的DVD機。我順手拿起一個盒子，仔細一看盒底的資訊，我知道了。

「媽的。」我說。

「怎麼了？」米奇問。

我指著盒底的小字，上頭提供索尼的郵寄地址，以及英、法、日文版的DVD機規格資訊，然後最後面，看到了嗎？就是每台DVD機的序號。序號就寫在盒子外面。那個騙子只需要前往最近的百思買（Best Buy），拿著紙筆走到貨架間，就能抄下數十個序號，填寫我們的促銷單，什麼都不必買。

輕鬆就能做到的詐騙；不穩定的伺服器；有時會卡在郵局機器裡的郵封；每成交一筆都在賠錢的生意；一張又一張的投影片圖表，全無獲利的跡象。

看到這裡，你可能覺得我們碰上絕境，但新創公司就是那樣——每一步都像在走鋼索，要不就大獲全勝，要不就慘敗。你學會在那種情境下生存。我想像那就是「瓦倫達飛人馬戲團」（Flying Wallendas）的感受，他們在尼加拉瀑布或兩棟摩天大樓間疊羅漢，在峽谷上方騎空中腳踏車，只靠下方一根細細的金屬線撐著。大部分的人覺得聽起來很恐怖，但只要做得夠多次，那就是你過日子的方式。

此外，矽谷的成功通常相當「長尾」。我們上線的那一天萬眾矚目，但實際上那是先前一個月、三個月、六個月、**一年**的努力累積起來的。新創公司的生命週期通常非常短，等人們終於注意到你在做什麼，你已經命懸一線。

其實，大部分的事情都是那樣。你忙著讓夢想成眞時，沒人會誇獎你，直到你已經讓事情成眞——等到夢想成眞了，又會開始碰上其他問題。

那年秋天，我們快速成長，每天多出數百位新用戶，每週二，DVD都是用卡車載來。金庫裡片子爆滿——看起來不再像是偷渡了一間百視達，比較像狂熱蒐藏者的巢穴。我們正在追逐市場，也想追逐任何存活的機會，我們得拓展DVD用戶人數，也就是說我們必須成長，也需要更多空間——很多很多的空間。

我沒有特別想離開我們在斯科茨谷的根據地。我已經愛上那塊鈔票綠的地毯，散發健怡可樂與薩諾托外帶餐盒的潮濕臭味。此外，我非常努力讓Netflix是一間「聖塔克魯茲公司」。我搭過矽谷新創公司的雲霄飛車，希望Netflix會不一樣，與眾不同。我希望我們的辦公室文化能感染聖塔克魯茲的悠閒精神。聖荷西每天處於大起大落的循環，聖塔克魯茲感覺是個讓人能喘口氣的地方。創投既支撐著Netflix，也窺視著Netflix；我希望讓我的公司和創投者之間隔著一道山脈。

然而，一九九八年是Netflix最依賴創投公司的一年。IVP是我們最新的投資人，IVP的提姆・哈利（Tim Haley）堅持我們一定得搬到靠近矽谷的地方。他先前是高階獵頭——他知道自己在說什麼。

「你們在給自己找不必要的麻煩。」哈利告訴我和瑞德：「你們已經很不尋常了——你們的**點子**不尋常。你們的公司只要那一點奇特就好。不要阻止別人給你們錢，也不要阻止人們替你們工作。」

哈利說得對。除了艾瑞克找來的人，我們仍然很難招募到頂尖的科技人才，輸給比較不有趣、但上班地點方便的公司。工程師不想每天早上花一個半小時開車上班。

我們自己的員工也不喜歡通勤。除了我和泰（還有瑞德），創始團隊大部分成員都住在其他地方：克莉絲汀娜住在紅木海岸（Redwood Shores）；艾瑞克、鮑里斯與薇塔住在矽谷。在聖塔克魯茲工作，其實只對我和少數幾人方便。

公司會建立同心圓——某種彼此重疊的雷達範圍。圓的正中央決定了公司大部分的理念，接著理念又會受到圈外人的影響。我認爲把辦公室從聖塔克魯茲搬到矽谷，將根本上改變我們的本質，我不想要那麼做。

然而，在Netflix的第一年，我也學到一件事：成功會帶來問題。成長很棒——但成長會帶來全新的難題。你如何歡迎新成員加入團隊，又不失去原本的特質？你如何平衡持續的擴張，又不違背初心？現在你擁有可以失去的東西了，你如何能確保自己會繼續冒險？

你要如何優雅地成長？

Netflix早期是一個緊密的小團隊。我認識每個人——他們都是我找來的。我知道他們有哪些長處，連他們自己都**還沒**發現的長處，我也知道。我知道他們的感受、他們的工作方式。最重要的是，我知道他們很聰明——有必要的話，他們有辦法學習新東西。我雇用吉姆時，他沒有營運經驗。鮑里斯甚至不是網頁設計師。但我知道他們兩人都具備必要的衝勁，可塑性強的創造力，絕對做得來。此外，新創公司的早期歲月一般就是這樣：你雇用一群無所不能的傑出人才，每個人校長兼撞鐘。你雇用的是一個**團隊**，而不是一堆職位。

那年秋天，我試著管理那個團隊的成長——確保我們過去十二個月塑造的文化，在成長期也能維持下去。我們打造的公司，大家開誠布公地討論事情，有時討論變得很激烈——那也**沒關係**。點子比指揮鏈重要。問題是誰解決的並不重要——重要的是問題解決了。奉獻與創意遠比服裝規定或會議時間來得重要。

這很特別，我知道，即便在當時。

舉例來說，泰會問每個新員工最喜歡哪部電影。接著，在每個月的月會前一天，泰會告知他們第二天要打扮成那部電影裡的人物。於是當天，新人就扮成蝙蝠俠、《一〇一忠狗》裡的反派庫伊拉（Cruella de Vil），或是傳奇演員鮑嘉（Humphrey Bogart）在《北非諜影》（*Casablanca*）裡飾演的瑞克・布萊因（Rick Blaine），介紹給全公司。

很搞笑嗎？是的。浪費時間嗎？見仁見智。沒意義嗎？當然有意義。這種半即興的小儀式可以讓氣氛輕鬆，提醒我們，不論工作壓力有多大，我們做的事，說穿了，就是租電影給民眾。此外，一起尷尬是培養感情最好的方法。

然而，等公司過了創始期，不再只有最初的小團隊，我不確定這樣的傳統會不會延續下去。我們的印度同仁完全不懂這是在做什麼，整件事顯然令人感覺「在胡鬧」，「有可能不符合人資部門的規定」，但我們當時就是這麼小：小到還沒有人資規定可以破壞。

如果公司繼續成長下去，我們將需要相關規定。此外，一旦不是事事都由創始團隊自行動手，我們還得規定很多事，確保事業順利運轉。一九九八年的秋天，我有很多時間都花在處理那一類的挑戰。此外，還得尋找新的辦公室空間。

喔，對了，我還忙著處理一則國際級的A片醜聞。

那原本會是一個大噱頭，讓人們津津樂道，不花什麼成本就能引發轟動。

原本主角是柯林頓總統（Bill Clinton）。

當你試著打造產品，有時重點不是你推出多少宣傳活動，也不是你提供多少優惠。有的時候，只要引發關注就行了。百視達二〇〇六年就是靠這招推出Total Access，結合了店內與網路租片服務，打算和Netflix搶市場。百視達請來流行歌手潔西卡．辛普森（Jessica Simpson），盛大推出Total Access，讓她在媒體面前侃侃而談自己有多愛在網路上租電影。

然而，一九九八年的秋天，我們沒有百視達的雄厚資本，更**絕對**沒有潔西卡．辛普森的電話號碼。

但我們有米奇．羅威。

米奇愈來愈常待在Netflix的斯科茨谷辦公室。雖然他熱愛在車上聽美國總統的傳記，他家住馬林，他厭倦那麼長的通勤時間，經常住在阿普托斯（Aptos）高爾夫球場旁的一間小旅館；從辦公室往南開，大概半小時可到。那裡的確不是離辦公室最近的地方，但米奇爲了兩個理由，在阿普托斯找到臨時住所。首先，他現在每週二固定出席我和羅琳、泰發起的品酒之夜，我們品酒的地點通常是索奎爾（Soquel）的泰奧餐廳（Theo's restaurant）。每週二，他協助我們喝完六瓶以上的美酒後，有很多縮短通勤時間的誘因。

另一個原因則是，他的老友亞瑟・莫羅佐斯基（Arthur Mrozowski），住在阿普托斯第三高爾夫球道旁的一棟小房子。亞瑟是米奇個人歷史中另一位多采多姿的傳奇人物，和米奇一樣喜歡晚睡、品酒、聊電影。

亞瑟在十九歲從波蘭逃難到美國，做起利基生意，進口波蘭影片，賣給任何願意收購的錄影帶店。沒多久，亞瑟就發現，反方向輸出影片更有賺頭，便做起影片出口生意。他搬到阿普托斯時，已是DVD後製公司「媒體庫」（Media Galleries）的執行長。在那樣的高度，亞瑟得以綜觀矽谷冒出來的影片新技術，最近還發現「思維」（Mindset）這間新創公司，正在開發新型的視訊編解碼器。那種軟體可以把類比影片轉換並壓縮成數位媒體——那是製作DVD的關鍵技術。經過某個星期四深夜的小小「測試」一番後，亞瑟告訴米奇，思維公司的這項新突破：他們的編碼與壓縮程序現在變得超快，有辦法即時把類比影帶轉換成DVD。亞瑟說，速度變這麼快，將掀起DVD的母帶處理革命。他們正在尋找需要快速完成的計畫，「現場測試」一下自己的程序，確認是否有想像中那麼快。

還不到二十四小時，幾瓶酒下肚後，米奇就想到絕佳的測試對象。

先前八個月，全美的注意力都放在柯林頓總統與莫妮卡・陸文斯基（Monica Lewinsky）的緋聞。八月中，那樁醜聞發展到關鍵的時刻：首度有現任總統被迫在大陪審團面前作證。雖然柯林頓是祕密作證，整個過程被錄了下來。一個月後，眾議院司法委員會在九月十八日星期五宣布，爲了讓民眾有知的權利，將在各大聯播網播出那支作證影片。那一週的週末過後，也就是三天後，將在九月二十一日星期一早上九點公布柯林頓的證詞。

那天早上稍晚，米奇衝進辦公室，興奮不已。「就是這個！」他把印出來的雅虎新聞頁面扔到我桌上。「你看，太完美了，柯林頓！我們來自製DVD。」

米奇滿臉期待看著我，發現我根本聽不懂他在說什麼，便開始轉述他和亞瑟的對話。

「我已經跟我在KTVU的朋友談過。」米奇繼續解釋，那是「灣區福斯加盟台」（Bay Area Fox affiliate, KTVU）。「他說可以幫我們直接從聯播網那裡，拷貝四分之三吋的母帶，片子只有四小時長。我會在那裡等，直接送去思維公司，思維會準備好DVD母帶，下午開始壓片。我們隔天早上就可以寄出。」

「好好好，這位扒糞記者，停一下。」我說：「停個一秒鐘，我們來弄清楚狀況。」

我得承認，米奇的點子很妙。這不是水門案，但也夠精彩了。

米奇跑去張羅一切，我則找來泰和克莉絲汀娜，告訴她們這件事。

一如所料，泰愛死這個點子，拔出她用來盤頭髮的鉛筆，在黃色便條紙上記筆記，一邊說著：「這件事大概可以讓我們登上全國新聞，《紐約時報》、《華盛頓郵報》，甚至是《華爾街日報》。」

「怎麼了，克莉絲汀娜？」我問。克莉絲汀娜咬著大拇指指甲皺著眉頭。

「這個點子很酷，但我們不能不先想好，就貿然行事。」克莉絲汀娜提高聲音解釋：「這片DVD要長什麼樣子？我們要怎麼寄送？要收多少錢？系統裡這些東西全都得設定！」她沮喪地搖頭：「我們不可能在星期一之前準備好。」

「但錯過這個時機就沒用了。」我反駁她：「我們沒時間弄出完整的流程，也不必那麼做。最簡單的DVD封面設計就好，隨便用什麼信封寄都可以。這是販售，不是租片，不必回收。」

我停下來，一個點子在腦中成形。

「我們一毛錢都不收，免費，不用錢。你的好朋友Netflix熱心公益，這是在爲公眾服務。」

「那太瘋狂了。」泰搖著頭說：「瘋狂到有可能成功。」

「我們碰到了問題。」

兩小時過去，克莉絲汀娜顯然處於解決問題的模式，那是她的快樂天堂。克莉絲汀娜臉上的微笑，代表她很興奮，想告訴我問題是什麼，更興奮的是，她要揭曉她想到的聰明辦法。

克莉絲汀娜說明：「我和艾瑞克一起在我們的系統上，設定免費的DVD贈送活動。」準備向我簡報整個流程。我通常會要克莉絲汀娜直接講重點，但這次我決定讓她享受這個時刻。「在開發伺服器上跑，完全沒問題，但我們試著按出貨時，完全不行。」

克莉絲汀娜停下來，製造懸疑效果。

「艾瑞克和鮑里斯研究了一陣子，最後發現軟體不允許免費販售。我們的系統不曉得如何零元大放送，所以我和艾瑞克決定嘗試一個方法。我們把DVD的價格設爲一美分，結果可以。只要有收錢，系統就沒問題。」

克莉絲汀娜靠在椅背上，咧嘴而笑。一定還不只這樣，她一臉胸有成竹的樣子。

「接下來，我又想出一個點子。兩分錢。我們收每個人兩分錢，這樣就可以做『你只需要掏出兩美分』的瘋狂宣傳，或是取個類似的名字。」

克莉絲汀娜雙手拍大腿，顯然很自豪。就這麼辦吧。我們想好新聞稿的標語，星期二一早就發出去。

米奇那邊也碰上問題，但不像克莉絲汀娜那樣歡天喜地。

一開始，一切都很順利。星期一早上電視播出後，米奇在KTVU的朋友說到做到，立刻把四小時的證詞轉成影帶交給他。米奇從奧克蘭（Oakland）開車，把帶子送到阿普托斯。幾小時內，思維公司就已經架好影帶，準備開始編碼。

然而，米奇在下午五點打電話跟我報告進度時，事情顯然開始走調。

米奇在開頭說：「新技術是眞的不賴。」接著就不曉得要如何講下去。我聽得出他的熱情消散了。「可是，呃……顯然還沒成熟，有各式各樣的問題。每次我們開始編碼，它跑一下就會停住。現在開始跑了，但實在有夠慢。」

米奇停頓好一陣子。「的確算得上是即時編碼——只要你編的是烏龜影片。」

我們下班時，已經替星期二早上的公告做好準備。泰擬好了新聞稿，標題是〈Netflix讓消費者只投兩分錢，就能看柯林頓作證〉（Netflix Lets Consumers Put in Their Two Cents Regarding Clinton Testimony）。

〔加州斯科茨谷報導〕

全球第一間線上DVD出租店Netflix宣布，只要二美分，外加運費和手續費，就能立刻收到「柯林頓總統大陪審團證詞」，由Netflix的網路商店www.netflix.com獨家提供。這間線上DVD零售龍頭，原本提供顧客的購買價是九・九五美元，出租費四美元，但星期二決定以超低價販售，在發生歷史事件的時刻，替公眾教育進一份心力。

「美國國會釋出此一資料，是爲了讓愈多民眾瞭解愈好。」Netflix的總裁與執行長馬克・藍道夫表示：「我們以兩美分的超低價，提供完整的柯林頓證詞，我們相信這幾乎讓每一位擁有DVD機的民眾，都能輕鬆取得這次的證詞，自行做出判斷。此外，DVD提供十分方便的功能，使用者可以跳著看不同的主題。因此，DVD格式特別適合觀看此類影片。」

美國眞是個美好的國家，不是嗎？

泰在擬新聞稿的同時，克莉絲汀娜替這次的活動建好專屬網頁，艾瑞克完成了網站設定，迎接即將出現的訂單。吉姆替這次的活動準備好極輕的便宜信封。米奇在媒體庫公司待命，等母帶一準備好，就開始複製DVD片，接著開車直接送來公司。

一切準備就緒。

星期二早上七點，米奇打電話過來，聲音聽起來很疲憊。

「你想聽好消息，還是壞消息？」米奇問。他沒等我回答就說下去：「我們幾小時前完成編碼，在索尼或三菱（Mitsubishi）的機器上可以看，但是松下和東芝的沒辦法。我們正試著重跑一次。」

十點時，米奇報告進度：「現在松下和東芝的DVD機可以看了，但索尼的不行。我們要再跑一遍。」

那天下午兩、三點，我發現我漏接一通米奇的電話，是兩點整打來的。語音留言很短：「我們終於完成了，拿到可以用的版本，他們剛剛搞定DVD母帶。」米奇的聲音聽起來精疲力竭：「我現在要拿去費利蒙（Fremont）複製。」

我終於聯絡上米奇時，時間是四點半，我聽見背景傳來機器喀喀喀的聲音。「快好了。」米奇扯著喉嚨告訴我這個消息，聲音幾乎聽起來有點興奮：「我快拿到頭兩千片DVD，只需要送到貼標機貼完標籤，就萬事俱備了。應該今天接近傍晚時可以拿到。」

「米奇！」我大叫：「快點回來，我們不貼標籤就寄出去。」

米奇沉默很久，機器還在嗡嗡作響。

「好，我馬上到。」

新聞稿發出去了，新聞網站已經開始刊登，我和瑞德正在開公司會議。五點半時，門一打開，米奇走了進來，上衣髒兮兮又皺巴巴，臉上長出三天沒刮的鬍子，頭髮亂七八糟，看起來像剛起床，但我知道事實正好相反：米奇已經快七十二小時沒睡覺。

然而，他手上的東西，我看都沒看過，像是一串用鋁箔紙包起來的鞭炮——只是超大。整整有兩呎長，直徑五吋。我仔細一看，才發現那是五十片串在一起的DVD，套在一根又細又長的塑膠管上。那是我第一次看到DVD收納盒。

米奇看起來快暴斃，但全公司爆出如雷的掌聲時，他還有力氣露出大大的微笑。他成功把柯林頓帶回來了。

故事要是在這裡結束就好了。好消息是我們一共花了不到五千元成本，就多出將近五千名新顧客（他們全都有DVD機），而且《紐約時報》、《華爾街日報》、《華盛頓郵報》、《今日美國》都刊出相關報導。這樣的好成績，就連潔西卡・辛普森都望塵莫及。

然而下週一，我走進辦公室時，柯瑞抓住我。

「嘿，留言板在這個週末出現一些奇怪的留言。」他把電腦轉過來，螢幕上是他潛水的DVD論壇。柯瑞用滑鼠瘋狂拉動頁面。「看到了嗎？這個，還有這個，還有這個。網友說我們寄了A片給他們？」

我坐下來看留言，心中一沉。

網友的確在討論柯林頓的DVD，但他們說拿到A片時，意思不是柯林頓偶爾說出X級的證詞。網友的確是在說，我們寄給他們貨眞價實的A片。

我對柯瑞大喊：「你看看有沒有辦法找出災情有多嚴重。」接著，跳起來衝回金庫。吉姆的團隊正努力想辦法處理在一夜間又湧進的訂單。

「吉姆！」我上氣不接下氣，「柯林頓先不要再寄了。」

「怎麼了？」他露出招牌笑容：「我們剛剛弄好昨天下午四十份左右的訂單，今天可以寄出。那些也要先放著嗎？還是可以先寄？」

「全部統統停下。」我飛快向吉姆解釋目前的狀況，接著跑去告訴克莉絲汀娜和泰。

「老闆，罪魁禍首在這。」大約半小時後，吉姆走向我和克莉絲汀娜坐著的地方。「看到了嗎？」他拿出兩片DVD，看起來一模一樣。「這是從兩盒不同的DVD中拿出來的，理論上是同一批，但仔細一看，你會發現這一片……」吉姆遞給我其中一片，「……這片**有點**不一樣，這是A片。看來我們拿到兩盒這種片子。其中一盒已經全部寄出，另一盒還剩十幾片。」

「你……」我不曉得該從何問起：「……你看過了嗎？」

吉姆再次露出招牌微笑：「看過了。我們看得夠多了，確定犯人就是它。」

當晚我回到家時，家人已經熄燈。感謝上帝。我不想向羅琳解釋我不得不做的事。我打開家裡的電視，打開DVD機，將DVD片放進去。DVD開始轉動，出現畫面。我一秒就知道，我不是在看柯林頓總統、緋聞女主角陸文斯基，甚或是特別檢察官史塔爾（Ken Starr）主演的片子。那是A片，真的，很A的A片。我不需要繼續看下去（我保證）。

這是一次重大出擊，但也摔了一大跤。然而，如果你嘗試讓夢想成真，球來的時候，你得願意一次又一次地揮棒。

隔天，我們竭盡所能補救，和柯林頓一樣招供。我們寄信給近五千名投下兩分錢的顧客致歉，解釋發生了什麼事，是我們搞錯了，萬一冒犯到他們，我們很不好意思。如果收到A片版本，請寄回來給我們，運費由我們吸收，我們後續將很樂意寄回正確的DVD。

但你知道嗎？很好笑，沒人要求換片。

12 「我對你沒信心了」

（一九九八年秋天）

很久很久以前，在石器時代，我還是個孩子。那個年代沒有電動，沒有Instagram，沒有Facebook，也沒有Snapchat，也不可能在家看電影，除非你想自己架設盤式投影機，看你嬰兒時期的畫面。那年頭甚至沒有有線電視，至少我家沒有。唯一能讓腦袋壞掉的方式，就是主要聯播網播什麼，你就看什麼。星期六早上和放學時段播放的則是卡通。

當時我什麼都看，例如：超級英雄卡通、《摩登原始人》或《傑森一家》（*The Jetsons*）等動畫情景喜劇，或是任何漢納巴伯拉動畫公司（Hanna-Barbera）製作的片子，但現在當我想起卡通，我只記得老片：兔寶寶與艾默小獵人（Bugs Bunny and Elmer Fudd）、威利狼與嗶嗶鳥（Wile E. Coyote and the Road Runner）、湯姆貓與傑利鼠（Tom and Jerry）、崔弟與傻大貓（Tweety and Sylvester）。我如今發現，那些卡通全和追逐有關——你追我跑，追人的角色通常下場淒慘。艾默小獵人想抓到混帳兔子，威利狼氣喘吁吁追著嗶嗶鳥，湯姆貓與傻大貓改不了貓的本性，窮盡一生偷偷靠近崔弟與傑利鼠。

有時圓夢就像那樣：一心一意追求近乎不可能的事。在新創公司的世界，資金很緊，時間高度壓縮。在外人眼中，我們每天追夢感覺很瘋狂，甚至像是有躁鬱症。你的親友感到你比較像卡通裡的火爆山姆（Yosemite Sam），而不像……一間年輕電商的成功執行長——馬克・藍道夫。你根本沒時間睡覺，一邊開車，一邊喃喃自語。你試著向其他人解釋你的夢想，他們不會瞭解創業不只是募資，不只是顧客轉換率，不只是每日的監控報告。這是一場超現實的追逐，帶給你人生意義。

那些卡通有趣的地方，在於壞人最後不會抓到主角，主角總是順利逃脫，而壞人沮喪扼腕，就差那麼一點點。你會感覺要是有一天，威利狼眞的抓到了嗶嗶鳥，牠會不知所措，但重點不是抓到，重點是追逐不可能的夢。

「追逐不可能的夢」這個設定，帶來了有點傷自尊的喜劇與戲劇張力，也帶來荒謬感，因爲不管艾默小獵人設下多厲害的陷阱，不論湯姆貓與傻大貓弄出多巧妙的圈套，這樣的卡通很多都是突然間結束，天上砸下鐵砧和鋼琴。

追逐你的夢想，花一年去追。然後有一天，你突然被砸中，頭昏眼花坐在一堆黑白琴鍵中，藍色知更鳥在你頭邊啾啾叫，你不懂自己怎麼落得這種下場。

當時是九月中，斯科茨谷那一年有秋老虎，我一大早把富豪駛進停車場時，就能感受到人行道冒出的熱氣。園丁一定起了個大早避開熱浪：通往辦公室的車道兩旁，一百呎長的花壇已經種好新的花。我不確定是什麼花，大概是鬱金香，但忍不住欣賞起栽得整整齊齊的花朵，五顏六色，每一株植物都很健康，生氣蓬勃，剛降臨這個世界。我把車停在園丁的手推車旁，發現上頭堆滿上星期的花：被拔起的水仙已經枯萎成褐色，稀疏的根部附著泥土。

生命的循環。

隔了幾個位子的停車位上，艾瑞克正在和四台新電腦搏鬥，努力放上一張辦公室椅子，用椅子充當臨時推車。IVP創投的錢下來了，提姆．哈利獵人頭的功力發揮出來，我們招聘了大量新人，辦公室每週都出現幾張新面孔。我們還是只有四十位員工，所以每個人我都認識——但我有預感，有我不認得的員工的那一天，很快就會到來。

「我來幫你。」我扛起一個箱子，夾在公事包和臀部之間。

艾瑞克說：「我們眞的該買一輛眞正的手推車。」我們一路嘎吱嘎吱把椅子推上無障礙坡道，進入辦公室。

我們經過時，克莉絲汀娜從電腦前抬起頭，接著繼續打字。「瑞德今天早上來過。」克莉絲汀娜說。她把頭歪向我，但眼睛依舊死盯著螢幕。「超早的，六點左右。他說他今晚從矽谷回來時會再過來，他希望你等到他來。」

「就這樣？」

克莉絲汀娜點頭。「他只說了那些。」

我沒空仔細想瑞德要談什麼，我猜大概是索尼的事。雖然有人騙我們的免費DVD，但合作案慢慢見效了——消費者開始兌換免費券。目前爲止，這個促銷活動是我們下過最大的賭注，我們砸下那麼多錢，一定得有效。

瑞德也可能想談亞馬遜的事。自從我們六月和貝佐斯見面後，一直在想可以怎麼處理。我們還沒準備好賣公司，但瑞德已經準備換個方式和亞馬遜合作。瑞德同意我的看法，如果Netflix這間公司要能成功，就得專心出租DVD，不能靠販售DVD。他想出一個比較溫和的退出方式：一旦亞馬遜開始賣DVD，我們就把想購買DVD的用戶推薦給亞馬遜。用戶還是可以跟我們租DVD，購買則透過連結轉到亞馬遜。交換條件是亞馬遜也會把流量導到我們這邊。

這件事還沒正式談妥。事實上，我想九月時，我是唯一知情的人。我和瑞德來來回回討論這件事好幾個星期了。雖然停售DVD是我出的點子，想到要放棄事業唯一賺錢的部分，我仍然感到緊張。然而，我和瑞德都相信，我們得選定公司要專心做的事。和亞馬遜結盟，不只能衝高我們的租片量，和知名企業合作，也能讓其他人相信我們。

我們最近一直在思考如何讓別人敢跟Netflix合作。哈利就是這樣看待我們和索尼的促銷活動：如果索尼願意和我們合作，我們就是值得投資的公司。索尼給了我們可信度——即便代價高昂。瑞德認爲，和亞馬遜結盟也是同樣的意思。

我等不及要瞭解週末發生了什麼事。有多少索尼的顧客拆開新的ＤＶＤ播放器包裝盒之後，注意到產品序號，然後上Netflix的網站兌換。我知道瑞德也很好奇。或許，他認爲我們今天下班時，應該一起研究新數字。我提醒自己，在他回來前，我要準備好最新的報告，不過現在還有其他很多事要煩惱，例如早上的監測報告。

快六點時，瑞德終於現身。我正在寫文案，不過我聽見他走過辦公室的聲音，從前面走到後面。我先是聽見艾瑞克桌前的海灘椅嘎吱作響，瑞德拉了一張椅子，坐到艾瑞克旁邊，指給他看螢幕上的一個地方，幾分鐘後，我聽見他向財務總監葛瑞格・朱里安要現金流報告。不久後，他就朝我的辦公室走來。

「有空嗎？」瑞德的語調沒上揚，彷彿那不是一個問句，甚至是希望我沒空。

瑞德一臉嚴肅，全副武裝，穿上西裝（以他的標準而言）。他只有參加重要會議才那樣穿：黑色亞麻褲、灰色高領毛衣、黑色西裝鞋。我指著他的脖子，試著開玩笑：「瑞德，外頭可是快九十度（約攝氏三十二度）。」但他好像沒聽到似的。

「我們必須談一談。」他說，手上拿著沒闔起來的筆電，他抓著螢幕的一角，下半的鍵盤垂著。我看見畫面上開著PowerPoint，還看到第一張投影片用大小三十六的粗體字寫著：**成績**。

瑞德踏進辦公室，抓了我桌前的椅子，一下子擺到我旁邊，椅面向外，胸前貼著椅背跨坐著，接著把筆電轉過來，讓我看螢幕。瑞德想告訴艾瑞克他的某個程式寫得有多爛時，就會這樣拉椅子和轉螢幕。

我心想：**瑞德想幹什麼**？

「馬克，」瑞德緩緩說出口：「我一直在思考未來，我很擔心。」

他停下，試著判讀我的表情，接著閉緊嘴唇，視線往下看著螢幕，好像那是他的提詞卡。

「我擔心我們兩個人。事實上，我擔心的人是你。我擔心你的判斷能力。」

「什麼？」我確定我一定擺出瞠目結舌的表情。

瑞德要我看螢幕，接著按下空白鍵，「成績」一條條飛到螢幕上。

- 雇用原始團隊。
- 建立團結文化。
- 讓網站上線。

那看起來像是葬禮上的投影片。我知道接下來不會有好事。

「瑞德，這什麼鬼？」我終於擠出聲音：「你擔心我們的走向，然後你要用該死的

PowerPoint向我解說？」

我的音量開始拉高，但我注意到辦公室的門還開著，便壓低聲音。

「神經病。」我指著筆電小聲罵：「我才不會坐在這裡，聽你教訓你認爲我做得很爛的理由。」

瑞德眨著眼，一動也不動。我看得出他沒料到我會有這種反應。他再次緊閉嘴唇。我知道他正在分析利弊，評估下一步該怎麼走，他的腦筋就像我們面前的戴爾電腦風扇，正在瘋狂轉動，螢幕仍停在我的成績清單那一頁。大約過了十秒後，他點頭，手伸過去闔上電腦。

「好吧。」他說：「但我不是要談你有多爛。」

「很－很好。」我結巴：「好。」我感到怒氣正在消褪，取而代之的是恐懼。我站起來關上辦公室的門。

「馬克，」我回到位子上，瑞德再度開口：「你在這裡做出了好成績。」

他停下。

「但我對於你獨自領導公司的能力失去信心。你的策略能力很不穩定，一下神準，一下又**離譜失準**。我發現你的判斷力、你用人的方式、你的財務直覺，全都有問題。我擔心我們公司現在還這麼小，就看得出你有這些問題。明年和後年的挑戰會更艱巨，失誤的後果會更嚴重。隨著公司不斷成長，只會雪上加霜。」

瑞德是在對我施展商業上的話術，要宣布壞消息時就會那麼做。那叫**「狗屎三明治」**（shit sandwich）：開頭先給一堆讚美，讚美對方完成的事，那是三明治的第一片麵包後，接著塗上狗屎：壞消息、不光彩的報告、那些你的聽眾不會很想聽的事。最後，你蓋上一片麵包：前進的藍圖，也就是你打算如何處理那團狗屎的計畫。

狗屎三明治我太熟了，甚至瑞德會這招，還是我**教的**，所以我百感交集，看著他輕輕鬆鬆端給我一盤狗屎三明治，我既困惑，又有為人師表的自豪感。

「你認為我不是稱職的執行長。」我打斷他。

「我只是認為你不是**全能的**執行長。」瑞德說：「全能的執行長不像你，不需要董事會手把手地教導。」

瑞德合掌，撐住下巴，像在祈禱他能說完他試圖告訴我的事。「我認為我們兩個都知道，IVP之所以願意投資我們，是因為我答應我會以董事長身分積極參與公司事務。那正是問題所在。不只是募資而已。我會這麼積極，是因為我害怕萬一我不積極，公司不曉得會發生什麼事。我不在乎要花多少時間才能見到成效，但目前為止成果不夠多。沒人能從外部增添足夠的價值，尤其隨著公司的成長開始加速，更是不可能做到。」

接下來的五分鐘，瑞德詳細地一條一條指出，如果由我一個人繼續領導，公司就麻煩大了。他深入分析我第一年的領導表現，我做到哪些事、沒做到哪些事。那就像在看電腦下棋一樣，無情又迅速。瑞德有細部的剖析，也有整體的分析——從我雇用的每一個人，一直講到我在會計上犯的錯誤，公司的訊息傳達也有問題。我什麼都聽不見，耳邊只傳來模糊的聲響，但有幾句話我聽得一清二楚。

「你不夠強悍，講話沒力量，強者不會聽你的。」瑞德說：「從好處想，目前爲止，沒有任何優秀的人才辭職，你的人喜歡你。」

我笑了出來。瑞德不只有話直說，而是毫不留情面地拆台，冷冷說出事實。

「還眞謝了。」我說：「請把那句話刻在我的墓碑上：**他或許把公司治理得一塌糊塗，但沒有優秀人才辭職，他的人喜歡他**。」

瑞德對於我的黑色幽默毫無反應，一直講下去，好像在背稿一樣。我剛才不讓他用投影片，但他絕對練習過這次的演講，他緊張地要把事情說出來。

「馬克，」瑞德說：「我們正在掉進麻煩裡，我希望你能意識到，從股東的角度來看，這麼小的事業就冒出這麼多煙，等公司變大，就會起火燃燒。我們面對的是執行問題。我們必須快速行動，而且幾乎完全不能出錯。我們將直接遭遇強大的競爭。雅虎靠著優秀的執行力，把研究生的習作，變成六十億美元的公司。我們也得做到相同的事。我不確定如果你是唯一的領導者，我們辦不辦得到。」

瑞德打住，視線往下，好像他準備做一件困難的事，試著集中力量。接著，他抬起頭凝視我，我記得我當時心裡想著：**他講的是心底話**。

「所以我認爲，最好的結果就是我全職加入Netflix，我們一起治理。我當執行長，你當總裁。」

瑞德再次停下，見我沒回他，又劈頭講下去：「我不認爲我反應過度。我認爲從不幸的現實層面來講，這是經過深思熟慮的解決方案。我認爲執行長與總裁的雙首長安排，會讓公司獲得應有的領導團隊。我們將一起創造我們會一輩子引以爲傲的歷史。」

瑞德終於仁慈地停下來，微微往後靠坐在椅子上，深吸一口氣。

我啞口無言，只能用慢動作點了點頭。當天上掉下鋼琴砸中你的頭，就像這樣。

我確定瑞德感到疑惑，我怎麼沒和他一樣，依據理性的邏輯看清事實。我曉得瑞德不會懂我心中湧出的感受——他無法懂。感謝上帝，因爲我腦中冒出的話不是很禮貌。

我知道瑞德提出的東西，很多都沒錯，但我心裡也想著，我們在談的可是**我的**公司，這是**我的**點子，**我的**夢想，如今還是我的事業。瑞德跑去念史丹佛和主持科技網時，我燃燒全部的生命打造這間公司。不論是再厲害的人，期待一個人**每一個**決定都做對，這有可能嗎？難道不該給我從錯誤中學習的機會？

瑞德那些話也沒說錯。的確，我們有些地方失策了，的確應該考量公司的未來，但瑞德那天在辦公室說出那些話之後，我最初的反應是把矛頭指向他，而不是反省自己。我一直在想：**瑞德**

發現自己犯下人生中天大的錯誤。他難道不是對史丹佛感到無聊，然後就不念了？他難道不是靠科技網推動教育改革，結果失望了？他沒參與Netflix的早期歲月，原因是他的志向是改變世界、推動教改——結果他碰到的多數老師和行政人員，只想靠年資加薪，然後現在他看到我們一起測試的瘋狂小點子有搞頭，就突然發現我的領導能力有問題？到底是我眞的不適合獨自管理公司，還是他只是想回來，又不想傷自己的自尊心，不願意當我的下屬？

我氣壞了，傷心難過，但即便是在這樣的時刻，我也曉得瑞德說得有理。我當下心中交雜的情緒讓我露出什麼表情，全世界只有瑞德知道，但我的面色一定很難看，因爲就連瑞德都發現，他得講點好話安慰我，加上狗屎三明治上層的那塊麵包。

「別難過了。」他終於擠出一句話：「我很尊敬你，也很喜歡你。要講這麼嚴厲的話，我也不好過。你的個性有一百萬個優點，很成熟，也具備我欣賞的技巧。有你這樣的夥伴，我會感到自豪。」

瑞德再次停頓，我看出他還有話要講，但都講到這個分上了，到底還有什麼沒說？我開始頭暈目眩。

「瑞德，我需要時間消化。」我說：「你不能就這樣走進來，開口就要拿走公司，還期待我會說：**喔，太合理的決定了，當然好！**」

我的聲音再度大了起來，所以我閉上嘴。

「我沒說我要拿走公司。」瑞德說：「我只是提議一起管理，我們是團隊。」

他又停下，停了很久。

瑞德最後說：「聽著，不論這件事最後怎麼樣，我是你的朋友。」他起身：「但是如果你堅決反對，我不會硬逼你吞下去。雖然身為股東的我，的確有辦法這麼做，我很尊敬你，不想走到那一步。如果你不相信這麼做對公司來講最好，也不想朝這個方向前進，沒關係，我們就賣掉公司，把錢還給投資人，剩下的錢分一分，然後回家。」

瑞德走出我的辦公室，刻意輕輕把門帶上，就像是離開醫院的病房。太陽下山了，但我沒起身開燈，坐在黑暗裡，直到幾乎每個人都離開——大家都下班了，除了柯。柯在晚上九點多晃進公司，吹著口哨，幾根手指敲著一個油膩膩的披薩盒。

直言不諱很好，直到槍口瞄準的人是你。

我不會騙你，也不會騙我自己。瑞德在那年九月中旬的那一天對我說的那番話，確實傷到我的心，傷口很深，但我傷心不是因為瑞德無情無義，他沒有無情。我難過是因為他很誠實，是用力撕開繃帶、徹底扯到傷口的那種誠實。

這是極端的誠實，從一開始我們在十七號州道開著我的富豪，就是這樣對待彼此。瑞德並未別有用心，或是有著其他的外在動機，他不過是為了公司的最佳利益著想。他太尊重我了，只能告訴我不加修飾的完整事實。我們向來是這樣對待彼此，這一次，瑞德不過是在做同樣的事。

此外，我愈想，那個PowerPoint簡報愈加讓我感動。手段不是很圓滑？沒錯。不過那完全是瑞德會做的事，不是嗎？靠著PowerPoint的動畫效果，他試著把可能引發強烈情緒的棘手對話，限制在一系列安全的投影片範圍內——他用上我教他的簡報法？是啊。

至於侮辱？現在瑞德離開了，我坐在黑暗裡，我看出，瑞德爲了給我誠實的意見回饋，他先前一定很緊張，居然還需要寫提詞卡，做好投影片，給自己壯膽，確保自己講的話有所依據。瑞德想確保自己說出該說的事。

實話確實是不好聽，但是要向我自己承認瑞德說得沒錯，更是難上加難。我是碰上了瓶頸。由於我的緣故，我們的IVP投資案差點搞砸——我們的新合夥人知道，要是沒有振奮人心、天賦異稟、自信十足的領導人，做出果敢的舉動，Netflix永遠不會成功。IVP那邊沒大聲說出這些話，然而在場的每個明眼人大概都看出，我將不會是那個豪氣干雲、指揮若定的人。

我愈仔細想，就愈發現我的夢想已經產生變化。最初我有一個夢：有一間由我掌舵的新公司。然而，我坐在辦公室裡，聽著瑞德細數我哪些地方做得不好，聽著他解釋爲什麼公司需要我們兩個人一起掌舵，我才明白其實一共有**兩個**夢。我需要犧牲一個，才能讓另一個成眞。

Netflix這間公司是一個夢，由我掌舵則是另一個夢。如果要讓Netflix成功，我得誠實面對自己的局限。我需要承認，我喜歡打造東西，發揮創意，自由施展。我在這方面的能力足以號召一支團隊，塑造文化，讓點子**問世**——從寫在信封背面的靈機一動，變成一間公司、一間辦公室、一個存在於世上的產品。然而，那些工作屬於公司的初始階段。現在公司必須成長，而且是快速成長，此時需要的技能完全不同。

我掌握不錯的創業能力。我不認爲這是在自吹自擂，我的確是名列前百分之九十八的優秀人才。即便是在當時，我知道我**有辦法**領導正在成長的公司。

然而，即便是在當時，我也知道，瑞德名列更優秀的前百分之九十九．九，他是人中龍鳳。在公司的這個階段，他比我更適合領導，更有自信、更專注、更大膽。

我完全清楚，就我們最急迫的需求——資金而言，瑞德更有能力解決問題。他曾經幾乎是赤手空拳打造出一間公司，還以執行長的身分，讓公司首次公開募股。他證明過自己的能力，投資人會選他的可能性遠遠超過選我。事實已經擺在眼前。

我必須捫心自問：讓我的夢想成眞有多重要？這甚至還是**我的**夢想嗎？我們現在有四十位員工，每個人都和我一樣，盡心竭力要讓Netflix成功，他們熬夜加班，週末也在工作，對親友失約，全是爲了始於**我的**夢想的某樣東西——但他們當成自己的夢想在奉獻。我難道不該爲了他們，說什麼都得讓公司撐下去，即便我將不再扮演我當初替自己設想的角色？

哪一個比較重要，我的頭銜，還是大家的工作？

我從辦公桌起身，走到窗邊。停車場幾乎空了，一旁的花圃百花盛開，被街燈染成橘色。明天早上六點，這個停車場將停滿豐田、速霸陸、福斯，車主是替我工作的人。那些車子很多貸款都還沒繳清，還要繳保險，有帳單。從某方面來講，那些也是我的責任。

當你的夢成眞後，那就不再只是你一個人的夢了。那個夢想也屬於協助你的人——你的家人、你的朋友、你的同事。那個夢屬於這個世界。

我看著停車場裡的車輛，眞心明白瑞德說得沒錯。兩人分任執行長與總裁的安排，**會**帶給公司應有的領導，我們成功的機率**會**大增。我們**會**建立一輩子感到自豪的公司。

當然，現在回頭看，瑞德做得沒錯。如果我繼續當唯一的執行長，Netflix或許也能**存活**，但只能勉強撐著，你不會特別寫一本書來談。我很清楚，要不是因爲瑞德擔起更多的領導角色，Netflix不會有今天的盛況。很奇妙，要是我在一九九九年沒把執行長的頭銜讓給瑞德，我今天也不會在這裡寫書。

公司需要我們兩個人**一起**管理。

每當我心情沮喪，需要想起從前的勇敢舉動，我不會立刻想到自己曾在偏遠高山成功登頂，或是某次攀登危險的岩壁，或是渡過湍急的河水。我甚至不會回想起早上搭瑞德的車通勤，或是在霍比餐廳召開最初的會議，試著說服（不情願）的人才辭職，加入我不合邏輯的瘋狂創業。我不會想起最初的放手一搏、一開始的出擊，或是進行數百次失敗的實驗，完全不曉得究竟會不會有一個點子成功。

我會想起那天晚上我離開辦公室，慢慢開車回家，穿越斯科茨谷空蕩蕩的街道，準備告訴妻子，我決定不再擔任我創立的公司唯一的執行長，而我知道自己在做一件對的事。

各位讀到這裡，已經知道Netflix的故事很少會有漂亮的結尾，用紅黑色的小緞帶包得好好的。這一章也不例外。我的確孤獨地開車回家。那天夜裡，我的確和羅琳坐在門廊上幾小時，兩人中間擺著一瓶酒，討論我的決定的合理性——以及感受。我們最終決定，我的確該接受瑞德的提議，我對員工、投資人與我自己有責任，我得讓公司繼續成功，即便我得下台，不再是唯一的執行長。

然而，當我關掉所有的燈，羅琳也將酒杯小心放進洗碗機後，我坐在廚房餐桌旁，最後一次收信。我的收件匣最上方，有一封瑞德寄來的信，時間是晚上十一點二十分，標題是「誠實」。

那封電子郵件摘要並重申下午的對話。我確定內容基本上是瑞德那支PowerPoint投影片的備忘稿，一一列出我的策略、用人、財務控制、人事管理與募資能力。我已經花了時間思考瑞德講的話，這下子比較能看得進書面文字。我的眼睛瞄到信的結尾：「馬克，爲了我們兩個人好，我誠心希望不必這樣，但在我內心深處，我認爲我今天講的話都是眞的。」

接著出現他今天沒提到的事。

> 同樣的道理，我眞心認爲，我們應該重新分配股票選擇權，才能反映職務上的變動。ＩＶＰ投資的前提是我們能一起擔任董事長和執行長；我們不該向他們回報那樣行不通，我們需要讓我多擁有兩百萬的選擇權。

我不敢相信我的眼睛。瑞德解釋，爲了讓他當執行長，他需要更多選擇權。更糟的是，很大一部分應該來自**我**手中的股票。我應該爲了公司放棄自己的股票，因爲現在是我們兩個人一同分擔責任。

「莫名其妙！」我向羅琳解釋瑞德的要求，羅琳叫了出來。「你們兩個一開始是五五對分，即便所有的工作都是你在做，你一週工作六十小時擔任執行長，他則安安穩穩當他的掛名董事長。現在他眞的得進公司，突然間就嫌五五對分不夠多？」

羅琳氣壞了，不斷搖頭，我都怕她會傷到頸子。我試著讓她冷靜，但徒勞無功。「莫名其妙！」她不斷講這幾個字，「莫名其妙！完全是莫名其妙！」

羅琳氣沖沖上樓回房，我安靜地坐在廚房餐桌旁，小心翼翼闔上筆電。我知道我還要很久才睡得著，我腦中有一千件事——我們要怎麼跟公司其他人講這件事，我隔天要如何回覆瑞德提到的選擇權轉換。我的角色會在接下來幾個月發生什麼變化，我又該如何度過這個轉變。

公司的未來在我面前展開，有無限的可能，令人戰戰兢兢。雖然那天晚上，我做出決定後，心情並未一下子平復，但我知道我會的，很快就會。我已經開始想像我和瑞德可以怎麼合作，讓公司成功。我幾乎可以聽見我們合作的引擎開始發出聲響。

13 下坡

（一九九九年春天：上線一年後）

一九九九年三月，我們的辦公室搬到洛思加圖斯。新辦公室就在十七號州道的下坡路段，非常靠近聖塔克魯茲，但依舊屬於矽谷區。新辦公室離我家開車要十四分鐘，遠比不上我第一年已經習慣的開車五分鐘，但我剛好可以趁機唱完三、四遍的〈甜蜜艾德琳〉（Sweet Adeline）或〈在我們這〉（Down Our Way），或是我當時正在練習的理髮師四重唱（barbershop quartet，譯註：一種無伴奏的合唱形式，曲目大都是美國的流行曲或民謠）歌曲。

我解釋一下。先前離Netflix成立還有幾年的一九九〇年代中期，羅琳擔心我工作過頭，建議我培養和工作無關的興趣。「你老是在車上唱歌。」羅琳說：「爲什麼不乾脆參加合唱團呢？」

我不但加入了合唱團，還進入純男士組成的「美國理髮店四重唱保存和鼓勵協會」（Society for the Preservation and Encouragement of Barber Shop Quartet Singing in America，簡稱

爲SPEBSQSA）。女生則有自己的團，就叫「甜蜜艾德琳」（Sweet Adelines）。

理髮店四重唱協會在全球各地都有分會，離我家最近的在聖塔克魯茲。每週二的晚上，費爾頓聖經教會（Felton Bible Church）的活動禮堂都有合唱表演。只要是SPEBSQSA的成員，皆可參加，因爲有標準曲目，不必怕會混亂。你學會那些歌之後，就能加入。每次演唱都從〈老歌曲〉（The Old Songs）開始，也就是SPEBSQSA的會歌。唱完那首，指揮會喊出不同歌的歌名，有時也會應成員的要求點歌。唱了兩個多小時，大夥偶爾還會去喝啤酒。

理髮店四重唱有四個音域，男高音最高，再來是主旋律、男中音和男低音。由於只有男生參加，不會有女低音或女高音，四個音域很接近，合聲也很接近——你要是習慣參加音域較廣的混聲合唱，你會很難適應理髮店四重唱這種高難度的要求。在混聲合唱團唱歌，感覺就像是參加管弦樂團，後方是定音鼓與低音提琴，前方是長笛與小提琴。理髮店四重唱比較像吉他，靠著音色與音高十分接近的幾條弦，奏出和弦。

我喜歡參加理髮店四重唱，當樂器的一部分，感受到和音冒出來。我很少負責主旋律——我通常被分配到高難度的密集和聲，離主旋律很近。我是輔助的聲部，不可或缺，但不會是你第一個聽到的聲音。理髮店四重唱就像那樣——是一種高度合作的合唱形式，拿掉任何一個聲部，歌曲聽起來就會怪怪的。

我不曾參加過SPEBSQSA的公開表演，我沒想過要上台，只想週二晚上放鬆一下，以虔誠的心參加。對我來講，SPEBSQSA彷彿匿名戒酒會的聚會，只不過不是分享傷心的往事與燒焦的咖啡，而是一起唱歡樂老歌。週二的合唱夜晚讓我能夠撐下去。

不過，我的家人快瘋掉了。我爲了練習，在車上跟著合唱團的帶子練唱——那些都是針對我的聲部獨立出來的帶子。錄音帶A面是自己的聲部，B面則是所有人合唱，但去掉你的聲部。這種練習帶的設計是讓你連續聽A面十分鐘，好好弄清楚自己的合音，接著翻到B面，練習和其他聲部一起合唱。這是很有效的練習方式，但是對車上的乘客，或是不愛理髮店四重唱的人來講，例如我兒子，這種錄音帶**超**煩人。

「不要再唱了！」被綁在兒童安全座椅裡的羅根，經常捂著耳朵對我吼道：「不要再唱了！」

我會閉嘴，但只有我一個人開車上下班時，我會一直唱一直唱。

現在回想起來，那些早上的練歌時間，讓我替一九九八年年尾與一九九九年初的辦公室工作，做好了準備。每一天，我都得重新定義自己的角色。我不再永遠是主旋律，不再永遠站在合唱團前面，但我是團體中的一分子，我們準備一起發出美妙的龐大樂音。我學著當聲部接近的和聲，緊緊跟著瑞德。

那年春天，我的官方頭銜是「總裁」。每一天，我的工作內容變化不大，依然負責Netflix我喜愛（也擅長）的部分：顧客關係、行銷、公關、網頁設計、所有的電影內容，以及和DVD機廠商繼續合作。瑞德接手後端的部分：財務、營運、工程。對我來說，職稱不重要，但創投公司看重這一塊。我不笨：我知道如果要替快速成長（而且尚未開始獲利）的新創公司募資，有瑞德當執行長是我們最好的資產。有瑞德在，讓董事會吃了定心丸，潛在的投資人也感到安心。那年春天，我很願意退居次要的位置，替公司宣傳。我竭盡所能，協助瑞德在投資人與員工面前顯得圓融一點。

另一個也負責幫瑞德打圓場的人是珮蒂・麥寇德。我們一宣布要兩個人一起管理公司，瑞德就找來珮蒂掌管人資部門。珮蒂以前是Pure Atria的人資長，一直是瑞德的左右手。珮蒂有點像是瑞德的發言人，她是少數幾個能懂瑞德心思的人之一。更重要的是，珮蒂知道如何提醒瑞德拿出社交禮節。瑞德有時……講話不是太客氣。珮蒂講話也很直，但她的直率帶著德州人的魅力——她懂社會規範。珮蒂曉得，瑞德有時會不自覺地得罪人，瑞德通常感受不到別人受傷了——尤其是不像我那麼瞭解他的人。如果開會起爭執，珮蒂很有一套，她曉得何時該把瑞德拉到一旁，溫和地建議或許他該道歉，不該說別人的點子「完全缺乏邏輯支撐」。

有一次，我無意間聽見珮蒂告訴瑞德，我們的執行會議十分有生產力，接著問瑞德會議上主要是誰在發言。

「我和馬克。」瑞德回答。

「你認爲會議中，其他人也應該有講話的機會嗎？」

瑞德瞪著她一秒。我很好奇他會不會回話。

瑞德點頭。「懂了。」

不過，珮蒂扮演的角色，遠遠不只是輔助瑞德。她以人資長的身分，替Netflix帶來多不勝數的貢獻。坦白講，珮蒂對整個人資領域也起了很大的影響，重新定義了何謂人力資源。

我在先前的章節提過，Netflix的文化不是來自小心翼翼的規畫，至少起初不是——我們沒有訂下激勵人心的原則或公司文化宣言。Netflix的文化反映了創始成員共同的價值觀與行爲。我們信任彼此，努力工作，完全不忍受傳統的狗屁企業文化。

以上全是眞的。然而，當團隊成長後，發生了什麼事？

公司還很小的時候，信任與效率密切相關。你找對的人進團隊，不需要吩咐你希望人們如何做事——甚至通常不需要說出你要他們做哪些事，只需要明確告知你想完成的目標，說明爲什麼那個目標很重要。如果你雇用到對的人，聰明、能幹、値得信任，他們自然會找出需要做哪些事，接著努力執行。你還不知道公司有問題，人才已經處理完畢。

那如果沒雇用到對的人呢？其實一下子就能看出那個人不合適。

Netflix早期的企業文化，完全源自我和瑞德對待彼此的方式。我們不會交付工作清單給彼此，希望對方達成上面寫的事，隨時「確認」每件事都做了。我們只會確認彼此都瞭解公司的目標，也清楚各自負責哪些部分。至於該做些什麼才能達成目標，自己去想辦法。此外，我們對彼此誠實——極端地誠實。

好了，我已經描述完Netflix文化的面貌——或者應該說，我已經告訴你那**聽起來**是什麼樣子。我們在會議裡高聲爭辯，不客氣地說出爲什麼某個點子很蠢或行不通。有時人們很難理解，我和瑞德眞的**喜歡**彼此——當我們不講廢話，直接講出想講的話，此時最有生產力。我和瑞德從我們在十七號州道上通勤的早期歲月就是這麼做的，不曾停止這種作法。不論是只有我們兩個人，或是二十人的部門會議，我們覺得自己對公司（與彼此）有義務找出合適的解決辦法——更精確的說法是，我們有義務拿著高爾夫球的四號鐵桿與警棍互毆，直到對方吐出最好的辦法。有的時候，我們會熱烈討論，完全沉浸在頭腦體操中，直到發現某個點子明顯就是解決辦法（往往是整合兩個點子的結果），然後繼續處理下一件事。我和瑞德常常在激烈爭論過後，抬頭發現圍坐在桌旁的同事一臉害怕，沒人敢講話，臉上的表情似乎在問：「爲什麼媽咪和爹地在吵架？」

因爲他們兩個人習慣了。

極端誠實、自由與責任，這些都是了不起的Netflix理念，但我們在頭兩年並未明文規定這些原則，只是就事論事。

舉個例子。

一九九九年的某一天，我們的工程師經理跑來找我，他有一個特別的請求。他的女友搬到聖地牙哥，他希望能穩住兩人的感情。「你覺得，」他問：「如果我週五晚上早點下班，飛到聖地牙哥如何？」

他解釋他打算星期一在聖地牙哥工作，晚上飛回來，週二早上再進辦公室。

我的答案大概嚇了他一跳。「我不在乎你在哪工作，或是幾點到幾點工作。你要在火星上工作，我也不管。如果你只是要詢問，你可以幾點工作、在哪裡工作，那答案很簡單：我沒差。」

「然而，」我說下去：「如果你是在問我，我是否願意降低對你和你的團隊的期待，好讓你和女友多相處一點時間？那麼答案也很簡單：不行。」

他猶豫地看著我。我看得出他的聖地牙哥週末美夢已經消失。

「聽著，你的工作時間與地點，完全由你決定。如果你能靠著一週在辦公室待三天半，有效管理你的團隊，你可以那麼做。去吧——我羨慕你。眞希望我也聰明到能夠那麼做。只要記住：你是一個管理者。你部分的工作職責是確保你的團隊知道，你希望他們完成什麼、爲什麼那個目標很重要。你覺得你有辦法人不在這裡，就做到那一點嗎？」

不用說，不久，他的女友恢復了自由之身。

我讓那位工程師自由選擇，但也提醒他對團隊有責任。我極度誠實地告知他答案——我懷疑他要是每週都提早飛到聖地牙哥，他是否有辦法遵守承諾，但最終我讓他自己決定。

那位經理感到手中有力量，可以自由選擇生活方式，最後他再度懂得專注，最後公司受惠，每個人都是贏家。

好吧，「幾乎」每個人都是贏家。聖地牙哥女友的想法，大概跟我不同。

不只是管理人員適用「自由與責任」這條原則。以我們的接待人員爲例，他剛開始工作時，不會收到七頁的公司規定，寫著一天之中所有他能做跟不能做的事情——**保持桌面整潔、不要在桌前吃東西**。他的工作職責只有一行字：**讓公司有最好的門面**。

我們給我們的接待人員明確的責任，以及幾乎是百分之百的自由，他可以自行找出該如何完成職責。完全由他來決定一天之中有多少小時，需要有人待在那裡；他人不在、生病或需要休假一天的時候，由他自己想辦法該如何找人代打。由他自己決定，哪些行爲**不會**帶給公司最好的門面（在辦公桌吃午餐），哪些行爲則會有幫助（我懷疑爆米花機就是他帶來公司的）。你知道嗎？結果我們得到一位超棒的接待人員。

自由與責任的文化，加上極端誠實，能夠立竿見影，不但帶來最好的結果，員工也很買帳。有足夠的判斷力，能夠做出負責任決定的人，**喜歡**有這麼做的自由。

他們喜歡被信任。

然而，這不是很明顯嗎？如果你替公司招募的人缺乏良好的判斷力，你就得設定各種護欄，確保他們不會越線。你得替他們定義好每一件事：可以拿多少辦公室文具、休多少天假、何時該待在桌前。

大部分的公司最後都得打造出一套制度，以免缺乏判斷力的員工出問題，但那只會讓有判斷力的員工感到沮喪。還記得我之前提過在公司邊泡澡、邊抱怨的工程師嗎？如果你把人們當孩子看待，不論你提供多少懶骨頭沙發，幫他們辦多少場啤酒派對，他們只會怨恨你。

我們在二〇〇〇年快速成長，依然雇用有良好判斷力的人才。然而，即便是擁有良好判斷力的人，也會產生與文化和規則相關的問題——他們不該一直找我或瑞德問問題。

我們開始自問：如果我們替擁有良好判斷力的人建立一套程序呢？瑣碎的限制會讓頂尖人才抓狂；如果全部拋掉呢？我們自然就瞭解這套理念，但是要如何讓更多人理解，讓成長中的公司受惠呢？

你要如何寫下文化？

此時，珮蒂派上了用場。她擅長拓展規則與自由之間的界線，找出Netflix之所以特別，就在於我們以特別的方式結合了自由與責任。此外，珮蒂努力建立不會限制自由、而是鼓勵並留住自由的架構。

該讓人們多自由？如何確保大家都負起責任？

珮蒂挑戰靠常識做事。舉例來說：如果員工出差，常識指出該有一套報公帳的機制。然而，沒人喜歡冗長、耗時、沒什麼意義的批准流程。如果我們信任員工，讓他們代表公司執行會賺到或損失數百萬美元的任務，那我們也絕對能信任他們，自行決定出差該訂哪種艙等的機票。

休假天數也一樣。我們不追蹤員工休幾天假，因為沒必要。我們的態度是：**如果你需要請一天假，那就請。我不需要知道你得做根管治療，也不需要知道你孩子的學校行事曆。只要你把工作做完，你不在的時候有人能代替你，那就去吧。**

然而，當公司有五十位員工，事情就複雜多了。人們想知道哪些事能做、哪些不能做。珮蒂可以套用一般的工時規定：一年給十四天有薪假。不過珮蒂很好奇，如果我們希望員工有必要時就休息，為什麼不讓他們自行決定要休多久、何時要休？如果不規定固定的休假天數呢？如果我們放手信任員工會把事情做好呢？

不限制休假天數與簡便的差旅費報帳程序，今日幾乎要講爛了，但是在當年卻是破天荒的作法。珮蒂覺得Netflix提供一個機會，讓她重新定義人資部門扮演的角色。人資不再只是公司的一個孤獨小角落，塞滿員工手冊、性騷擾申訴與員工福利摘要表。珮蒂心目中的人資部門負責積極塑造文化。

珮蒂看到了機會，大刀闊斧地改革，拆掉舊有的體系，不再限制員工的自由。此外，她重新設計體制，幾乎完全站在員工自由那一邊。珮蒂努力確保，我們沒有在無意間創造出箝制員工的新制度，同時也建立能釐清公司期待的架構。珮蒂會這麼成功，部分原因在於，她要每個人負起責任，包括資深領導階層。不管你是誰都一樣，你做得不對，珮蒂就會指出來。她從來不怕對高層說實話。

珮蒂知道如何做到一件不常見的事：擴大公司文化的適用範圍。舉一個絕佳的例子：還記得我們的新員工要打扮成電影人物嗎？我還以爲公司擴大後，這項傳統會被取消。如果你一星期只雇用一名新員工，或許還有辦法要求他們製作戲服，接受假採訪；一旦每星期要雇用五、六位，甚至十幾位新員工，這種要求未免太不實際。

然而，珮蒂看出這個儀式的價值。這個儀式很特別，又跟電影有關，所以她讓大家用更簡易、更有效率的方式留下這個儀式：她在新辦公地點找了一個房間，擺滿與電影有關的道具，包括蝙蝠俠的裝備、神力女超人的披風、西部電影的牛仔帽與六發子彈的假槍。新人還是得扮成電影人物，但每個人能挑的衣服選項是一樣的，沒有誰扮得比較好的壓力，只有純粹的樂趣。

此外，珮蒂也改善我們的小缺點——至少嘗試這麼做。舉例來說，我的辦公室唯一的裝飾是《王牌大賤諜》（*Austin Powers: International Man of Mystery*）的宣傳海報，那是電影公司送我的，上頭是邪惡博士（Dr. Evil）對著治療師獨白，以怪異的話語講述自己奇特的童年，仔細描述他可笑的瘋狂父親，還提到熱中於「替自己的『蛋蛋』剪毛時、屏住呼吸」的感受。

我知道那張海報不會是人資最喜歡的牆上掛飾，但我實在忍不住要掛：我喜歡那部電影。此外，那一幕讓我樂不可支。那張海報成爲我和珮蒂才懂的笑話：每次她探頭進我的辦公室，一見那張海報就會憋笑，要我拿下來。我通常悉聽尊便——至少直到她轉身爲止，然後就掛回去。

Netflix正在成長，還有極度誠實的人資人員，但不代表我們不能在辦公室享受一點樂趣，譬如我們會玩「小便斗的錢幣」（Coins in the Fountain）這個小遊戲。

我不記得是誰想出這個遊戲，只記得Netflix的男員工常常玩。規則很簡單：在小便斗底部放一枚硬幣，下一個使用小便斗的人看見了，會選擇視若無睹或伸手撿起來。這是某種社會學實驗：要放多少錢，人們才會不顧衛生、忍著噁心，撿起小便斗底部的錢？

當然，這個遊戲要成功的前提在於，不是每個人都知道自己參與了遊戲，不過在小便斗放錢的人，通常會偷偷向我通風報信。我們因爲玩了那個遊戲，發現許多有趣的人性表現。比如說，一個二十五美分硬幣，通常會比三枚十美分硬幣更快消失。沒人想碰紙鈔，除非面額超過五塊錢。曾經有人丟下最高面額二十美元的鈔票，結果鈔票一整天泡在小便斗裡都沒人撿。我六點回家和家人吃晚餐時還在，但稍後我在晚上八、九點回到辦公室時，錢不見了。

我至今依然鎖定某個嫌疑犯。

我們愛玩的另一個遊戲與茶水間有關。Netflix擁有一九九〇年代中期典型的公司茶水間，通常在《呆伯特》（*Dilbert*）漫畫或《辦公室》（*The Office*）影集可以看到：冰箱塞滿被遺忘的特百惠保鮮盒，微波爐因爲爆過數十包爆米花，弄得髒兮兮的。還要很多年後，自助的氮氣冷萃咖啡才會攻占美國新創公司的茶水間。Netflix決定老派一點，沒請廚師駐紮，多數員工都自己帶午餐上班。

這個遊戲也是某種意志力測試，但是倒過來——而且和零食有關。共用茶水間，以及和大家共享食物，有一個常見的問題：每次只要有人帶點心和全辦公室分享，例如街尾買來的十幾個甜甜圈、一整碗剩下的萬聖節糖果等等，幾分鐘就會消失得無影無蹤。工時長、壓力大，就是會發生這種事。每次有一批零食被一掃而空，桌面上總會留下糖粉和皺巴巴的小條星河巧克力（Milky Way）包裝紙。

最後我們乾脆把它變成遊戲。有沒有可能帶零食來，放在茶水間內超過幾分鐘？你有沒有辦法帶會有人吃……但可以放上一整天、不會一下子被搶光的食物？

這個遊戲的挑戰在於，你不能只是帶沒人想碰的噁心食物，那樣太過簡單，乾脆帶石頭來好了。重點是帶奇奇怪怪或人們無法接受的東西，最終還是會掃光，但要花上一整天。好吃與難吃之間、熟悉與陌生之間，你得小心翼翼拿捏好。

舉例來說：

有一次，我帶了一大包蝦乾海苔，是我在桑尼維爾市的亞洲超市買的。如果你喜歡那種東西，那很好吃，只是味道嗆鼻，看起來又怪，絕不是每個人都敢吃。我打開包裝，倒進爆米花碗，接著到外頭守著一張可以清楚觀察茶水間的桌子。幾秒鐘內，鮑里斯晃到碗公旁，只見他心不在焉，腦中想著某個程式問題，隨手抓了一把。當他發現自己不是在吃爆米花，也不是M&M's巧克力時，表情真是太好笑了。

我在心中偷笑。接下來三小時，我看著泰、克莉絲汀娜和辦公室的其他人慢慢走到茶水間，嘗了一口海味便離開。唯一對蝦乾沒有過度反應的，只有一位工程師。他還拿了一個小碗，裝一些回到辦公桌前，開心地吃起零食。

我帶的零食撐到了五點。

還有一次，我帶了一打鴨仔蛋。這你可能聽說過？那是寮國和柬埔寨的珍饈，把受精的鴨蛋孵十七天，接著煮熟，蛋裡有迷你小鴨的胚胎。大多數人都會感到噁心，這情有可原。經過防腐加工後，蛋黃呈墨綠色，蛋白則是深棕色，看起來跟聞起來簡直像恐龍蛋。

我切好幾片，排在紙盤上，放好叉子，甚至擺上牌子：**這是鴨蛋！試試看！**

出乎意料，兩小時就吃光。

Netflix的新辦公室位於洛思加圖斯的北側，一旁是瓦索納湖公園（Vasona Lake Park），相當寬敞，是兩層樓的開放式空間。那不再是由銀行改裝的空間，而是矽谷的辦公室建築物，大到能容納成長中的公司。如果雇用了新人，只需把幾片隔板組起來就行了。

我的位子在樓上的南側，和前端網頁人員、內容製作、分析人員、行銷部門在同一區。瑞德在建築物的另一頭，和財務團隊與後端開發者窩在一起。如果我們兩個人同時站起來，正好可以遙望彼此。

股份的事我們暫時休兵。瑞德爲了擔任執行長跟我要股份，最後我同意拿出他要求的三分之一，剩下的三分之二他自己去跟董事會要。他開口了，也拿到他要的東西。

那年春天，我們搬到新辦公地點後不久，瑞德帶來兩員大將，日後將深深影響Netflix。第一位是巴瑞・麥卡錫（Barry McCarthy）。他是經驗豐富的高階主管，以前是投資銀行家，還擔任過音樂選擇公司（Music Choice）的財務長，透過機上盒，將音樂帶到民眾家中。此外，巴瑞有華頓商學院（Wharton）的MBA學位，擁有數十年的顧問與投資銀行經驗。他和我們辦公室裡的每個人都不一樣——他是強悍的東岸菁英，畢業於專出政商名流的美國威廉斯學院（Williams College）。在洛思加圖斯的世界，大家穿著短褲和涼鞋，巴瑞則穿著布克兄弟（Brooks Brothers）的名牌西裝外套，看起來格格不入。我懷疑這就是瑞德喜歡他的原因。

我喜歡巴瑞，他聰明、嚴肅、效率高，還稱呼我爲「創辦人先生」（Mr. Founder），雖然我要他叫我「馬克」就好。

巴瑞來了之後，就到了吉姆該離開的時候。吉姆從一開始就想當財務長，這下子巴瑞來了，他顯然永遠不會達成心願。吉姆離開沒有引起軒然大波——這種事通常無聲無息，但點出了那年春夏發生的事：新創團隊開始四散，下一個階段將是取代他們。

新創公司的生命少不了變動。當你從零開始打造一樣東西時，你仰賴有才華、有熱情的通才：那群人什麼都會一點，投身使命，你把時間、金錢、點子託付給他們。然而，一旦你從零來到一，播下的種子開始成長，就不免要洗牌。初期適合待在某個職位的人，到了中期便不合適，有時不得不引進擁有數十年資歷與業界知識的老將。

湯姆・狄倫（Tom Dillon）是這方面的絕佳案例。吉姆在一九九九年初離開Netflix後，我們請湯姆擔任營運長。湯姆當時年約五十五，處於半退休狀態。一輩子都在替大公司管理全球經銷事務，近日擔任過希捷科技（Seagate）與白熾（Candescent）的資訊長。湯姆待過的都是很大的企業，希捷更是擁有龐大的複雜業務，在全球各地有二十四座工廠，員工超過十萬人。我很難想像要替規模那麼大的公司掌管技術。更令人驚奇的是，在湯姆的任職期間，希捷決定旗下所有的工廠都要自動化——公司因此得以砍掉一半的工廠（與員工）。

我不清楚珮蒂是從什麼管道挖來湯姆，不過我認爲湯姆是Netflix聘用過最重要的人。我到今天都還很訝異他願意來Netflix。我們一週只處理兩千部電影，全部只運送到美國境內，而湯姆曾經替他工作的企業監督**數百萬筆**的全球出貨。坦白講，我們公司的薪資等級根本請不起他——完全付不起，大概只能給他先前薪水的兩成。

不過，湯姆與眾不同，他是百分百的B型人格——這點令人訝異，因爲他掌管的工作極度重視細節。湯姆人高馬大，走路有點搖搖晃晃，留著一把大鬍子，蓬鬆白髮的髮際線開始後退。湯姆喜歡穿寬鬆的衣服，還喜歡悠哉地開玩笑，我從沒見過他壓力大的樣子。他就像是喜劇片《殺綠腳趾》（*The Big Lebowski*）裡傑夫・布里吉（Jeff Bridges）飾演的「督爺」（The Dude）角色——這位人人愛的嗑藥爺爺，什麼都搞得定。

湯姆把我們的小公司當成某種退休後的興趣，我想他喜歡這項挑戰。我們只有一個倉庫，所有的東西還放在便宜桌子上，以人工方式處理。那就像是你家孩子辦猶太成人禮的時候，請傳奇爵士樂手邁爾士・戴維斯（Miles Davis）來表演。

我們有了新辦公室，裡頭滿是新面孔，但依舊面臨相同的老問題：沒人想租我們的DVD。聽起來很瘋狂，不是嗎？一年內，Netflix幾乎成爲租片的同義詞，但在一九九八年至九九年間，我們唯一能說服人們租片的方法，只有免費大放送。我們已經開業一年半，能試的都試過了：租一送一、贈品、捆綁銷售、促銷。我們絞盡腦汁，嘗試過每一種可能的首頁設計，但就是不行。我們尚未找到吸引顧客的方法（也沒辦法讓他們成爲回頭客），讓顧客再次租片，賺到超過當初以促銷取得他們的成本。

不是什麼精彩的商業計畫。

然而，我們早就知道有一天會發生的事，眞的發生了，亞馬遜在前一年的十一月開始販售DVD。顧客如果想買DVD，我們都會把他們引導到亞馬遜，但過了幾個月，瑞德悄悄擱置這個計畫。我們投入了數百小時，把亞馬遜的連結加進我們的網站，費盡心思把我們的顧客送到亞馬遜那裡，買他們的DVD。我們滿心期盼亞馬遜也會禮尚往來，努力把他們的顧客推到我們這裡來租片——但只得到微不足道的報酬。亞馬遜根本沒用力推我們的服務，把我們的連結放在很難找的地方。我們送了數萬名顧客給亞馬遜——亞馬遜只送來幾百人。

與亞馬遜的合作案失敗後，瑞德告訴我們，反正那件事從來都不是很重要，這讓每個人感到十分氣餒，克莉絲汀娜尤其深受打擊。克莉絲汀娜從一開始就反對這麼做，但她向來高度具備團隊精神，依舊聽令行事，替Netflix盡心竭力付出。她花了很多力氣和瑞德（與珮蒂）談，想讓瑞德瞭解這種事有多打擊士氣：你把某件事列爲優先要務，要求員工夜以繼日付出，做著自己不認同的事——接著不認爲他們奮力完成的工作，有什麼大不了的。

同樣打擊士氣的是，少了亞馬遜帶來的新租片客源，加上不再有DVD銷售的支撐，我們大量流失現金。我和瑞德在團隊面前裝作若無其事，把危機當轉機，告訴大家，如果要找出方法讓Netflix的點子行得通，公司就得專心做一件事。那就是租片。

一九九九年夏天，事情到達了臨界點。我午休時間大都在辦公室旁的公園慢跑，希望在洛思加圖斯溪流步道（Los Gatos Creek Trail）流汗時，腦子有辦法冒出一些靈感，想出讓顧客回頭租片的方法。

有個點子我一直念念不忘。我們上一次去聖荷西的倉庫，我注意到我們有幾千片——不對，是**幾萬片**DVD閒置在倉庫貨架上，根本沒人看。我回到辦公室，跟瑞德分享我觀察到的事，引發另一次有趣的「瑞德和馬克的對話」：爲什麼我們要把所有的DVD存放在倉庫裡？或許可以想辦法讓我們的顧客負責保存，放在他們家裡，放在他們家的架子上。顧客愛留那些DVD片多久都可以。

如果我們取消晚還片的滯納金呢？

這個點子愈想愈覺得有搞頭。我們知道我們目前租片制度最大的問題，在於我們仰賴做事有條理、有計畫的顧客，在幾天前就想好要看什麼電影。

換句話說，幾乎沒人認識這樣的人。大部分的人（我不想承認，但我自己也一樣），一直要到駛進百視達前方的停車場，才開始想自己要看什麼電影。在我的世界裡，那已經算是有準備了。多數人是等看見新上架的電影大約十秒後，才決定要租什麼片子。

如果顧客能留著DVD，留多久都可以呢？那事情就不一樣了。現在他們可以一直把DVD擺在電視機上頭，等到突然有心情想看電影，馬上就能看，比開車到百視達還要快。如果電視上放著好幾部片子，你就能依據心情選擇。在辦公室辛苦了一整天，看《正義難伸》（*The Thin Blue Line*）有點太沉重嗎？沒關係，那就擺著。幸好還有浪漫喜劇片《今天暫時停止》（*Groundhog Day*）可以替補，讓心情好一點。

就這樣，我們把我們最大的弱點變成最強的優勢。

那顧客看完DVD之後呢？我們不確定此時該怎麼做。嗯，如果乾脆讓使用者寄給下一個租片人，採取點對點（P2P）的作法呢？

換句話說，這簡直是天馬行空的點子，但是到了仲夏，經過數週的討論，大約跑了一百哩之後，我們想出三個似乎值得進一步測試的點子：

一、家庭出租店（Home Rental Library）：我們寄出非正式的電子郵件意見調查表，向客戶調查要不要取消晚還片的罰金，結果引發熱烈回響。於是，我們設計出一次租四片DVD的方案，月費是一五．九九美元，DVD要留著多久都可以。只要歸還一片DVD，就能回到網站上再租一片。

二、不斷送到家服務（Serialized Delivery）：我們擔心「回到網站再租一片」的環節會行不通。大家都很忙。一旦把看完的DVD丟進郵筒，就會忘個一乾二淨。或許我們可以請每位顧客建立想看的DVD清單，只要一還片，我們會自動（泰稱之為「神奇自動」）寄出片單上的下一部電影。我建議把我們的清單功能命名為「Queue」。這個字除了有「排隊」的意思，還能把功能解說欄命名為「棉花棒」的諧音「Queue Tips」。

三、訂閱制：讓顧客留著我們的DVD，愛留多久就留多久，對他們來講似乎是好事——但我們不確定該採取哪種商業模式。每一次換片都要收取租片費嗎？萬一客戶從不寄回呢？我們決定測試收取月費——只要使用服務的那個月，都收錢。

我們的計畫是單獨測試這三種方案，一次試一種，看看哪一種可行，哪一種不可行。Netflix從一開始就是這麼做。我們設計網站的理念是，就算只有些微變動，也要加以計算與量化。我們在上線前，就學到如何有效地測試。不論測試結果有多理想，最後還是會出各種差錯，例如連結出錯、圖片不見、拼錯字等等。重要的是點子本身。如果是糟糕的點子，不管我們測試時多注重細節，也不會變成好點子。如果是好點子，人們會立刻搶著用，不怕辛苦，也不會在意我們粗心大意出錯。我們的網站要是出問題，他們會一試再試，一直按到可用為止，還會重開網頁，想辦法解決問題，甚至直接打電話給我們下單（我們可沒公布電話號碼！）。

人們如果想要你提供的產品或服務，他們會撞破你的門，跳過壞掉的連結，求你多給一點。如果他們不想要你的東西，就算把顏色換來換去，也不會有任何差別。

就這樣，一九九九年中，我們已經算是專業的測試老手，有辦法快速測試。儘管速度快，每一項測試仍需要兩週左右的時間。我向瑞德解釋這件事，他看著我的眼神，好像我是瘋子。

「你在胡說八道些什麼。」他說：「我們沒時間那麼做。」

「聽著，」我告訴他：「我們得做點什麼。我們留不住顧客，沒人在租片，還有……」

「沒錯，那就是爲什麼你應該所有的點子同時測試。」瑞德打斷我的話。

我正要反駁，但突然想起前一年的各種測試。這個想法還不賴，正符合我們加快腳步、更常測試的精神。我們向來努力避開新創公司事業的頭號陷阱：在心中蓋起想像的城堡，詳盡設計一切的細節，有塔樓、有吊橋、有護城河。過度計畫與過度設計，通常是想太多罷了，或者只是常見的拖延毛病。有點子的時候，直接測試十個壞點子的效率，遠遠勝過花許多時日想出一個完美的點子。

我心想：**管他的**。我告訴克莉絲汀娜和艾瑞克，一次推出三種測試。由於購買DVD機的人會到我們的網站免費租片，當時我們已經有不錯的客流量，因此很快就能得出初步結果。我們設定每十名顧客按下網站上的「兌換鈕」，就直接把對方連結至專屬網頁，提供免費試用的Netflix戲院月租方案（Netflix Marquee）：**沒有還片日，也沒有晚還片的罰金**。我們會寄給他們四片DVD，只要他們寄一片回來，我們就會再寄一片過去，要換片幾次都可以。如果到了月底，他們沒取消，我們會自動（換我稱之爲「神奇的自動」）再收一五．九九元的月費，各大信用卡都能付款。

家庭出租店×不斷送到家服務×訂閱制，我們最新想出的三個半生不熟的點子，全部丟下同一個鍋去煮。

「這樣大概行不通。」我告訴克莉絲汀娜：「但是管他的，至少我們會知道這行不通。」

14 沒人知道任何事

（一九九九年秋天：上線一年半後）

成功了。民眾不只**喜歡**沒有罰金、統一的月費，還喜歡依據清單不斷有DVD寄到家裡。他們**愛死**了。

測試的第一天，點選橫幅廣告的使用者中，有**九成**交出了信用卡資訊。太瘋狂了，我還以爲只會接近兩成而已——就算可以免費試用一個月，一個月後取消就不收錢，當你要求人們塡寫信用卡的十六位數字卡號時，通常只有兩成的人會願意。此外，第一天的成績可不是僥倖，隨著日子一天天過去，加入的比率依舊那麼高。造訪網站的訪客加入訂閱制的可能性，整整是單片租片的四到五倍。

人們只要看見這個新活動，一律就會吃下「餌」。毫，無，例，外。

我們忙著打造說到做到的服務，有好多問題待解決，像是要如何維持平日的營運，又順便提供「不斷送到家服務」；如何自動化訂閱制度的收費；如何打造出好用的排片清單。不過，一週內的回響都非常正面，我們知道我們成功了。

我一天跑到蘇瑞西的桌前好幾次。蘇瑞西從我們每天建立的資訊流，擷取所有重要的數據，再轉換成所有人都能理解與思考的形式。我像咖啡因過嗨一樣，一直跑到蘇瑞西桌前，緊張兮兮跟他要數據。他一定很怕我隨時冒出來，但我太想知道結果——有沒有比昨天多？還是少？有多少人加入方案？有多少人看見廣告，多少人忽視？人們是在哪個環節停下訂閱流程？

我們當然知道，等過了一個月，申請免費試用（與交出信用卡資訊）的人，有可能取消訂閱。然而，情況開始有起色。我們做了好幾百次失敗的實驗，投入數千小時與數百萬美元，但看來我們終於替DVD的郵寄租片找到可行的模式。

沒人比我更訝異。我不但抗議一次同時嘗試三個點子的冒險，這大概也是我最想不到的點子。如果你在Netflix問世的那天，要我形容這間公司最終的面貌，我永遠不會回答月租服務。就算你提示我，要我回答放了這三個答案的複選題，我仍舊只有三分之一的機會答對。

我們推出測試幾天後，羅琳帶孩子來洛思加圖斯吃午餐。我現在不必跑步了，我們點了披薩，在公園裡野餐，接著我和羅根、摩根搭乘繞著公園走的蒸汽火車。羅琳抱著咿咿呀呀的杭特，坐在後面一排。火車沿著公園中央的湖邊繞行，我向羅琳描述我們令人興奮的新點子，這時我想起了父親，他在地下室準備好蒸汽小火車，叫我下去看車輪轉動。

我告訴羅琳最初的數字，她說：「看來我錯了，這個點子會一飛沖天是吧？」

「我真的覺得有希望。」我說：「但就算妳看走眼，也不必沮喪。幾年前，這個點子沒那麼完整。再說了，沒人知道任何事。」

羅琳大笑。她知道我在引用威廉・戈德曼（William Goldman）的話，我們剛看完戈德曼寫的書《銀幕交易探險記》（*Adventures in the Screen Trade*）。你可能沒聽說過戈德曼，他主要從事劇本寫作，大都藏身幕後，新聞標題不會出現他的名字。和我同輩的人會感謝他帶來《虎豹小霸王》（*Butch Cassidy and the Sundance Kid*）。年輕一點的讀者，可能喜歡他編劇的《公主新娘》（*The Princess Bride*）。他撰寫的電影劇本還有《戰慄遊戲》（*Misery*）、《熱》（*Heat*）、《傀儡兇手》（*Magic*）、《霹靂鑽》（*Marathon Man*）、《將軍的女兒》（*The General's Daughter*）等至少二十五部片子，而且他兩度拿下奧斯卡劇本獎。

然而，戈德曼最有名的事蹟是他寫下的三個英文字：Nobody. Knows. Anything.（沒人・知道・任何事）。

根據戈德曼的說法，這三個字是瞭解好萊塢每一件事的關鍵。沒人真的知道一部電影會賣多好……直到木已成舟。

舉例來說，這樣的一部電影怎麼可能失敗？導演是奧斯卡導演獎得主（麥可・西米諾〔Michael Cimino〕）、主演是奧斯卡獎最佳演員（克里斯多夫・華肯〔Christopher Walken」），再加上不容錯過的劇本，以及五千萬美元的預算……結果出來的成果是《天堂之門》（*Heaven's Gate*），也就是好萊塢史上最失敗的作品。

反過來講，一部電影如果出自初出茅廬的導演，加上一群業餘演員，完全沒劇本，預算不到五萬……誰想得到會得出《厄夜叢林》（*The Blair Witch Project*）？總票房超過二．五億美元，榮登史上最成功的獨立電影。

有一個簡單的解釋。

因爲沒人知道任何事。不只好萊塢如此。矽谷也是一樣。

「沒人知道任何事」不是一句責備，而是在提醒你。那其實是一句鼓勵。

如果沒人知道任何事——如果眞的不可能事先知道哪些是好點子、哪些不是；如果不可能知道誰會成功、誰不會——那麼任何點子都有可能成功。如果沒人知道任何事，那麼你得信任自己，你得測試，你得接受有可能失敗。

矽谷進行腦力激盪時間時，開頭通常會有人提醒：「世上沒有壞點子。」我向來不同意這句話。世上的確**有**壞點子，但要試過才知道。

此外，Netflix證明了即便是壞點子，有時還是可以成爲好點子。

不只是所有告訴我Netflix絕不可能成功的人錯了（包括我太太），我自己也一樣。我們全都一樣。我們都知道這個點子**可以**成功，但其實沒有人知道**如何**才能成功——直到成功了才知道。

我們想像Netflix會是網路版的米奇的影片機器人公司：也就是一間錄影帶店。我們甚至私底下就是這麼叫的——我們不曾叫它Netflix.com「網站」或「租片服務」，永遠管它叫我們的「店」（The Store）。

然而，現在我們有了新的模式，一個我們不可能靠腦力激盪就想好的模式。電子商務最革命性的架構，源自多年的努力、數千小時的腦力激盪、岌岌可危的財務狀況，再加上不耐煩的執行長。訂閱模式拯救了Netflix，很快就會定位Netflix，但那不是我們一開始就鎖定的方向——不是任何人能事先預測的事。費了很多苦工，思索了很久，最後才問世。

還需要天時、地利、人和。

其他人稱之為「運氣」，我則稱為「沒人知道任何事」。

訂閱模式有潛力解決我們許多問題，卻也帶來幾個新問題。

第一個問題涉及我們原本的促銷活動。我終於說服DVD製造商把Netflix優惠券放進他們的產品盒子——在拒絕無數次之後。我承諾廠商，我們會說到做到，因此現在市面上有數十萬張「免費租三片DVD！」的優惠券。此外，由於DVD製造商的供應鏈會有時間差，那些免費兌換券會流通好幾年。我們知道展開訂閱制度最好的方法，將是把每一個來兌換免費租片的要求，轉換成「Netflix戲院方案」不限租片次數的一個月免費試用期。但顧客會接受嗎？還是他們會認爲這是不誠實的行銷手法，先提供A引誘你上門，現在又說只有B？此外，我們也擔心DVD製造商那邊的反應，他們絕對有權要求我們按照字面上的意思，履行優惠券上答應的贈品。

第二件事是我們的「第一個月免費」促銷，我們讓每位顧客免費試用服務一個月，再決定是否繼續付費。我們喜歡這個免費一個月的方案，可以替我們的服務帶來數千名新的使用者，但一個月過去之後要怎麼做，每個人看法不同。我們如何能轉換使用者，從接受贈品變成付費顧客？你可以直接問他們要不要續訂，但我感到我們絕對應該採用行銷上的「消極選擇法」（negative option），也就是根本不問。除非顧客主動取消，要不然就自動幫他們續訂下個月——向他們的信用卡公司收費。這種作法在今日十分常見——亞馬遜的付費訂閱服務Amazon Prime，以及幾乎所有的訂閱方案，都是這麼做。然而在當時，那感覺是過分積極地搶錢——幾乎稱得上是不擇手段。瑞德討厭這麼做。

第三件事是我們的單次租借服務。雖然這個事業從沒大到足以支撐公司，不少民眾喜歡一次租一片就好，不想當長期會員，但這幾乎是重演十二個月前的情形，我們當時有兩種業務，又出租又販售——最後發現要成功，最好只專注做一種——這次我們得做出類似的決定。我們應該盡全力把資源放在或許能拯救公司的方案，還是同時提供兩種租片模式？

第一個問題順利解決，比想像中簡單。如果你和大型的消費者電子產品公司合作過一年，**加上**你的新方案又在用戶中大獲成功，協商就變得比較容易。我們清楚的事，索尼與東芝也完全一清二楚——訂閱模式將改變全局。當時很難想像，今日從襪子到性愛玩具，不管是什麼東西，科技新創公司都提供訂閱制。一九九九年時，我們是在做沒人做過的事：我們說服民眾爲了可能性而付錢。我們提出，不論你看多少部電影，付的錢都一樣，等於在挑戰大家盡量使用我們的服務。此外，我們取消罰金，想留著片子幾天或幾週都沒關係，等於是提供錄影帶店的重度租片者另一個可行的選項，直接向錄影帶店下戰帖。

換句話說，我們胸有成竹，也因此，當我聯絡索尼的麥克和東芝的史蒂夫，我沒問Netflix能否改變促銷條件，只單純解釋Netflix的商業模式改了，並提供他們一些數字，讓他們瞭解這個方案有多受歡迎。顧客依然能拿到DVD——免費的DVD，但他們必須加入訂閱制才能拿到。我使盡渾身解數，動用三寸不爛之舌，耗費很大力氣，但我最後成功了——沒人說他們不跟。

「消極選擇法」則有點棘手。

「你不能不經詢問，就直接向人們的信用卡扣款。」瑞德說：「這是百分之百缺乏道德的作法。」

「瑞德，這完全是業界的標準作法。」我告訴他：「你沒訂過雜誌嗎？」

「我討厭雜誌的作法。」

「人們有機會免費得到東西。」我說：「我們有機會讓他們上鉤。這是一場交易。他們從一開始就知道這件事。」

「或許他們忘了。」

「聽好，如果人們一開始就喜歡優惠內容，願意交出信用卡資訊，他們大概也會喜歡Netflix的服務，願意讓我們留著信用卡卡號。」

瑞德皺眉。他沒同意，但最後我贏了：畢竟我們送給顧客價值一百美元的DVD。顧客必須輸入信用卡資訊，才能開始試用，這對他們來說沒什麼好奇怪。

「我們就先假設每個人都會喜歡。」我主張：「如果他們確實喜歡，就會願意自動續約，自動用信用卡扣款。」

我雖然樂觀以對，但也不會盲目樂觀。我們推出免費試用四週後，我做好一半的心理準備，等著迎接大量的取消人潮。我一整天都在我和蘇瑞西的桌子之間走來走去，盯著最新數據。到了五點，我還沒開口，蘇瑞西就直接報出數字。一整天數字都沒怎麼動。

「人們願意！」蘇瑞西說：「願意讓我們收錢！」

目前最棘手的問題是單次租片。有的顧客喜歡一片一片租，尤其是低用量的顧客。他們平日不會看一堆電影，但是喜歡網路下單的便利性。

然而，**很多**租片顧客喜歡訂閱服務。戲院月租方案推出三個月後，我們的網站流量成長了百分之三百。

問題出在我們得問自己：同時提供兩種模式值得嗎？還是說，最好專注於訂閱制，放棄部分的早期用戶？

這個問題的答案得從「加拿大原則」（Canada Principle）講起。

Netflix開業的頭十二年，只提供美國區的服務。我們剛起步時，公司的基礎設施與資金不足以服務國際市場。我們只有兩、三名員工在銀行金庫辦公室，用手動的方式把DVD放進信封。此外，我們整個商業模式的設計是以美國郵資費率爲基礎。儘管如此，我們經常考慮要不要把業務拓展到加拿大。加拿大很近，法規也不麻煩，郵資與運送成本也低。我們算一算，大概可以立刻讓營收增加一成。

但是我們沒做。

爲什麼？有兩個原因。

第一，我們知道事情永遠會比表面上來得複雜。加拿大的部分地區是法語區，我們會碰上頭疼的翻譯問題。此外，加拿大使用不同的貨幣，我們的定價會變得很複雜——更何況加拿大的貨幣也叫「元」（dollar），跟美國一樣，溝通起來會是一場噩夢。此外，郵費也不一樣，所以我們得使用不同的信封。換句話說，即便是表面上看來簡單的事，做起來都會麻煩得要死。

不過，還有一個不做的更大理由，這個理由更簡單。

如果我們把拓展加拿大服務所需的力氣、人力、**精神**，用在營運的其他方面，我們能獲得的將遠超過一成的成長。把業務拓展至加拿大將是短期的出擊，只會帶來短期的利益，分散我們的注意力。

瑞德開始主張捨棄單次租片服務時，我最初反對。雖然數字很不錯，我擔心捨棄那部分的客層會引發財務打擊。爲什麼不雙管齊下，保留久一點的單次租片服務，讓用戶有時間轉換，我們的獲利也不會一下子下跌？

然而，我發現這個決定，其實類似我們六個月前決定放棄販售DVD的業務——我一旦明白，我們有機會應用加拿大原則，我就同意了。瑞德說得沒錯，如果我們知道訂閱模式是未來趨勢，那就沒必要繼續做過去的單次租片。單次租片的使用者只占我們用戶很小一部分。我們只會將力氣、金錢與人力，分散到不再適合我們的模式。此外，道理如同又販售又租片，提供太多選項只會讓顧客感到無所適從。

二〇〇〇年二月，我們放棄單次租片服務，完全轉換成訂閱服務，一個月一九．九九美元。現在Netflix就是月租制，月租制就是Netflix。

專注。專注是創業者的祕密武器。Netflix的故事一遍又一遍出現這個元素——放棄販售DVD片、放棄單次租片服務，最後放棄Netflix創始團隊的許多成員——我們得願意割捨過去，才能迎向未來。專注到這種程度，有時看起來簡直是無情——的確是，有一點，但不單純是那樣。有時專注接近勇氣。

完全轉換至月租制之後，我們最大的弱點——運送時間，幾乎瞬間成爲最大優勢。我們不再比百視達慢幾天，反倒快好幾倍！如果你想看電影，再也不必開車到錄影帶店。已經有好幾部電影等著你，就放在你的電視機上頭，非常接近「隨選電影服務」（movies on demand）。

我們想像用戶擁有不斷隨時更新的DVD片庫。晚上看一部電影，隔天早上上班的路上丟進郵筒，下午就收到電子郵件，通知下一片DVD已經寄出。

雖然稱不上想看什麼電影就能「立即滿足」（instant gratification），但**十分**接近了。

我們不知道新制度會對出貨方式產生什麼影響，湯姆．狄倫已經著手重新設計我們前一年使用的所有撿貨、包裝及運送系統，以確保效率，方便顧客使用。湯姆想出便宜許多的方法，效率也隨之提高——一旦有庫存，就立刻送出所有的DVD，即便顧客不只訂購一片DVD，也不要等集貨（我想到每次我和羅琳到一間新開的時髦小盤料理餐廳，餐廳都會告知每道菜一煮好，就會上菜。聽起來像是很酷的用餐哲學，但其實只是方便廚房出菜）。

月租制不一定**需要**更快送達，因爲我們顧客的電視機上已經擺著好幾片能看的電影，但我們認爲，要是訂戶可以在還片的隔天就收到新電影，那還挺酷的。就像施了魔法一樣。再說了，誰想要租一片DVD得等一星期？

我們部分的地方顧客，已經享受隔天送達的服務。由於地理位置的關係，我們的倉庫就在聖荷西，在地的Netflix用戶下訂單後，通常一天內就能拿到片子，佛羅里達的用戶則得等上六、七天。然而，當我們檢視數字，並未發現送達時間與能否留住顧客有任何關聯。幾個月後，西岸灣區與東岸佛羅里達的顧客保留率（customer retention）差不多。

一天下午，我問瑞德：「為什麼會這樣？」我拿著一顆網球，扔向辦公室的座位隔板玩拋接。「我以為佛羅里達的人會說：『騙子，這個爛服務不值十五元。』」

「他們大概習慣了。」瑞德說：「他們知道我們位在美國另一頭，大概原本就假設自己會比較慢收到。這一點，我們或許能逃過一劫。要是不必全國各地都設立倉庫，提供隔夜送達服務，就可以省下很多錢。」

「這說不通。」我說：「隔天送達**應該**會有差才對。我們一定是漏掉了什麼。」

我丟球丟得有點太用力，沒接到，球飛到瑞德桌上。

「我想到了。」我說：「我們一開始就不曾在某個城市**推出**隔天送達的服務。如果那麼做，就能測量所有變因帶來的影響，看看是否有差別。」

瑞德聳肩。

我永遠忘不了我和湯姆．狄倫討論這件事時，他看著我的樣子。我說我們需要在別的市場測試隔天送達服務，確認一下效果。我不確定該怎麼做，但顯然我們不能單單為了在一個城市測試服務，就蓋起全新的物流中心吧？

「那就在沙加緬度市（Sacramento）測試吧。」他咯咯笑了起來，「不需要蓋倉庫，只需要花一個月的時間，每天晚上把ＤＶＤ載去那裡，丟進沙加緬度的郵筒。」

「你自願？」

「才不要。」湯姆說：「這是你的點子。」

這就是爲什麼丹・傑普森（Dan Jepson）每天開著廂型貨車，在八十號州際公路奔馳兩小時。他搖下所有的車窗，車上載著的幾千份Netflix郵封的邊角，在微風中輕輕拍打。

接下來幾個月，丹每天早上開車到沙加緬度市收郵件，帶回洛思加圖斯，接著幾小時後，再跑一趟一模一樣的路線，到沙加緬度市寄信。我們記錄下這幾個月得出的數字，最後的結果出人意料。隔天送達並未改變我們的取消率，發生變化的居然是新顧客的訂閱率。

「這完全沒道理啊。」我站在克莉絲汀娜的桌子旁，手上拿著印好的新顧客訂閱率報告。「我們並沒有**事先**告訴顧客，他們現在隔天就能拿到電影——我們只是直接提供這個服務！難道他們是……靠感應就知道，自己會那麼快就收到ＤＶＤ？」

克莉絲汀娜翻白眼。「馬克，沒有這種事，你見林不見樹。」

我等著她解釋。

「人們會告訴自己的朋友。這叫口耳相傳。」

克莉絲汀娜說得沒錯。隨著測試時間愈拉愈長，隔日送達的效果就更顯著——只不過不是我們設想的那種效果。隔日送達並未影響到顧客的續訂率，而是**加入率**。隔日送達讓人們覺得真是太棒了，你會告訴所有的朋友你使用的新服務。漸漸地，我們的沙加緬度市場滲透率開始接近矽谷。矽谷！所有搶先使用DVD技術的人都在矽谷！

這件事給了我一個寶貴的心得：相信你的直覺，但同時也要測試。實際做任何事之前，要先有數據支持。我們猜想隔日送達很重要，但我們分析測試結果時目光短淺，所以不瞭解原因。直到我們做了額外的測試，跳脫一般的作法，才明白我們直覺就知道的事確實無誤。一旦明白之後，就能修正點子，拓展點子的潛力——無窮的潛力。隔天送達就像神奇魔法。我們知道公司未來的計畫，**一定得**納入隔夜送達，現在只需要想辦法，看怎麼樣可以不必自己開車送DVD，不必在全國各地蓋龐大的倉庫，也能做到隔天送達。

「這件事交給我。」湯姆說。

每次有人問我最喜歡哪部電影，我都沒講實話。

我的公關答案是《黑色追緝令》（*Pulp Fiction*，那是比較好解釋的白色謊言）。每次我提到《黑色追緝令》，聽眾之中的電影愛好者與硬漢會點頭讚許。是真的，我的確喜歡那部片子。編劇很不錯，拍攝手法很棒，山繆・傑克森（Samuel L. Jackson）、約翰・屈伏塔（John Travolta）、鄔瑪・舒曼（Uma Thurman）的表演我全都愛。除了《綠野仙蹤》（*The Wizard of*

Oz），我看《黑色追緝令》的次數，大概超過其他任何電影。

然而，《黑色追緝令》不是我最愛的電影。我最愛的電影其實是《好萊塢醫生》（*Doc Hollywood*）。你大概已經忘掉那齣一九九一年的喜劇片在演什麼，甚至連看都沒看過。

年輕時代的米高．福克斯（Michael J. Fox）在《好萊塢醫生》中，飾演一個很自大、在美國首府華盛頓特區執業的整形醫師。他開著保時捷，穿越大半個美國，在南卡羅來納州的小鎮碰上了車禍，撞壞籬笆，於是法官罰他做社區服務，他只得到地方醫院輪班。

接下來發生了一堆事，基本上是虎落平陽被犬欺的故事——主角是大城市的外科醫師，原本受不了小鎮和小鎮的價值觀，最後卻發現當小鎮醫師才是他眞正熱愛的事。

《好萊塢醫生》不是什麼經典之作，卻深深觸動我——我也不曉得爲什麼。或許是因爲我內心渴望過著不複雜的生活，我希望和人們、家人、鄉土建立深刻的連結。從許多角度來看，《好萊塢醫生》都是我的夢想。我好想簡單過生活，活在每個人都互相認識、也彼此關懷的地方。你出門工作，下了班回家，坐在門廊上，接著大家要你評斷，誰烤的肉比較好吃。

如果你問我二十世紀最偉大的電影，我不會第一個想到《好萊塢醫生》，那部片甚至稱不上一九九〇年代的經典，也不是一九九一年最好的電影，但每當我在家裡瞄到那部片子，幾乎都會放進DVD機再看一遍。那不是**最棒**的電影，也不是經典電影，更不是熱門新片——只是我**最喜歡**的片子。

Netflix真正的目標是協助人們找到自己最喜歡的電影，他們會**鍾愛**的電影。從一開始，我們就知道我們的公司，不能奠基於運送服務，或單純一樣產品——如果是這樣，等到新技術一出來，我們就會立刻過時。假使公司要有一絲能長久的希望，我們就得讓顧客相信，我們提供的不只是線上電影庫，也不只是快速送達。技術或運送方式都不重要，重要的顯然是把我們知道用戶會喜愛的電影介紹給他們。不論未來的技術把我們帶到什麼方向，那一點很重要。

當然，這種事說來容易，做起來難。

線上商店的劣勢，就是很難瀏覽商品。如果你知道自己在找什麼，搜尋一下就好，但如果不知道，找到想看的電影就出乎意料地困難。因爲你一次只能看一個頁面，一個頁面只能擺數量有限的電影。你得光看封面或劇情簡介，就立刻下判斷。當然，實體店面也有這個問題。米奇說，多數人走進錄影帶店，完全不確定自己在找什麼，晃過一區又一區。然而在實體店，至少可以請店員幫忙推薦，再不濟也可以在貨架間晃蕩，希望剛巧就能發現有趣的影片。

我們希望讓瀏覽電影變容易，也想把用戶連結至推薦與心得，所以我、克莉絲汀娜和文案內容團隊，替各種電影類別設計出內容豐富的登錄頁面。如果你想找驚悚片，我們有所有專屬頁面介紹驚悚片，還附上前十大片單，以及近日新片與經典驚悚片的評論，大力推薦我們擁有的庫存。如果你喜歡阿湯哥的電影，我們也提供類似的服務。透過非強迫的建議與引導，顧客也可享受到熱心（與熟悉電影）的錄影帶店員提供的服務。

我們想提供個人化的服務。問題出在以人工的方式進行會非常昂貴，更別提有多耗時。我們的庫藏只有九百部電影時，還有可能一一提供相關內容。到了一九九九年年底，我們手中已經有近五千部電影，更新速度很難跟上，瀏覽的難度也增加許多。

瑞德就是瑞德，他希望推動自動化。

「不要管登錄頁了。」他說：「我們反正要重新設計網站。不要再用寫死（hard-coding）的頁面，不如這樣吧：弄出有槽（slot）的首頁框架，一次顯示四部電影。每一個槽都顯示電影封面、長度、發行日期、劇情簡介——那些我們已經有的資料。接下來，只需列出你希望顯示在那裡的五十部電影，讓網站隨機選取要顯示哪四部。或是乾脆直接定義如何設立清單——或許可以稱這個清單爲『驚悚片』，讓系統隨機選取**任何**我們標記爲驚悚片的電影。」

如果我記得沒錯，這項建議讓我瞠目結舌。我討厭這個點子，感覺好冷酷、電腦化、隨機——與所有我們嘗試做到的事**背道而馳**。

然而，各位最近用過Netflix嗎？瑞德的框槽架構保留下來——只有些許修改。最關鍵的是槽內顯示的電影不是隨機選取，而是來自複雜的配對服務演算法，同時考量到客戶的品味和Netflix的需求。

配對演算服務可以回溯至二〇〇〇年，以及瑞德的網頁推薦框。因爲瑞德當然眼光很準——用戶需要使用更有效率、更簡單的方法，找到自己要的電影，甚至比有文案介紹的登錄頁面更直覺。把DVD擺進推薦框是第一步，現在我們只需想辦法讓推薦的電影不是隨機出現。

那年秋天，我們討論該如何打造服務，除了能推薦用戶會喜歡的電影，又能讓我們的物流程序更簡便（提高利潤）。使用者坐下來決定要租哪部片時，我們希望他們會看見一張電影清單，推薦的片子依據他們的品味量身打造——同時也對我們的庫存最有利。如果我們能告訴顧客**他們**想看的電影，他們就會更喜歡我們的服務。如果也推薦**我們**希望顧客看的電影呢？雙贏。

簡單來講，就算我們訂購的新片比任何一間百視達還多二十倍（非常昂貴的險招），我們也無法**永遠**滿足**所有**的需求。新片都很昂貴。爲了讓顧客開心，又要讓成本合理，我們需要把用戶導向其他電影。那些電影比較不熱門，但我們清楚是用戶喜歡的類型——喜歡的程度，搞不好還勝過新片。

舉例來說，假設我租了（我愛的）《歡樂谷》（*Pleasantville*）；這是一九九八年最優秀的電影之一，充滿聰明的黑色幽默。劇情是兩個一九九〇年代的青少年（由陶比・麥奎爾〔Tobey Maguire〕與瑞絲・薇斯朋〔Reese Witherspoon〕飾演），被吸進一個場景是一九五〇年代美國小鎮的黑白電視節目。理想的推薦引擎將有辦法把我導離最近的新片，推薦其他類似《歡樂谷》的電影，如《好萊塢醫生》。

那個目標很難達到，因爲品味很主觀。此外，試圖找出每部影片之間的類似度時，涉及幾乎無窮無盡的各種因素。該用演員、導演、類型來分類嗎？還是上映年度、獎項提名、編劇？心情等因素又該如何量化？

我、瑞德與工程師研究了好幾個月，演算法很難設計，不知要如何讓電腦推薦合理的電影片單。由於演算法只能使用現有的數據，如電影類別、演員、地點、上映年份與語言等，通常會提出對電腦來說合理的建議，但並不會眞的考量眞實世界中相似的條件；有時只會提供無用的建議：「你喜歡看《捍衛戰士》（*Top Gun*）？那要不要看另一部也是一九八六年上映的電影！」

我們最後發現，如果要給用戶他們想要的電影，最好的辦法是取得群眾外包數據。最初，我們採用和亞馬遜一樣的方法，利用「協同過濾」（collaborative filtering）流程，依據共通的購買模式建議產品。亞馬遜如今依舊這麼做。基本上，如果你在亞馬遜買了扳手，你就會跟其他買過扳手的人放在相同的群組，建議你買同組客戶買過的其他商品。

租片的話，假設我和瑞德都向Netflix租過三部電影。我租了《世界末日》（*Armageddon*）、《麥迪遜之橋》（*The Bridges of Madison County*）、《北非諜影》，瑞德租了《世界末日》、《麥迪遜之橋》與《魔速小子》，「協同過濾」會認爲，既然我們兩人租過相同的兩部電影，我們大概會喜歡對方租過的第三部電影，網站於是推薦我租《魔速小子》，並推薦瑞德租《北非諜影》。

這種方法的問題，當然是租片史篩選法無法告訴你，我是否喜歡《北非諜影》，或瑞德是否喜歡《魔速小子》，只會讓我們知道，我們兩人都**租過**那些電影。我們有可能剛好都不喜歡那些電影，或者我們其實是幫孩子（或妻子）租的。

如果我們要利用「協同過濾」，把顧客放進相同的群組，接著推薦電影，我們需要知道顧客喜歡哪些電影，而不只是他們租過的片子。我們需要心得系統：也就是電影的評分系統。如果靠評分將顧客分組，依據正面評價或負面評價，把類似的使用者「聚集」（clustering）在一起，就能有效推薦電影給使用者：不是依據他們租過什麼，而是他們**喜歡**什麼。演算法最終發展得比那複雜許多，不過要發揮作用，怎麼樣都需要先取得用戶的影評——大量的影評。

我們最後決定請顧客替電影評分，每部電影給一顆星到五顆星。五顆星代表他們喜愛那部電影，一顆星則是完全不需浪費時間觀看。

聽起來很簡單，但那該死的星星評分系統，卻帶來數百小時的爭論。至於減少像素的提議，連吵都沒機會吵。能不能給零顆星？要提供半顆星的選項嗎？用戶**評分**時可以給整顆星，但我們**預測**評分時，也該用整顆星嗎？還是該用十分制？什麼時候要提示用戶替電影評分？小工具（widget）該擺哪？

我們最後請Netflix用戶早早評分、常常評分，每當他們造訪網站，就請他們替電影評分。每當他們還片，重新整理想看的電影清單時，都會加以提示。租片的好處是你不一定要租過才會看過——租片不像買扳手，不一定要買過才能評分。理論上，用戶可以替看過的每一部電影評分——就算他們不曾跟我們租過片也沒關係。我們後來發現，人們**很喜歡**被請教意見，人人都是影評人。

我們輕鬆蒐集到大量的評分，得以打造「協同過濾」功能，以一定的準確度，預測出顧客可能**喜歡**哪部電影。瑞德的團隊接著整合品味預測功能，設計出納入更多因素的電影推薦演算法，包括關鍵字、總庫存量、目前在庫的片數與每片的成本。

我們在二〇〇〇年二月推出Cinematch，感覺有如更具直覺性的推薦引擎，將定性評估外包給用戶，同時也在後端優化。從許多方面來看，Cinematch集合了兩個世界的長處：是自動系統，但也令人**感到**人性化，就像錄影帶店員詢問你最近看過哪些電影，接著推薦他知道你會喜歡、他也有庫存的片子。

事實上，Cinematch感覺起來比人類推薦來得更好，因爲是無形的建議。

如果說，以上聽起來像是我和瑞德決定共同治理公司後，一下子就出現Netflix史上最創新、最具影響力的兩大發展——聽起來會有這種感覺，那是因爲那是事實。

瑞德和我在一九九八年九月達成分任執行長與總裁的協議。一年內，訂閱計畫上線。一年半內，訂閱成爲唯一能向Netflix租片的方式——還有重新設計的官網，利用創新的演算法連結顧客，精準推薦顧客我們認爲他們眞正想看的電影……以及我們想讓他們租的電影。

那兩大關鍵的創新策略，幾乎足以向任何人證明，關於治理公司這件事，我們做出了正確的選擇。我建立的團隊想出連結用戶的創意點子，瑞德則專心精簡我們的願景。瑞德高度專心，協助我們放眼未來。我的目標則是確保不論我們前進的速度有多快、變得多有效率，永遠保持初心，努力與用戶連結。

過去與未來，心與腦，披頭四的藍儂與麥卡尼——我和瑞德是最佳拍檔。

15 在成功裡載浮載沉

（二〇〇〇年九月：上線兩年半後）

阿麗莎爾牧場（Alisal Ranch）或許算不上位於天涯海角，但你去一趟就能瞭解那種感覺。

如果想親眼見識，那就朝聖塔芭芭拉（Santa Barbara）前進，接著往北開三十哩，上一〇一號國道，抵達索夫昂鎮（Solvang），置身宛如丹麥的商店街。之後朝東走，拋下古色古香的文明象徵，繼續踏上只有單線道的次要道路，經過點綴著加州橡樹、禾草（bunchgrass）叢生的褐色草原。接下來，在地上揚起塵土幾小時後，正當你自以爲迷路了，你會碰上一個急轉彎，然後就到了：占地一萬英畝的阿麗莎爾迎賓牧場，延伸在加州的山麓小丘之間，遺世而獨立。

我不知道我們當時在想什麼——甚至不知道是誰想到的，不過二〇〇〇年九月，就在網路泡沫的最後一絲熱潮中，我們決定在阿麗莎爾牧場舉辦第一次的員工旅遊。

那年九月有很多可講的故事。稍早在春天時，我們再度募到五千萬美元——那是我們的E輪募資，Netflix獲得的總投資因此超過一億美元。E輪的股價逼近每股十美元。由於我手中仍握有大量股票，我現在身價驚人……至少擁有紙上富貴了。可是我無法出脫任何持股，那只是鏡花水月的榮華富貴。即便如此，羅琳不再整天嚷著要賣房子，搬到蒙大拿。

Netflix現在擁有三百五十名員工，早就過了每個人我都認識的階段。我們繼續尋找大將，最近請來了萊斯麗・齊爾果（Leslie Kilgore）。瑞德把她從亞馬遜挖來，以行銷長的身分掌管我們的行銷。此外，泰德・薩蘭多斯（Ted Sarandos）如今管理我們的內容開發。

自從割捨單片出租後，我們的無還片日期、無罰金方案一飛沖天。用戶喜歡我們的推薦引擎Cinematch，我們自己也喜歡。Cinematch讓我們的訂戶排隊清單永遠是滿的——而我們又發現，顧客會不會取消訂閱，最相關的指標是想看的清單上是否排了很多電影。我們的付費訂戶現在接近二十萬人。其他的數據也相當傲人，我們如今擁有五千八百部DVD電影，一個月寄出八十多萬張DVD，倉庫存放超過百萬張DVD。湯姆正在努力讓用戶下單後，一天就能收到。

那年稍早，在網路泡沫的高潮中，銀行家像拿著公事包的禿鷹，一直在我們身旁打轉，甚至一直甜言蜜語，說服我們上市。老實講，我們沒停留在調情階段，我們已經選了德意志銀行（Deutsche Bank）協助上市事宜，雇用會計師查帳，擬好S-1上市文件（亦稱爲「註冊說明書」〔registration statement〕），遞交給證交所，摘要說明Netflix的業務情況：我們是做什麼的、我們的獲利方式、我們有哪些風險因子。

我們甚至開始改變Netflix的定位，吸引避險的銀行及其客戶。在一九九〇年代末及二〇〇〇年代初，大潮流是網路公司要當**入口網站**——也就是特定利基市場的網路入口。當時普遍認爲，要做成功的網站，你必須滿足所有人的需求——如果你想追逐金錢，你得先追逐流量。也就是說，Netflix不能只提供租片服務，單單協助人們找到想看的DVD——一定得適合各式各樣的**電影**愛好者。

擔任Netflix董事的創投公司告訴我們，如果想要上市，必須有大思維：電影時刻表、電影影評、影評人之王李奧納德・馬汀（Leonard Maltin）寫的每月專欄等等。我們全都做到了，但我總是忍不住懷疑，我們是不是忘掉要專注的原則，心猿意馬，對著金錢符號流口水，盯著可能的公司估值。

接著，網路泡沫化了。那斯達克（Nasdaq，多數科技公司掛牌的股票交易所）從三月的高點一路往下跌，到了四月十四日那一週，已經重挫二五%，也就是我們向證交所提交S-1並申請上市的同一週。接下來幾個月，股市持續暴跌；儘管底氣愈來愈不足，德意志銀行依然假裝興奮，不斷向我們保證一切沒問題。

到了秋天，每個人都明顯感受到，我們到處興奮地宣傳足以解決公司所有問題的數字，已經消失無蹤——當時是說七千五百萬？還是八千萬？在九月一個下雨的週六早上，我接到電話，德意志銀行要取消Netflix的上市計畫。我當時人在卡梅爾（Carmel），正在和太太羅琳購物。不用說，我們最後什麼都沒買。

Netflix當時沒能成功上市，感覺是一大打擊，但事後回想起來，那大概是最幸運的一件事。如果我們在二〇〇〇年秋天上市，就會被入口網站的概念綁住，還得應付隨之而來、不切實際的財務期待——那就慘了。如果我們定位爲**迎合所有需求**的網站，將永遠無法獲利。成爲「電影入口網站」完全違反加拿大原則。我們與眾不同，原因是我們高度專注——專注最後帶來的商業模式，讓我們有辦法以自己的方式成功。

我們悄悄放棄多數的入口網站服務。如果說，想看到電影時刻表、深度影評人分析和十大電影排行榜的人，就只有銀行和銀行的顧客，而銀行又不想協助我們上市，那幹嘛留著？

就這樣，我們在九月回到原點。我們的口袋沒多出七千五百萬美元，而且在虧錢——虧很多錢。目前爲止，因爲有瑞德掌舵，我們輕鬆就能募到資金。我們也一直告訴自己，只要能繼續利用矽谷的錢，支撐公司的成長，我們就會安然無恙。然而，在後網路泡沫時代，很難從平常的創投管道拿到錢，而且難度超高。

我擔心網路泡沫化將影響到Netflix的財務，但也得承認我樂於見到一些調整。我覺得所有的.com熱潮實在太瘋狂了。先前一月時，我和羅琳看超級盃轉播，就一直在數，發現在球賽轉播中打廣告的公司，至少有**十六家**的名字有「.com」，一個廣告時段至少要價兩百萬美元，也就是**每一支**廣告都超過Netflix第**一年**的全年支出。

在網路泡沫的高潮，許多公司流行「**先花再說**」的態度，大手筆舉辦奢華派對、促銷活動，並打造設施。TheGlobe.com執行長史蒂芬・派特諾（Stephan Paternot）的話說明了一切。他在一九九八年首次公開募股後，講了一句名言：「女孩有了，錢也有了，現在我準備過起超級糜爛的生活。」

我們沒有。Netflix早已不再使用牌桌和海灘椅，但還是相當節省——公司搬到洛思加圖斯時，買的是二手的辦公室座位隔間和家具。唯一的奢侈裝飾品，只有擺在主中庭的一台爆米花機，還經常故障。我從來不懂爲什麼會有公司花數萬美元鋪地毯，或是替每位員工買一張要一千美元的人體工學椅。老實講，我到現在還是不懂。

換句話說，那是個紙醉金迷的年代，果然也和其他所有的頹廢年代一樣，沒維持多久。等我們前往阿麗莎爾牧場舉辦員工旅遊，已經不剩什麼奢華氣息。線上服飾零售商Boo.com申請破產，六個月就花掉超過一・七五億美元。謠傳Pets.com在公司成立第一年的上半年，花掉超過一・五億，也快要完蛋。線上雜貨店Webvan爲了擴張，砸下近十億美元，股價從每股三十元跌至**六美分**。線上入口網站Drkoop.com由八十二歲的退休公共衛生局局長庫普（C. Everett Koop）創辦，尚未有任何一分錢的營收就上市，每季虧損數千萬美元。

我和瑞德看著這些公司失敗，我得承認自己有點幸災樂禍。那一年，我們的休閒活動是瀏覽「完蛋公司網站」（Fucked Company），看有哪些公司又要倒了。那個憤世嫉俗的網站，記錄陷入窘境後掰掰的網路公司。那些公司顯然治理有問題，一開始就註定失敗，不過我和瑞德也不禁想著**我們差一點名列其中**。

我們尤其關心Kozmo.com碰上的麻煩。那是一間城市遞送服務公司，一九九九年成立，致力在一小時內，把各式各樣的產品送到顧客家中，包括DVD。一九九九年，我們擔心Kozmo將進入出租市場，利用自家的一小時遞送服務，打垮我們速度較慢的服務，但Kozmo在二〇〇〇年的表現一敗塗地，先是揮霍掉從投資人那兒募來的二．八億（包括亞馬遜六千萬的投資！），接著又取消預定的首次公開募股（IPO），轟轟烈烈地失敗。我們煩惱著，做同類生意的公司是不是都會有同樣下場——不管和Kozmo是否有業務往來。

幸好，我們和Dr. Koop、Boo.com、Webvan不一樣，我們擁有可行的商業模式。Netflix的訂戶每個月付一九．九九元——平均比公司實際提供服務的成本多四元。我們每一筆交易都有賺錢，這是基本的生意經。

我們碰上的問題和Dr. Koop或Webvan很不一樣：我們成功，而成功的代價很昂貴。

事實上，我們就快要溺死在成功之中。隨著新顧客以更快的速度湧進，燒錢的速度也變快。

我們很難對潛在顧客解釋我們的商業模式，但我們知道一旦人們試用過，就會樂意接受。那也是爲什麼每個想試試看Netflix的人，我們都提供第一個月免費，而免費試用很貴。

此外，我們提供的是訂閱服務。我們並未在顧客加入時收取年費，而是每個月收一小筆錢。因此加一加，你也明白我們永遠處於現金危機：每次有人試用，我們得一開始就付清試用期的完整成本，但是能用來付帳的錢，卻是一點一滴慢慢才回收，每個月收一點。我們取得新顧客的速度愈快，初期費用就愈多，遠超過每個月的進帳。

這也是基本的生意經。不幸的是，這一點對我們不太有利。我們的公司欣欣向榮，但我們需要大量的現金才能維持，當時的大環境又很難募資。網路泡沫化之前，只要你的公司名字裡有「.com」，不費吹灰之力就能從創投那兒拿到錢，但現在不只很困難，還幾乎是完全不可能。

該是**尋求其他的策略性計畫**（seek strategic alternatives）的時候了。

聽起來像商業術語？的確是。矽谷很愛用這些莫名其妙的詞彙。舉例來說，要是有人說自己「**離開公司是為了有更多和家人相處的時間**」，真正的意思是「**我被炒魷魚了**」。如果有人說「**這份行銷文案需要多加斟酌字句**」，真正的意思是「**爛透了，必須整個重寫**」。如果有人說「**我們決定轉向**」，真正的意思是「**我們搞砸了，徹徹底底完蛋**」。

當公司決定「**尋求其他的策略性計畫**」，意思是「**我們得賣掉這個燙手山芋，愈快愈好**」。

我們自從拒絕亞馬遜暗示的八位數出頭的出價後，相當有進展，徹底重新打造了商業模式，大幅成長，成爲DVD線上租片的同義詞，所以這次的策略性計畫顯然不是找亞馬遜，而是我們最大的實體競爭者：百視達。

百視達是韋恩・赫贊加（Wayne Huizenga）的心血。一九八〇年代末，全美各地的錄影帶店，主要是「柑仔店」那種小店，赫贊加看見「整合」的機會，在一九九〇年代快速擴張——當時百視達每天都開一家分店，幾乎壟斷整個影片租借市場，成爲全美無所不在的品牌。他們在二〇〇〇年是世界之王，我們甚至不知道百視達是否聽過我們，或是看得上眼。

雖然Netflix在網路上是響噹噹的公司，但是和百視達相比，根本微不足道。我們在二〇〇〇年的營收有望達到五百萬，而百視達預估會達到**六十億**。我們旗下有三百五十位員工，百視達有六萬人。我們的總部是洛思加圖斯兩層樓的商業大樓，而百視達擁有九千家分店。

百視達是聖經裡的巨人歌利亞，我們是毛小子大衛。

但我們知道電子商務是未來。如果百視達想存活，就需要開發實體店以外的選項。如果他們意識到那一點，便有可能想做大企業永遠會做的事。大企業面對新創競爭者，作法是買下來，一舉消除競爭，省下研發費用。

瑞德已經請巴瑞聯絡他在百視達認識的人，試著讓兩方會面。我們也請投資人動用他們的人脈，想盡辦法引起百視達的注意，但那年秋天我們去員工旅遊時，沒得到任何回音，靜悄悄的，連蟋蟀聲都沒有，看來我們只好自立自強。

人人都知道矽谷走隨性風，沒人穿西裝打領帶。大家知道，要是我爲了開會刮鬍子，已經是表達極大的敬意。

我認爲矽谷會這麼隨性，原因是不同於大多數的產業，科技業非常接近眞正的菁英制。在許多領域，你要是口才辯給，西裝筆挺，可以協助你爬到高位，但是在矽谷，唯一重要的是你的工作品質。那是程式設計師的世界，有著程式設計師的精神。每一位程式設計師習慣把寫出的程式給大家看，同儕會評估程式的簡潔、優雅、聰明、簡單，以及最終是否有效。一切一目了然。你的外表、你的穿著，完全不重要；你講話的方式或身上的氣味也不重要。你不需要會說英文。程式寫得好，你就能進矽谷。程式寫得不好，很快地每個人都會知道。

在這個世界，人們只會評判你的工作品質，沒人眞的在乎你的外貌。那種情形也適用於周遭的人。如果你的公司有同仁每天穿短褲、勃肯涼鞋和髒兮兮的《星際大戰》T恤上班，即便你跟我一樣，什麼程式都看不懂，依舊可以享受他們的風氣帶來的好處。

如果在平常的上班日，衣著已經那麼隨性，你得很努力，才有辦法在員工旅遊時感覺像在度假。我替阿麗莎爾的三天兩夜行程，打包了以下行李：

- 兩件短褲
- 一件「死之華」（Grateful Dead）搖滾樂團背心

- 一件紮染T恤
- 一雙夾腳拖鞋
- 爲了達到反諷效果，一頂「人生眞美好」（Life Is Good）的棒球帽（我討厭那個品牌）
- 一副歐克利太陽眼鏡
- 三張哈雷機車的轉印刺青：一張是哈雷logo，一張是七彩哈雷豬，一張是比基尼波霸

如果你好奇，我幹嘛要帶哈雷轉印刺青，答案很簡單：我覺得會很好笑（我很多行爲都是依據這個準則而來）。儘管平常的上班日，我們讓員工走隨性風，Netflix的員工上班必須穿上衣，因此目前爲止，沒人知道，在我通常穿了印有公司名稱的上衣底下，是否有刺青。我相當確定，沒人認爲四十五歲的老爹會有刺青，即便他住聖塔克魯茲。所以說，還有什麼比我在泳池邊，脫下「死之華」的「歷久彌新」（Built to Last）專輯背心後，讓謠言四起，更能讓氣氛輕鬆呢？

我能說什麼？我這個人很能自得其樂。

當我回想二〇〇〇年的員工旅遊，不記得任何我們做成的生意，不記得任何關於投資分攤、重新排定優先順序、部門計畫的討論，也不記得其他狗屁倒灶的生意經，那些我們感到一定得花

時間好好做的事。

我只記得那些塑造公司文化的事。

阿麗莎爾提供的活動稀鬆平常，我確定大多數公司都是那樣安排員工旅遊，例如：騎馬、相信同事會撐住自己的信任遊戲、打網球，但Netflix有點不一樣。我們受新人報到儀式的啟發，員工旅遊的高潮將是Netflix各部門的模仿表演，每個部門都要演出近日上市的DVD電影場景。

那年夏天最大的片子，剛好是克斯汀・鄧斯特（Kirsten Dunst）主演的《魅力四射》（*Bring It On*）。還記得那部電影嗎？不記得的話，我們網站上的劇情介紹如下：

> 托朗斯・希普曼（Torrance Shipman）加入聖地牙哥藍丘高中的啦啦隊，活力十足，魅力四射。她們一擊必殺的舞蹈動作，絕對能一路帶著她們連續六年贏得全國冠軍。然而，事情急轉直下，她們發現自己完美的舞蹈動作，居然抄襲了東庫普頓的嘻哈團體「三葉草」。

聽起來是我會喜歡的電影吧？

唯一的選項，顯然是整個Netflix高階主管團隊穿上啦啦隊隊服，來一場隊呼。想像一下，我們所有人高喊著：**啊啊啊啊……好酷好酷！／空氣裡一定有Netflix！**想像一下，瑞德穿著啦啦隊隊服，雙手拿著彩球。我和泰德・薩蘭多斯扮演東庫普頓的嘻哈團體，綁著頭巾，穿著寬鬆球衣和垮褲，戴著一堆金項鍊載歌載舞，唱著那年夏天「巴哈人」（Baha Men）的爆紅歌曲〈是誰放的狗〉（Who Let the Dogs Out）。

我有提到大家還喝了酒嗎？

那天晚上，我們辦了一場盛大晚宴，幾百人擠在一起，坐在鋪著紅白格子桌布的木頭長桌旁，吃著堆成小山的肋排。我們的邀請函上指定，出席時必須穿「牧場正裝」，但沒解釋到底什麼叫「牧場正裝」。每個人各自解讀，我穿著阿爾卑斯山皮短褲（別問），瑞德穿著燕尾服（帥氣地搭配草帽），產品經理凱特・阿諾德（Kate Arnold）穿著酒紅色的方格洋裝。

現場氣氛熱鬧，吵得要命，大家很快就感受到隨你喝到飽酒吧的威力。雞尾酒裝在一夸脫大的玻璃罐裡。鮑里斯不曉得靠著什麼辦法，說服酒保給他一瓶冰伏特加、一個托盤、十二個小酒杯，醉醺醺地穿越用餐大廳，嚴肅地問每個碰到的人相同的問題：「你**妖**嗎？」這簡直是奇觀，因爲鮑里斯很少講話，辦公室大部分的人在那晚之前，八成連他的聲音都沒聽過，也不曉得他口音那麼重。

「你**妖**嗎？」鮑里斯和服務生一樣，把托盤放在肩上，一臉嚴肅。

我確定很多人根本不知道鮑里斯在講什麼，我也確信很多人那晚都喝了伏特加，因爲他們一臉困惑，但沒有拒絕。反正不管你回答什麼，鮑里斯都會乾一杯（只乾了一陣子。我依稀記得晚餐還沒結束，他已經睡倒在野餐桌上）。

正當現場氣氛開始嗨翻天，我決定讓大家大合唱，從口袋掏出幾張摺好的紙，站上一張長椅，搖搖晃晃，用湯匙敲打剛剛還裝著我的琴通寧、現在已經見底的玻璃罐。大夥安靜下來。我利用〈願主帶來喜樂〉（God Rest You Merry, Gentlemen）這首歌的旋律，唱起：

來吧，我的朋友，舉杯慶祝我們的新好運。
每星期，每位新訂户，我們收一塊。
看來月租制是關鍵
證明我們不遜！
很快就會發財……

唱到這兒的時候，我停下來，等著大家稀稀落落一起對唱。一群人之中，還有幾個人是清醒的，他們發現我在等什麼，小聲地一起唱：

發財，我們很快就會發大財。

我繼續唱：

我們的工程師打造Cinematch，可眞棒不是嗎。
我們的顧客喜歡幫大量的電影評分。
我懷疑他們是否注意到
我們晚了兩個月才上線！
或是A片永遠獲得五顆星。
（獲得五顆星！或是A片永遠獲得五顆星。）

（順道一提，那是眞的。雖然瑞德很早就決定，Netflix不提供太眞槍實彈的片子，柯林頓DVD的糗事不算的話，我們一直到二〇〇〇年還出租軟色情片。用戶在評分時通常……相當讚賞。）

大夥清醒了一點，跟著一起唱。

行銷部個個是天才，讓全世界看到
一旦我們都使用看到飽的月租制，生活會有多美好。

如果行不通
管他的——
那就免費贈送二十片。

現場愈來愈鬧烘烘，我加快速度。

財務部努力嘗試，但他們還是不知道
華爾街不在乎我們的會員流失率。
他們會賭上身家
一旦我們證明
我們能帶來多少獲利
不再損失一堆錢。

唱到這兒，在酒精的推波助瀾下，大夥忍不住大聲對唱起來。下一段的歌詞主要和瑞德、巴瑞有關。我開始唱的時候，努力和他們四目相接，但瑞德不在座位上。巴瑞則坐在桌子的另一頭，頭低低的，右手扶著手機講電話，另一手的食指塞住耳朵，試著隔絕四周的刺耳噪音。

當我開始唱最後幾段（「他們不停配合每一次調整，但下個星期，瑞德又要我們改回來！」），大廳後方出現一陣騷動。我看不太出來那是誰。是凱特穿著她那件紅色方格洋裝？人太多了，我看不見她，她背對著我，大家正在起鬨。

大夥沒在聽我唱歌了。穿紅方格洋裝的人走向大廳中央，眾人的注意力紛紛被吸走，我看到了——原來每個人是在叫嚷這件事。穿紅洋裝的人不是凱特，是瑞德！瑞德穿著那件方格洋裝，好像那是替他量身訂做的一樣。凱特跟在瑞德後頭，穿著瑞德的黑色燕尾服。

我簡直喘不過氣，笑到無法呼吸。瑞德通常不會喝醉——當時他一年只會醉一次，只是他一旦喝醉，就醉得很徹底。我正要上前察看，瑞德是否對著我眨眼，巴瑞卻一把抓住我，把我扯到走廊上，遠離所有的鬧烘烘。巴瑞的臉上完全沒笑容，不發一語，直到度假村的食堂門關上，讓我們稍微遠離裡頭的混亂。

「艾德．史戴德（Ed Stead）打電話過來。」巴瑞說的是百視達的法務長。「他想見我們，明天早上，在達拉斯。」

巴瑞轉身看了看門後的情形，瑞德站在凳子上，手拉著裙子，不停行著屈膝禮，嘴裡不知在喊什麼，只是現場氣氛太熱烈，我們聽不清他說的話。

「非得搭紅眼航班不可了。」巴瑞搖著頭說：「我希望他上飛機前，有衣服可換。」

16 諸事不吉

（二〇〇〇年九月）

巴瑞放慢BMW的車速，彎進聖塔芭芭拉機場。遠方的地平線上透出微光，隱隱約約顯示天快亮了，但前方道路幾乎漆黑一片，路旁突出的濃密橡樹枝葉，將車道籠罩在黑影中。我差點以爲樹精會跟《綠野仙蹤》演的一樣，開始用橡子丟我們。

聖塔芭芭拉機場我去過數十遍，但不曾來過**這一區**。

巴瑞身體往前靠，瞇著眼試圖看清牌子上模糊的字。「那條才對。」瑞德坐在副駕駛座上，指著從大路岔出去一條更爲昏暗的小路。巴瑞轉動方向盤，緩緩駛進一條石子路，我這才勉強看見牌子上寫的字：「普通航空」。

一、兩分鐘內，我們駛進一排低矮木屋前方的停車格，建物窗戶上裝有花箱，屋頂是一片片的木瓦拼成的，看起來有點像新英格蘭區的住宅——這地方更像被遺忘的小木屋，不像機場設施。後方不遠處立著花紋鐵欄杆，高約八呎。我看見柵欄後方的跑道上停著一架小型飛機，機翼閃著亮光。

巴瑞駛向門禁森嚴的大門。當時還沒發生九一一攻擊事件，搭機不必通過美國運輸安全管理局（TSA）的嚴格安檢，但顯然你得有某種權限，才能進來這一區——這裡的「權限」指的是「錢」。幸好那天早上我們已經先匯好錢了。

巴瑞降下車窗，按下大門旁呼叫箱上的紅色按鈕。

「尾號？」呼叫箱傳來嘁嘁嚓嚓的沙啞人聲。

「什麼是尾號？」我往前靠，擠進車子前方兩個座位間的空隙，小小聲問瑞德。瑞德轉過頭，白了我一眼。每次我的孩子去任何比麥當勞高級的餐廳時，我也常給他們那種眼神，意思是：**你真是帶不出門**。

說出通關密語後，大門緩緩敞開。巴瑞升上車窗，慢慢前進。我們穿越停機坪，緩緩開向飛機，我轉頭看見後方大門無聲無息地關回去。

「這下子沒回頭路了。」我心想。

不到十二小時前，瑞德穿著洋裝進場，大出鋒頭。等群眾冷靜一點，我和巴瑞、瑞德便躲到阿麗莎爾泳池附近的野餐桌。

「百視達不只是明天就要見到我們。」巴瑞解釋：「約明天已經夠趕了，還指定明天**十一點半**？他們要我們在該死的上午十一點半就要到？不可能來得及。」

巴瑞一手拿起自動鉛筆，另一手握拳，把木頭野餐桌擦出一片乾淨的地方。「首先，」巴瑞直接在木頭紋路上寫一個數字，「達拉斯位於中部時區，等於我們這邊的九點半就要到。再來，從舊金山飛過去，要三個半小時——所以從聖塔芭芭拉飛過去，大概也要那麼久。如果加上前往機場的時間……」巴瑞停下來，在桌上加了一些數字。「你們得在早上五點離開這裡，我甚至不需要查，就知道聖塔芭芭拉早上五點不會有直達飛機。我們完蛋了。」

巴瑞垂頭喪氣，壓回自動鉛筆的筆芯，帶著些微的罪惡感，試圖擦掉桌上的鉛筆數字。

「那我們就搭私人飛機。」瑞德對著我們兩人攤手，好像那是世上最明顯的答案。「我們五點起飛，十點半降落，叫車子在那邊等我們。我們將準時抵達，搞不好我和馬克還有時間喝杯濃縮咖啡。」

巴瑞沒反應過來，好像試圖釐清哪件事比較荒謬：是瑞德提議花錢搭私人飛機，還是瑞德穿著洋裝提議這件事。

瑞德似乎完全忘掉了他的新打扮。

「瑞德，」巴瑞終於脫口而出：「私人飛機來回一趟至少要兩萬美元。」

巴瑞打算再度寫下什麼，但想想又算了。

「我不需要告訴你，我們沒那種閒錢。」

「巴瑞，」瑞德說：「我們等待這個見面機會，已經等了好幾個月。我們今年大概至少會虧損五千萬美元。不論這件事成不成，多花兩萬不會有差別。」

「沒錯，巴瑞。」我插話：「兩萬塊。你們金融界不都叫這『捨入誤差』？」

「眞受不了你們。」巴瑞喃喃自語。

飛機後方，一個穿橘色背心的工作人員走過來，手上拿著手電筒，對著巴瑞的車招手，要他停在機翼旁。我們的車前燈掃過那一區時，我看見登機梯下方鋪著紅毯，穿著制服的駕駛探出艙口，下樓梯朝我們走來。

他微笑伸出手：「我是羅伯。」他指著後車廂。「行李交給我吧。」

我和瑞德對看一眼，開始狂笑。瑞德打開公事包，拿出一件摺好的白T恤。「只有這樣。」

幸好我們才剛到度假村一、兩天，我帶的衣服還不算太髒。那天凌晨，我摸黑穿上紮染T恤，也是唯一的乾淨衣物，跳過皮短褲（以及哈雷刺青），套上幾乎全新的短褲，再穿上黑色夾腳拖畫龍點睛。

瑞德抓住扶手欄杆，走上登機梯，鑽進艙門，消失在飛機裡。我跟在後頭，不確定私人飛機上會有什麼。鍍金的浴室設備？特大尺寸的床？立式吧台？（吧台其實是我目前最不想見到的東西，前一晚的大杯雞尾酒還在發威。）

飛機內部裝潢出乎意料地公事公辦——如果你對於「商務」的定義，是飛機台子上擺著一大盤早餐麵包、切片水果、裝在熱水瓶的咖啡和一壺現榨柳橙汁。小冰箱的玻璃門後擺著水瓶與汽水。竹籃裡放著滿滿的穀物棒。

里爾35 A（Learjet 35A）比想像中還小——但比想像中舒適。每一吋表面似乎都是皮革或薔薇木，看起來像是有人把我的好友史蒂夫・卡恩的客廳摺起來，放進機艙內。我走過只有一條的狹窄走道，發現可以站直身體，但頭很容易頂到天花板。我的右手邊就是飛機頭，擺著一張機長皮椅，看起來比我家的任何家具都豪華。機長椅的正後方是面對面的四人座位，兩張朝機頭、兩張朝機尾，有足夠的伸腳空間，中間足以擺進一張餐桌。事實上，我後來發現**真的**有餐桌，就收在兩張椅子間靠窗的縫隙。

瑞德已經占好右前方面朝機尾的椅子，一雙長腿懶懶地伸在空曠空間。我後來得知私人飛機的愛好者，就跟家庭劇院迷一樣，有「最好的座位」——只不過在飛機上，你想坐在航程中最安全、最順暢、最舒適的座位，而不是追求音響效果——瑞德習慣搭乘私人飛機，一上機就知道該搶哪個位子。

瑞德指著面向他的位子，我還搞不清楚四點式安全帶要怎麼扣，巴瑞就一屁股坐在我旁邊隔著走道的座位，筆電上擺著一碟水果。我努力裝酷，但巴瑞知道私人飛機對我來講是新奇事物。

「喜歡嗎？」他小心翼翼叉起一塊水果，「我剛才在外頭和機長羅伯聊了一下，這架飛機的主人是益智節目主持人凡娜・懷特（Vanna White）。她平常不用的時候會出租。看來靠翻字母牌爲生，收入比想像中好。」

巴瑞咬了一口鳳梨。「很酷吧？」他對我微笑，接著像在做舞台效果，壓低聲音：「可別習慣了。」

我們抵達時，早已過了達拉斯的交通尖峰時段，但街上依舊壅塞。我們爲了省時間，叫車子在登機梯下等我們，但市區交通慢吞吞的，省時間跟沒省一樣。

「就在那。」司機告訴我們。他臨停在人行道邊，仰頭看著擋風玻璃外，指著對面的辦公大樓。「那棟就是文藝復興大廈（Renaissance Tower），達拉斯最高的建築物，大概也是最貴的。」

文藝復興大廈直接從人行道旁拔地而起，沒後縮，沒尖頂，沒特色；整棟樓全是一格格的鋼鐵玻璃立方體。唯一的裝飾是幾扇微暗的窗戶組成巨大的X，對角線一路往上、往旁延伸。這棟建築物靠著不苟言笑的巨無霸體型，塑造出嚴肅氣氛，不容小覷。這裡沒有玩心，沒有歡樂，這是做生意的地方。

電梯抵達二十三樓，門一開，我看見比較沒那麼嚇人的熟悉景象，瞬間鬆了一口氣。百視達的大廳牆上，掛滿裱好框的電影海報，雖然我認出好幾張Netflix辦公室也有擺的海報，我不禁注意到，百視達的海報都是用更有品味的方式裱框，每一部電影有自己閃亮的不鏽鋼框，由一圈燈泡圍住，就像你在戲院大廳會看到的劇院海報。「你知道這玩意要花多少錢嗎？」我們被帶進會議室時，忍不住對著瑞德嘀咕。

我很高興百視達的會議室幾乎和我們的一樣——只需再大上五十倍左右，另外加上將達拉斯市盡收眼底的景觀，而非我們辦公室和公園之間的垃圾箱。此外，百視達三十呎長的會議桌是用瀕臨絕種的硬木製成，設有隱藏插座和視聽設備孔，而不是四散著延長線和電湧保護器的八呎長摺疊桌。

所以你懂的，差不多、差不多。

我開始感到自己是鄉下老鼠進大城市——身上穿著短褲和T恤，在德州冷氣吹來的極地風暴中感到有點冷。百視達的男孩們走進來自我介紹。

百視達的執行長約翰・安提奧科（John Antioco）率先進來，穿著隨性但昂貴的衣服。儘管沒穿西裝，他腳上的休閒樂福鞋，大概就比我的車子還貴。他很放鬆，充滿自信——他遊刃有餘是應該的。安提奧科進百視達前，當了近十年的企業再造專家，有名的事蹟是空降岌岌可危的公司，如OK便利店（Circle K）、塔可鐘速食店（Taco Bell）、培爾眼鏡（Pearle Vision）等，找出事業的哪些核心面向有希望，重振公司士氣，耐心讓資產負債表重回獲利。

百視達需要安提奧科。百視達在一九八〇年代和九〇年代前半，出現爆炸性的成長，利潤極高，但千禧年之交後苦苦掙扎。一連串的錯誤決策，帶來很大的副作用，比如在店裡賣音樂和服飾。此外，百視達採用DVD等新技術與網路的進度很慢，比蝸牛還慢。

雖然安提奧科沒有娛樂產業的資歷，他很快就發現，百視達和他極度熟悉的情形一樣：一間岌岌可危的連鎖店，有著幾千家分店，數十萬士氣低落的員工，但有機會重新獲利。

安提奧科的方法幾乎是一下子見效。人們回到百視達租片，業績上升，百視達的母公司維亞康姆（Viacom）股價翻倍，百視達是大功臣。

也因此二〇〇〇年九月那天早上，我確定安提奧科大步踏進會議室時信心十足，他一年前剛帶領百視達IPO，募得四．五億現金，現在是上市公司的執行長。他準備好聽我們說話，但我們最好說點值得聽的。

我們和安提奧科以及他的法務長艾德．史戴德握手時，很難不感到有點膽怯，其中鞋子占了部分的原因。安提奧科穿著漂亮的義大利鞋，我則是一身短褲、紮染T恤和人字拖。瑞德的T恤還算挺，但依舊是T恤。巴瑞原本總是我們公司西裝最筆挺的那一位……嗯，至少他的夏威夷衫有釦子。

不過，讓我們真正膽怯的原因是百視達比我們有優勢多了。他們剛IPO，手上現金很多，不必討創投歡心才能勉強度日。百視達的名字裡，沒有人人避之唯恐不及的「.com」。最糟糕的是，他們知道自己占上風。

談判的時候，得知好牌幾乎全在對方手上，這種最討厭了。不過注意，我說的是「幾乎」。事實上，我們這邊也有幾點優勢。首先，每個人都討厭百視達。畢竟這家公司的商業模式，主要支柱是「處理不滿」。他們知道多數顧客不喜歡百視達的租片體驗，所以公司的目標不是讓顧客開心，而是不要讓顧客氣過頭，再也不上門，而顧客有很多不開心的體驗，例如：逾期費、片子選擇不多、店內骯髒、服務態度糟糕……百視達的問題講也講不完。

此外，不只是顧客討厭百視達：電影產業也討厭。靠著這間連鎖店的市占率，史戴德代表百視達和電影公司簽下許多不平等條約。此外，電影公司也討厭百視達堅持是百視達替他們的電影創造出需求。電影公司認爲需求是他們自己創造出來的，百視達不過是從旁輔助。

然而，對我們最有利的一點是無情的進步過程。這個世界正在朝網路移動。沒人知道究竟會怎麼發生，也不知道會維持多久，但愈來愈多百視達的顧客不免想要（不，**是堅持**）在網路上租片。此外，百視達不只未能好好利用那股潮流，他們似乎甚至沒看見潮流。依我們來看，百視達可以請我們幫忙。

我們只希望百視達也是這麼想。

瑞德仔細準備了提案，正如一年前他對我拋出PowerPoint那樣，整個人籠罩著會議桌，開始製作大便三明治。我忍不住微笑，很精彩，三層疊得好好的。

「百視達擁有非常了不起的特質。」瑞德起了頭，放好第一片厚麵包：「在數千個地點，擁有直營店與加盟主構成的網絡，有數十萬忠心耿耿的員工，還有熱情的使用者，活躍會員的人數接近兩千萬。」（瑞德聰明地沒先在此時就提起，那兩千萬人中，有多少人其實討厭百視達的服務。那要放到後面再講。）

瑞德加快速度，準備開始製作肉餅的部分。「然而在某些領域，百視達絕對可以利用Netflix的專長與市場優勢，讓自己更強大。」

瑞德提出我們都同意是最強的提案。「我們可以結盟，」瑞德握住雙手，用手勢強調：「把雙方的事業結合起來，一起經營線上的部分。你們專注於實體店面，我們從合作中取得綜效，團結真的會力量大。」

瑞德做得好——一針見血，又不會顯得傲慢或過度自信。他氣場強大，這個場子是他的。瑞德繼續指出雙方結盟將帶來的好處，我和巴瑞不斷點頭贊同，偶爾插幾句話補充說明。瑞德的簡報實在太精彩了，我花了很大力氣，才能忍住不大喊：「阿門，兄弟，哈利路亞！」

「百視達，」瑞德指出：「將能利用Netflix，以成本低很多的方式，大幅加快進入DVD市場的速度。我們專注於舊片，你們可以專注於新片庫存，也就是你們的事業核心，改善租到片子的機率，提高顧客滿意度。」

「Netflix也會獲利。」瑞德繼續指出：「借助百視達在實體店面的行銷活動，向用戶推銷Netflix。」瑞德停下，「即便我們雙方不整合在一起，光是以各自獨立的公司合作，雙方便好處多多。」

瑞德打住，看著安提奧科，再看史戴德，再回去看著安提奧科，一邊在位子上坐正。瑞德知道自己完美做好了三明治，現在就看百視達要不要咬一口。

百視達那一方提出的反對意見，和我們預料的一模一樣。安提奧科提出：「歇斯底里的.com泡沫熱潮已經完全破滅。」而史戴德告訴我們，多數線上事業的商業模式無法持久，永遠在燒錢，Netflix也一樣。

我和巴瑞一來一往擋住他們最主要的反駁，史戴德舉起手，要大家安靜。

「如果我們要買下你們，」史戴德停下來，要大家好好聽清楚：「你們的設想是什麼？我的意思是給個數字。我們現在到底在談多少錢？」

我們替這道題做過準備，至少我們三個在觀光農場整夜喝到爛醉之後，清晨五點在飛機上試著練習了一下。

「我們分析過近期的可比公司。」巴瑞指出：「我們也嘗試算出，如果把Netflix推薦給百視達客層，投資報酬率將是多少。我們也考慮到如何讓雙方合作變成增利型購併（accretive，譯註：可提高收購方每股盈餘的購併案），而不是……」

我的眼角瞄到瑞德坐立難安。我以前見過這種情形，他遲早會耐性全失。忍住……忍住啊……

「五千萬。」瑞德終於忍不住脫口而出。

巴瑞停下來看著瑞德，手垂到大腿上，然後對著安提奧科和史戴德微笑，聳了個肩。還能說什麼呢？

我們等著。

從瑞德提案，再到巴瑞收尾，我一直在觀察安提奧科。安提奧科在業界的名聲是他擅長洞察人心，懂得聆聽——安提奧科有辦法讓任何人都感到自己很重要，有值得聽的話要講。這些年來我學到的所有技巧，剛才瑞德提案的時候，我觀察到安提奧科全用上了：身體往前、視線接觸、講話的人看向你時緩緩點頭，提問的形式讓人感覺你在專心聆聽。

然而，瑞德脫口說出數字後，我在安提奧科身上看見不一樣的東西，我認不出那是什麼。他的肢體語言不一樣了，臉部有點僵硬，誠摯的表情因爲嘴角上揚顯得些微不平衡。

那個不自覺的動作很小，瞬間就消失，但我一看就明白了。

約翰・安提奧科是在忍住不要噴笑。

在那之後，這場會面急轉直下，回到機場的旅途好長、好安靜。我們在飛機上也沒什麼要對彼此說的。機門旁邊台子上擺的三明治與餅乾，完全沒人動。飛機主人凡娜貼心放進冰箱裡的香檳也沒人開。

我們三個人陷入自己的思緒。飛機上升到巡航高度時，我確定瑞德已經把這次會面拋到腦後，腦子裡正在思索新的事業問題。

我看得出巴瑞腦中在算術，試著算出我們目前的現金還能撐多久，他如何能慢下我們燒錢的速度。巴瑞想著要如何從帽子裡拉出聰明的財務兔子，多幫我們爭取到幾個月的時間。

然而，我心裡想的事不一樣。我們以前也碰過麻煩，但這次的網路泡沫化不一樣。井乾了，我們再也無法仰賴源源不絕的創投資金。賣掉公司似乎是唯一的辦法，而巨人不想要買我們——巨人只想一腳把我們踩扁。

雖然讓百視達答應的成功機率原本就不大，我一直希望百視達眞的會成為我們的天降神兵，一下子把我們帶離山上，安全回到營地。

現在情勢明朗了。如果我們要在這場山難中活著回家，完全得靠自己。我們得把全副注意力放在未來。我們得往內心探求。父親告訴過我，有時唯一的出路就是**繼續走下去**。

凡娜的飛機輕巧安靜，一路把我們載回聖塔芭芭拉，我們坐在位置上各自想著心事。我抓了一個空的香檳杯，用水果盤附的塑膠湯匙敲了敲。瑞德睡眼惺忪地抬起頭，巴瑞停下腦中的計算，與我四目相接。

「哎呀，」我假裝在敬酒，「該死的。」

我停下，我突然瞭解這一幕有多荒謬：里爾飛機的皮革內裝，巴瑞波濤洶湧的夏威夷襯衫，夠一家五口吃的水果盤。我微笑，心中湧出篤定的感受。

「百視達不要我們，」我說：「顯然我們現在得靠自己了。」

我微笑，忍不住笑出來。

「看來這下子我們只得狠狠擊敗他們。」

17 勒緊褲帶

（二〇〇〇年至二〇〇一年）

登山者有個信條：如果你無法在下午一、兩點抵達山頂，此時就要認眞考慮折返。著名的聖母峰嚮導艾德・維斯特斯（Ed Viesturs）告訴他的客戶：「登頂不是必要的，但安全下山是必需的。」有時你在幾千呎高的地方，距離營地千里遠，你得留給自己大量的日光——要不然就會困在險境中。

二〇〇〇年秋天，Netflix正處於那樣的狀況。百視達拒絕收購我們之後，Netflix處於孤立無援的狀態：情勢不再千鈞一髮，但也尚未完全脫離險境。

Netflix不同於許多大小相同（以及更大）的公司，我們撐過網路泡沫化，商業模式經得起考驗：沒有還片日、沒有逾期費**發揮效果了**。民眾熱愛Cinematch，二〇〇一年底預計用戶數可達五十萬。

然而，我們的訂閱模式基本上很貴。我們仍在流失現金，我們新達到的境界與一年前很不一樣。公司的燒錢速度在一年前看起來很正常，如今看來卻不大負責任。我們需要讓事情加速，我們不一定需要開始獲利，但如果要上市，銀行（以及被銀行推薦Netflix股票的投資人）需要見到我們正在朝獲利**邁進**。如果我們依然每年募資四千萬，接著公布虧損四千五百萬，我們看起來不是很好的投資標的。

我們知道如果要在網路泡沫化後的世界生存，就得使出鐵腕，嚴格遵守加拿大原則。在二〇〇〇年底和二〇〇一年一整年，我們開始精簡流程。在一九九九年，公司名字只要加上「.com」，就能免費拿到資金，但如今「.com」成了累贅，於是Netflix的名字拿掉「.com」。此外，一年前一度一統世界（與董事會）的「入口網站」作法，跟著Dr. Koop一起掉進地獄，所以我們也不做了。

我們稱這個無情的精簡流程爲「**清除附著在船身的藤壺**」。

企業就像一條船：有時你得把船隻暫停在旱塢裡，清除附在船身的藤壺，放緩前進的速度。我們在百視達那邊慘敗後，加上.com市場崩跌，我們趁機自我評估，無情地割捨再也沒有貢獻的計畫、測試、附加服務與錦上添花。

這是我們向來的政策，但不一定容易。有時你眼中的藤壺，卻是別人喜歡的功能。舉例來說，我們替月租方案定價時，測試了數十種價格與DVD數量。有的顧客付九・九五元一次可以看四片，有的人是一九．九九元，還有人是二四．九五元。我們試過讓人們一次保留兩片至八片的DVD。標準方案規定隨時可以轉換，有些顧客只能換成某幾種。我們最終因爲一項比較有趣的實驗被控告，因爲我們加快提供給部分顧客的服務，看看是否會鼓勵輕量級用戶租片（Netflix的術語代號是「鳥」〔bird〕），又以人爲的方式降速，看看能否減少重度使用者（內部私下稱爲「豬」〔pig〕）的租片量。

所有的相關測試無疑都派上了用場。我們不必爭論，高價是否會減緩獲取新客戶的速度，增加顧客流失率，或促使用戶增加使用量。我們已經證明，高價位是否會導致這三件事，也曉得程度的多寡。然而，一旦我們得知需要知道的事，這些測試的實用性便降至零。

不幸的是成本不會改變。我們替服務增加的每一項新功能，都必須和舊功能完美整合，才能照顧到所有顧客，不論顧客選用哪個方案。這麼做會讓設計變複雜，測試也更複雜，每一件事都慢下來。

過時的功能是藤壺，帶給船的負擔很小——但要是增生到一千個呢？藤壺會慢下船隻速度，讓我們的成本增加。

所以我們刮除藤壺。每次開會，在討論未來該如何前進之前，先回頭找出哪些是可以**不再做**的事。這麼做並不容易。大多數時候，決定**「不」**做什麼，比決定要做哪些事困難。沒錯，二四．九五元方案的顧客，很高興他們的測試結束了，被換到一九．九五元的組別。原本相同服務只付九．九五元的顧客，這下子則不太高興漲價至一九．九五元，或是一次拿到八片DVD。

一段時間後，我們的態度變得相當堅定。**讓他們去抱怨吧**，我們給自己的理由是：**如果我們能找出適合一萬人的方式，那麼讓一千人不高興也沒關係**。

二〇〇〇年過去，進入二〇〇一年。和百視達合併的機會持續消失在後照鏡裡，可見的未來也沒有IPO計畫，巴瑞奮力清除事業每個面向的藤壺，急著讓我們的船再開快一點。

一開始，清單上的項目很容易削減。如果我們不做入口網站，就不必開發在網頁上打廣告的技術。克莉絲汀娜的團隊也不用再開發上映時間表的功能，內容團隊不必再替世界上每一部電影蒐集資料——我們可以專心做DVD這一塊就好。

然而，我們不需要看巴瑞的會計表格，每週一坐在高層會議桌旁的人都愈來愈清楚的事實是：我們雇用的員工數超過公司需求。

一般情形下，人稍微多一點沒關係。以我們成長的速度來看，只要再過一、兩季，員工數就會剛剛好，等業務與複雜度增加，就會需要更多員工，成本也負擔得起。然而，現在事情不一樣了。經過巴瑞的數字分析後，加上網路泡沫化後的新局勢，顯然Netflix不只需要瘦身——還得全面改造。

在網路泡沫化後的局勢，Netflix不能看起來像個錢坑。不但得每個月從每位顧客身上賺到錢，顧客數量還得增加，才能夠支付營運的固定成本。在過去，我們只專注於等式的某一邊：吸引更多顧客。現在事情愈來愈明顯，我們得專注於等式的另一頭：減少開銷，維持營運。

有好多成本必須靠砍掉大的項目，才有辦法節省。我們已經快要沒有藤壺可清，目標也已經很明確，但船身依然太重。如果我們要能靠岸，就得減輕船身重量。

我們週二的高層會議，一般從一件事開始：**誰搞砸了**？當然，那不是正式名稱——不過我是那樣叫的。爲了透明與徹底誠實，現場每個人會輪流說出行不通的事。我們不需要知道順利的地方——行得通的事，我們其他人不需要關注。我們想知道什麼地方**行不通**。以我優雅一點的用語來講，重點是**誰搞砸了**。

新創公司的人生格言是你得不貳過，你不希望同樣的事錯兩遍。

在二〇〇一年夏天的一場會議上，早上的拷問結束後，瑞德要巴瑞進入下一個議程。巴瑞從位子上起身，走到白板旁，抓起綠色的筆，大大寫下：**兩百萬**。

「就是那個數字。」巴瑞宣布。他轉身告訴我們：「以我們目前的經常性開支來看，我們需要這麼多訂戶，才有辦法獲利。」

巴瑞彎身，瞇眼看著筆電。

「但我們還要七十三週，才會抵達兩百萬大關。在那之前，我們每個月都在燒錢。我們在達到目標前，錢早就燒完了。我不需要提醒各位，現在投資人並未排隊搶著給我們錢。」

巴瑞停下來，再次瞇眼看著筆電。「我們得削減開支，而且是大刪。我們需要大幅瘦身，才有辦法靠著手上的錢撐到獲利的那一天。唯一能辦到的方式，就是把成本砍到用較少的訂戶量獲利。」

巴瑞拿起綠色的筆，走回白板，用手掌擦掉剛才兩百萬的「兩」，寫上「一」。

「我們必須靠一百萬訂戶獲利，才能撐下去。看看這個？」巴瑞打開一個牛皮紙文件夾，拿出裝訂好的一疊紙，傳給每一個人。「我們打算這麼做。」

裁員。巴瑞的方案是裁員。

巴瑞以戲劇性的手法宣布消息後，瑞德、珮蒂、巴瑞與我天天共進午餐，思考數十種場景。哪些部門應該大幅裁員？哪些應該不要動？我們應該砍掉高薪（但比較有價值）的員工，還是該以量取勝，大幅裁掉客服人員？

這些問題很複雜，我們必須大幅縮減開支，又不能傷害到讓事業成長的能力。

在特別累人的一次會議後，我晃到喬爾・麥爾（Joel Mier）桌邊，拍拍他的肩膀。喬爾是我的研究分析長，角色橫跨了科學、數據和直覺，他的外表也符合他的職責。喬爾身高一九三，很有存在感，但舉止溫和，人們敢和他親近。辦公室裡的人都穿短褲和沒洗的T恤，喬爾則穿得像大學教授：扣領襯衫、開襟毛衣、燈芯褲、黑色牛津鞋。他講話很小心，措辭極度謹慎。此外，喬爾聽別人講話時更是認眞，總是緩緩點頭，不管再蠢的發言都會加以考慮，彷彿聽不出話中玄機是他的錯一樣。

然而，喬爾教授般的行爲舉止，蓋住他的聰明頭腦與頑劣小混混的幽默感。喬爾喜歡精彩的惡作劇——他非常適合玩「小便斗的錢幣」，也最喜歡在Netflix的廚房放一些半能吃、半不能吃的食物。有一次，他放了一碗冷凍乾燥過的鷹嘴豆，害米奇憤怒大吼：「我的牙齒差點被你弄斷，你這混蛋！」現在想起來我還想笑。

喬爾既有數據導向的聰明，也有幼稚的幽默感，我們從第一天就結爲好友。我們不常那麼做，但只要有機會，我們最喜歡溜去黑衛士兵團（Black Watch）吃午餐，那是洛思加圖斯唯一一間小酒吧。我們會一一評點同事，笑到忍不住頭撞到沾有啤酒痕的桌子。

「近來如何？」喬爾喃喃自語，頭幾乎沒抬，仍死盯著螢幕。

「事情會變好的。」我說。我們通常會用這兩句話打招呼。我的頭往樓梯一斜，「我們出去走一走。」

那一週稍早，我和瑞德、巴瑞，把所有的Netflix主管召集到安靜區，說出我們打算做的事。由於公司大部分的員工直接向他們報告，他們最瞭解實際的工作情況，知道哪些員工無法取代，哪些不在也沒差。我慢慢開始和大多數主管每天出去走一走，沿著大樓亂繞，好好談談部門裡的每一個人。我需要他們的協助，因為決定要放棄哪些員工是複雜的決定。才能與不可取代性是最容易判斷的指標，其他因素則讓我們猶豫不決。我們需要多重視每個人不同的狀況？如果某位員工是家裡唯一的經濟支柱，孩子剛出生，那該怎麼辦？應該讓他們留下，還是該留下年輕、單身（但更有才華）的人？Netflix有幾對夫妻檔員工，該如何安排他們？如果夫妻同時開除，會不會太過殘酷？

喬爾穿上夾克外套，用臂部推開建築物大門，和我一起走在人行道上。我們沒說話，開始繞圈，順時鐘沿著建築物走。

「老闆，我想了很久。」我們一走到員工聽不見的地方，喬爾便開口。

「那句話後面永遠不會有好事。」我回答。

喬爾微笑說下去。

「我知道我們談過用LIFO法決定，但我覺得這樣不好。」

LIFO是「後進先出」（last in, first out）的縮寫，也就是說先開除最後進公司、年資最短的人。我們借用這個通常用於存貨處理的名詞。雖然以我們的目的來講，LIFO不一定和能力有關係，但的確和經驗值有關。解雇的過程經常讓人感到無所適從，某種程度上來講，LIFO可以讓大家覺得公司有一定的解雇依據。

「我煩惱的是凱爾（Kyle）。」喬爾終於說出口：「如果論年資，他絕不會是下一個被開除的，但他的態度……」喬爾沒把話說完。

我知道喬爾的意思。我們定期召開分析會議，把公司不同領域的人集合起來，一起解決挑戰性特別大的分析性問題。凱爾每次都……該怎麼講……**不好搞**。

Netflix大力鼓吹大家提出不同的意見。提出異議甚至是我們「極度誠實」文化的關鍵元素。我們**期待**人們提出異議，因爲我們鼓勵你來我往的辯論。Netflix的會議不看年資，不會因爲頭銜、年齡、薪水的緣故，某些人的意見就比較寶貴。我們期待每個人替自己的看法辯護，直到達成共識。

即便如此，不論辯論有多激烈，Netflix也期待一旦達成不證自明的結論，大家就要齊心協力執行。提出不同看法是爲了促進合作，而不是爲了證明自己很厲害。**誰**對不重要——唯一重要的是**我們**要做對。

凱爾就是這點不大好。只要事情不照他的意思辦，就不肯善罷干休，他的糟糕態度影響了每一個人。

我告訴喬爾：「我懂，凱爾掰掰。我們留住馬可維茲（Markowitz）。」馬可維茲是喬爾另一個直屬部下。

「好。」喬爾只說了一個字，沒抬頭看我。

我認識喬爾很久了，我知道他有心事。我們走過轉角，經過建築物側邊小中庭裡的野餐桌，我終於猜到他在想什麼。

「對了，」我輕聲說：「如果我先前沒明確告訴你……你在安全名單上。」

喬爾明顯立刻鬆了一口氣。他點點頭，露出大大的笑容：「老闆，事情會變好的，事情會變好的。」

不到一星期，我們再度圍坐在會議室桌旁，但這次多塞進很多人，所有的管理團隊成員都到了。那是星期一的晚上，再過幾分鐘就要八點了。大家剛吃完晚餐，三三兩兩進來找位子坐下或站著。會議室外，辦公室的其他人都離開了，空著的椅子和隔間，透露著不祥的預兆，不到二十四小時就會成眞。

喬爾站在我對面，我們互看一眼，他猛點了一下頭。珮蒂坐在會議室前方，桌上擺著兩本攤開的白色資料夾。瑞德站在她左後方，仔細看著那些文件夾，用手比了比。珮蒂小聲說了些什麼，拿筆畫掉文件下半部的一行字。

我們有位重要成員已經離開：艾瑞克・梅爾。艾瑞克前一天就被請走，他擁有驚人的能力，只是再也不適合公司前方的挑戰。

其他人呢？經過週末最後兩輪馬拉松的討論後，我們得出最後名單，採取行動的時間到了。

珮蒂不再看著筆記本，她拉起袖子看錶，大聲推開椅子。「好了，各位先生女士，我們打算這麼做。」

電子郵件依照預定的時間，在星期二早上十點四十五分送出。很短，直接切入重點：大家在辦公大樓前集合，十一點要發布重要消息。

Netflix早就過了一間會議室能塞下所有人的時期，連大廳也擠不下。我們現在如果需要召集全公司的人，就得租下聖塔克魯茲大道上有百年歷史的洛思加圖斯戲院（Los Gatos Theater），或是乾脆讓大家聚集在公司前門通道旁的野餐區。今天我們在中庭集合。爲了通知公司四成的人他們將被解雇而租下戲院，實在不太對勁，太殘酷了。

我走過一排排的座位，下樓梯之前，直覺地踏進位於樓梯口的會議室。我的部門被安排在這裡解雇，我想我至少應該確認裡頭有兩張椅子。被炒魷魚已經夠糟了——至少要有張椅子可以坐著聽吧。

不過不勞我費心，裡頭有兩張椅子、一張空桌子、乾淨的白板。一切如常，看不出即將發生特別的事。

我走到外面，中庭已經聚集大量人群。大家三三兩兩站著，緊張地竊竊私語。我看到喬爾，走過去心情沉重地站在他旁邊。十一點多，瑞德爬上野餐桌，眾人安靜下來。

「過去三年多，我們努力工作，讓Netflix能有今日。我們都該爲此感到自豪。然而，我們也都知道，有時我們得做出困難的抉擇，恐怕今天就是那樣的日子。」

瑞德停下來看了看大家，現場鴉雀無聲。公園後方的圍籬，傳來公園蒸汽小火車的汽笛聲，孩子們發出興奮的尖叫聲。至少在世上某個地方，有人正玩得很開心。

「我相信你們每個人都很清楚，」瑞德說下去：「在過去十二個月，募資環境大幅改變。不只是我們，矽谷每間公司都一樣。我們再也無法仰賴創投的錢撐下去，必須自給自足。我們需要掌握自己的命運，因此必須縮減開支，讓公司只靠較少的訂戶量便能獲利。我們得減少支出，確保公司撐到賺錢的那一天。」

我看見群眾中，喬爾的部下馬可維茲明顯大受打擊，臉色蒼白，上唇冒汗，手撕著紙巾。我推了推喬爾。

「你大概該叫馬可維茲別擔心。」我說：「他看起來快昏倒了。」

喬爾點頭，穿梭進人群，我看見他握住馬可維茲的肩膀，在他耳邊說了幾句話。

馬可維茲的神情立刻改變，看起來大大鬆一口氣。

瑞德則明顯猶豫起來。他站在野餐桌上，從高處看著如今明顯不安的群眾。瑞德有如發現自己是沒能鼓舞群眾的革命分子，視線瞄向珮蒂，尋求她的鼓勵。珮蒂抬頭看他，緩緩點頭。

「今天會宣布裁員名單。」瑞德鼓起勇氣說下去：「有的朋友和同事將離開我們，但不是因爲他們做錯任何事——只是爲了讓公司站穩腳步。現在回到你們的座位，等你們的主管下指示，宣布每個人的去留。」

大家靜靜走回去。我被人潮擠向入口，一起走上主樓梯。我被嚇壞的員工包圍，得以從他們的角度看這件事：**怎麼會變成這樣？事情發生時我們也在啊！我們找出辦法了。沒有還片日，沒有逾期費。我們完全專注於重要的事。我們讓Cinematch起飛，找出隔日送達的方法，還找出有效增加顧客人數的方法。為什麼現在要撤退？**

我走上樓梯，轉身時眼角瞄到會議室不一樣了。不到二十分鐘前，我才確認過，但現在桌上多出了東西：正中央擺著一盒灰藍色的舒潔面紙。第一張面紙上半部已經抽出，蓬成漂亮的形狀。

我心想：**我們現在連裁員的流程都有了**，心中不免湧出一絲苦澀。

十一點半，一切都結束了。人們三三兩兩站在一起，有的人在哭，有的人鬆了一口氣，有的人還處於過度震驚的狀態。辦公室幾乎已經全空。

宣布去留時，每個人都焦慮不安，各部門的主管默默走過辦公室，叫部屬進入各自的會議室。如果你一下子就被叫進去，發生什麼事很明顯。剩下在一旁等的人，每多一個同事被叫進去，你就又逃過一劫——直到主管最後從辦公室出來，告訴自己的部門人員「警報解除」。

負責宣布名單的人，心中也不好受。我們一起走過地獄。被踢走的人是我們的朋友，是一起工作的人，有的人從第一天就在，例如那天被開鍘的薇塔。如今我卻得告訴他們，他們該走了，我跟他們所有人一起哭。

一切結束後，我躺在沙發上，心很累，一遍又一遍往上拋著一顆足球，回想自己幹了什麼。我解雇的最後一個人是珍妮佛·摩根（Jennifer Morgan），她是我們最新進來的分析師。我走向她的座位時，她背對著我，全神貫注盯著螢幕，居然這種時候還有辦法專注於眼前的問題。我輕輕拍她的肩膀，她緩緩轉向我，眼眶含淚，只說了：「我知道。」就拿起皮包，準備好跟我走向會議室。「我就知道。」

名單宣布完沒多久，我召集部門裡剩下的人，簡單講了一下要繼續前進，我們肩負著重責大任，我們要對自己、對其他每一個人證明，這次的裁員不是一時興起，也不殘忍，而是爲了集中精神保住Netflix。我們有義務替所有人達成那個目標。

有的人去吃午餐，有的人回家，有的人則慢慢在辦公室繞圈，看看公司還剩下誰。大家都散去後，喬爾走向我的辦公區，我們沒講什麼，沒什麼好講的。未來將從明天開始。我們坐在那互拋足球，我瞄到旁邊有人。光是看到網球鞋，就知道是工程師。我抬頭看見自己多年前親自招進公司的人：他是工作努力、能幹的程式設計師，好人一個。

他沒被留下。

「抱歉，馬克。」他開口：「我不想打擾你，但我想過來確認你沒事。你心裡一定很難過。」

我拿著足球，歪著頭，不曉得該如何回答。沒搞錯吧，這個人剛被裁員，而他想確認我沒事？

「好吧，無論如何，」安靜幾秒後，他尷尬地說：「一切多謝。」

他轉身走開。快要走出座位區時，他停下腳步，好像突然想起什麼事。

「嘿，」他臉上帶著笑容，轉頭大喊：「打敗百視達，好嗎？」

他就這樣離開了。

18 上市

（二〇〇二年五月：上線後四十九個月）

我們在九月歷經痛苦的裁員，接下來幾星期、幾個月後，我們開始注意到一些事。

我們表現**更強**了。

我們更有效率，更有創意，更有決斷力。

篩掉一些員工，讓我們更精實、更專注。沒時間浪費了，所以我們不浪費時間。我們的確解雇了非常有才華的人，只留下超級明星。所有的工作都由超級明星來執行，也難怪我們的工作品質非常高。

成功的新創公司經常出現這種現象。先由一小群盡心竭力的人帶來專注、奉獻與創意，公司事業得以起飛，開始徵人，愈變愈大——接著再度縮減，重新瞄準任務，最後往往靠著最有價值的新成員，重振專注力與精力，達成目標。

然而，找來並留住明星球員，不只和工作品質有關。當你**只**留下明星球員，你會創造出競爭的文化。當你知道自己是精心挑選過後的菁英，上班會變得更有趣。此外，一旦公司建立起雇用超級明星的口碑，就更容易吸引其他菁英人才加入你的團隊。

從某方面來講，二〇〇一年尾的Netflix，再次和一九九八年六月一樣：由經過精挑細選的能幹團隊，奮力達成單一目標：一百萬訂戶。此外，就跟一九九八年一樣，我們做到了——這次比預計時間提早幾個月，耶誕節就達標。

我們能提早抵達終點線，湯姆．狄倫是大功臣。湯姆找出將DVD快速送達全國客戶手中的方法——隔天送達。從許多方面來講，湯姆的方法源自我們的沙加緬度市實驗，以及我們原先要讓使用者互寄DVD的概念。如果人們想看的DVD，有九成**已經在外流通**，那就不需要在全國各地打造大型的昂貴倉庫。

湯姆將我們所有人直覺就懂的原則應用在物流上：談到電影，人們彷彿旅鼠，不禁想看其他人都在看的片子。如果你昨天剛看完《阿波羅13號》，八成今天也有別人想看《阿波羅13號》。反過來也一樣，如果你的清單中下一部想看的電影是《不羈夜》，八成當天也有人剛好歸還。湯姆的聰明點子是，當用戶寄回DVD，不必回到有如好市多大小的倉庫裡，甚至不必回到架上，就直接寄給下一個人！我們利用鞋盒就能**做到**。

湯姆分析了數十萬個數據點，找出我們應該在哪裡設置小型的Netflix運輸「中心」，基本上，只需要你家附近希臘餐廳大小的店面就夠了。湯姆的數據顯示，如果在全國各地精準設置大約六十個這樣的中心，就能提供全國九五%的區域隔日送達的服務。那些中心不是倉庫，而是「反射點」（reflection point），不需要真的存放任何東西。回來的DVD幾乎會立刻「彈」到其他顧客那裡。

湯姆的反射點運作流程如下：顧客把看完的DVD寄到最靠近區域反射點的郵局。每天早上九點，地方上的員工會收信，接下來三小時，那位員工（與四、五位同事）用拆信刀打開郵件，取出DVD，用Netflix的存貨程式掃描每一片DVD。DVD暫時整齊堆在桌上。員工將所有的數據送回洛思加圖斯總部，他們午休時，我們的伺服器會配對所有收到的DVD，以及下一個想看同一部片的顧客。午餐後，員工再次掃描每一片DVD，這次系統吐出的是郵寄標籤，上面有下一個租借顧客的地址。

這個流程完美運作。每天抵達的DVD中，每一百片有九十片有同區的人想看，於是立刻送出。一百片中，剩下的七、八片會是當天沒人預訂的新片或熱門片，但我們相當確定一、兩天之內就會有人要看。這幾片會先存放在反射點的迷你鞋盒庫存區。一百片回來的DVD當中，通常只有兩、三片沒有顧客立刻要看，或是預期不會很快有人下訂；只有這些片子會被送回聖荷西的母倉庫。

聽起來有些誇大，但湯姆的方法是貨運史上最偉大的發明，有效率、快速、便宜。我們不需要花錢蓋大倉庫。由於架上沒電影，甚至不會過夜，我們的庫存利用率極高。只需要數十個便宜店面、兩百名遠距員工和一堆鞋盒——賓果：幾乎全美每一個郵箱都會收到隔日送達的DVD。

Netflix存活下來了。我們達成目標，但事情改觀了。許多創始團隊的成員已經離開。吉姆改到亞馬遜的子公司WineShopper工作。泰到網路安全新創公司Zone Labs工作。薇塔在九月被裁員，艾瑞克也一樣。克莉絲汀娜早在一九九九年就因爲健康因素請假，不曾回來做全職。

由能幹的通才組成的原始成員，被超級明星專家取代。我很開心能與矽谷最優秀的人才一起工作，但我是和原始團隊最後的聯繫，我開始思考我未來在公司扮演的角色。我適合做什麼？更重要的是——我**想要**做什麼？

二〇〇二年初，我大部分時間都花在產品開發。對我來講，那是帶給我最多活力的工作。即便在當時，我們已經在思考DVD消失的那一天。二〇〇〇年代初，DSL寬頻技術正在成長，開始可以靠串流在線上傳送內容。我們知道串流遲早能和實體媒介競爭，我們希望能搶占技術變遷的先機。人生很奇妙，眞的——我們終於想出辦法，讓最初的郵寄DVD點子行得通，現在卻努力走向沒有DVD和郵寄的未來。

我們知道未來將是數位傳輸的天下，但那一天會多快來臨？又會是什麼樣的形式？人們會下載電影，還是靠串流？他們會往前傾、盯著電腦，還是會往後躺、看著電視？技術普及前，先要有哪種基礎設備？那內容呢？會從單一類別展開嗎？是的話，又是哪一種？電影一旦轉成數位形式，很容易就能被複製共享，你又要如何說服電影公司，他們的電影在你手上很安全？

爲了找出這些問題的答案，我去和電影公司、電視網、軟體公司、硬體製造商談。其中有幾件事很明顯。

首先，電影公司與電視網很怕「被Napster」。他們看見音樂產業因爲Napster共享軟體的緣故，成爲大量盜版的受害者，銷售大跌，很怕步入後塵，不願意釋出數位版權。不論我提供多少保證，他們都不信任數位未來。電視電影公司認爲，一旦電視節目與電影數位化，他們將失去所有的產品掌控權——連帶無法靠自家產品獲利。

第二點是軟硬體公司根本不理會數位版權的歸屬問題，全速前進。蘋果、微軟，以及幾乎其他所有的大型電腦公司，夜以繼日地工作，試圖利用大增的寬頻速度，同時設計可以直接傳輸超大檔案（如電影大小的檔案）到觀眾家中的產品。

每個人都在搶奪同一件事：誰將擁有入口，將娛樂直接送進觀眾的客廳？是內容生產者，如電影及電視公司？還是硬體和軟體開發者，要有這些軟硬體才有辦法在家中觀看？或是有線頻道公司——已經在將內容傳送至數百萬用戶的公司？

那年的秋、冬兩季，我花很多時間和尼爾．洪特（Neil Hunt）互拋點子。尼爾在一九九九年加入Netflix，目前管理我們的軟體工程師。他的身材像根細長的竹竿，踏出座位時，幾乎總是拿著咖啡杯——有時會拿著裝滿的咖啡濾壓壺，走進會議室，幾分鐘後往下壓，最好的下壓時機是他想強調某個重點的時候。尼爾講話輕聲細語，有幾分靦腆。很多時候，當他得知他很快就得替某位同事審查程式，我會從窗戶望見他在停車場跑步，先堅強起來，好去傳達壞消息。尼爾無疑很傑出。我們的公司會議通常分貝高到接近史丹利杯決賽（Stanley Cup Final），但尼爾從來不需要大聲說話。他一開口，人們就會往前靠，想要聽清楚。

尼爾和我同樣認爲全國網路頻寬增加是機會：利用數位方式，將Netflix電影直接傳至電視機，進一步縮減看完一部電影與得到下一部電影的時間。二〇〇二年的技術還做不到瞬間串流，下載得花好幾小時——但我們賭即便如此，相較於開車去百視達，人們還是願意趁睡覺或上班時間，用被動模式下載電影。在我們腦力激盪出來的理想世界，顧客永遠會先利用電視機上的裝置，事先下載幾部電影，擴充自己的電影清單。他們可以選一部來看，觀賞後標示爲「看完」，清單就會自動下載下一部。

隔天？砰，又有新電影可看。

即便如此，還是很難說服電影公司與科技公司，Netflix的點子是好點子，更難的是說服他們由我們來執行。在他們眼中，Netflix不過是找出辦法利用郵局的內容公司。數位傳輸？還是交給大公司去做吧。

我永遠忘不了，有一次我跟尼爾，和微軟的主管開了一場令人氣餒的會議。我們開車離開西雅圖郊區雷德蒙德（Redmond）的微軟總部時，我忍不住想起我和瑞德三年前到亞馬遜開會，只不過這一次，我造訪的不是貧民窟的寒酸辦公大樓。我們開過閃閃發亮的企業園區，高聳的紅木提供遮蔭，一旁還有乾淨的人工湖。沒有窩在美沙酮診所外的毒蟲，只有在修剪整齊的草坪上玩終極飛盤的微軟員工。

我們和兩位科技權威會談，他們正在開發即將問世的Xbox遊戲機。Xbox還有幾週就要上市，只是微軟已經慢人一步，急著趕上索尼與任天堂。Xbox爲了一口氣超前，將配備兩大殺手級功能：以太網路孔與硬碟，讓Xbox能連上網路，儲存下載的檔案。微軟對外宣稱，相關功能是爲了提升遊戲體驗，但我們知道他們瞄準下載電視與電影——我們看見潛在的合作夥伴。從我們的角度來看，微軟擁有技術，我們擁有內容。

然而，整件事失敗了。一如往常，對方的回答相當客氣，但意思是一樣的：**我們哪裡需要你們？**

「眞是浪費時間。」我高速駛出微軟園區的圓環時，尼爾在副駕駛座上垂頭喪氣。「大老遠跑來這裡，租了車，只聽見禮貌版的：『不，謝了。』」

「『不』，不一定永遠是拒絕。」我微笑。

尼爾哀嚎，叫我不要再講那些老生常談，別說謊安慰他。「不要再激勵我了。」他說。

但我沒在開玩笑。以前不是碰過一樣的事嗎？所有的消費者電子產品公司，全都拒絕我們的「三片免費DVD！」兌換券。當年募資時，巴坎斯基也不耐煩地搖頭。在Netflix的故事裡，我一直聽到別人對我們說No——接著看見人們逐漸改變心意，或是事實證明他們錯了。

我知道我們有好點子。或許不是現在就會成真，但總有一天會。

我學到，努力讓夢想成真時，最強大的武器就是頑強地堅持下去。不肯接受拒絕，是會有收穫的，因爲商場上的No，並不永遠是No。

舉個例子：

我大學畢業時的夢想是在廣告界工作。我是地質系畢業的，所以這個夢想離我滿遠的，但我很樂觀，不肯放棄。

像我這種沒相關學經歷的大學畢業生，廣告界唯一開放的工作機會是行銷業務經理（account manager），也就是周旋於客戶與廣告公司創意團隊之間的「西裝男」。儘管這個職位主要會給MBA畢業生，有的廣告公司也願意招收大學畢業生，於是艾爾廣告公司（N. W. Ayer）的代表到校園徵才時，我抓住面試的機會。

出乎我的意料，我過了第一關，受邀和其他十幾名學生，一起到紐約市參加面試。一整天下來，我們幾乎和每個部門的代表碰面，我再次得知我過了第二關，而且是我們學校唯一通過的。美國東北區一共只有五名學生進入第三關，我是其中之一，我要和其他人搶同一個工作機會。

我沒錄取。

我很快就站起來。沒拿到夢幻工作的失望情緒，很快就轉成疑惑。我到底少了什麼，是別人有而我沒有的？我不知道無形的篩選條件到底是什麼（我日後變成面試官後，特別留意自己採取的標準），我是真的想不出自己到底哪裡不好。

所以我決定問一問。

我寫了一封長信，寄給每一個面試過我的主管，趁這個機會提醒他們我所有的正面特質。我解釋，雖然我知道自己一定是少了什麼重要的東西，我希望他們能解釋我到底缺少什麼。「是這樣的，」我解釋：「由於我百分之百確定，我明年還會再度申請這份工作，我希望能花時間加強不足的技能。」

現在回想起那封信，我好想鑽進地洞。

然而，那封信奏效了。四天後我接到電話，公司的資深合夥人想見我，他負責掌管全公司的業務。幾天後，我們坐在第六大道上四十二層樓豪華的角落辦公室，資深合夥人當場錄取我。我這才知道，先前公司根本沒錄取任何人。艾爾廣告公司知道，廣告AE就是一份銷售工作，需要把No變成Yes，最後他們對所有的應徵者說了No。

而我是唯一不接受No這個答案的人。

微軟沒同意和Netflix合作，不過有人會願意。

同一時間，我正悄悄重新定義自己在Netflix的角色。我已經不是總裁。嚴格來講，我是執行製作人——即便在當時，Netflix已經開始從宅男的科技軟體新創公司，轉型爲羽翼豐滿的娛樂公司（眞希望我能想起我的新媒體戰袍，到底送去了哪家乾洗店……）。

瑞德是公司的頭頭，他當之無愧。要是沒有他，Netflix**永遠不**可能募到超過一億美元的資金。他領導我們走過「.com」瘋狂泡沫化的年代，接著又一直走下去。

我處境尷尬。當年我成立Netflix，預見即將來臨的網路浪潮，在剛剛好的正確時機上車。一開始，Netflix是**我的**公司，但自從瑞德來了那場決定性的PowerPoint講話後，事情就變了。我沒關係。因爲有瑞德出面代表Netflix，Netflix才有辦法渡過難關，但也讓我有點孤身卡在過去與未來之間。二〇〇二年那一年，我一直在思考未來。

我有可愛的家庭：有三個年幼的孩子，和最好的朋友有著最美好的婚姻。我想要讓妻兒未來都有保障。雖然我先前成立的新創事業，已經讓我舒服度日，Netflix將是層次完全不同的財務事件。簡單來講，我不希望我所有的資產綁在一間公司的股票上，不論我對那間公司多有信心。我看過太多人因爲自己無法掌控的事而失去一切，我還算有自知之明，知道自己不想遇到那樣的事。如果Netflix在二〇〇二年上市，我希望賣掉自己的股份——Netflix在十二月抵達百萬用戶大關，巴瑞再度聯繫各家銀行與投資人，看來有望上市。

當然，問題出在公司高階主管賣掉大量股票，在銀行與投資人眼裡一般皆非好事。他們會覺得不對勁——好像那個賣股票的人，知道什麼他們不知道的內幕。

我不是因爲想跑才要賣股票。我完全有信心，Netflix會成功。我從不懷疑我們一起建立的公司一定會長長久久。我只是希望有賣股票的選項。

爲了出售股票，我必須在銀行與投資人面前變得不顯眼，不能在申請上市的S-1文件上被列爲「總裁」。也就是說，有兩件事不做不行：第一，我需要一個看起來不像管理者的職稱。第二，我需要放棄Netflix的董事職位。

第一件事很簡單，我不在乎頭銜，我從來不在乎這種事。要我當「創辦人與執行製作人」也沒關係。

然而，我有點捨不得離開董事會。我先前奮力爭取才保住那個位子，我已經差點失去過一次。瑞德當上執行長後，立刻要求我放棄董事職位，讓給某個投資人。我堅持不肯。我說我已經放棄執行長的頭銜，甚至放棄了部分股份——我不會放棄我的董事職位。那個要求太過頭了。我要對公司的方向保有一定的控制權，而且我認爲董事會有公司的創始成員在很重要，如此才能制衡創投公司的利益。

「每一個當董事的人都會說，他們只對公司能成功感興趣。」我告訴瑞德：「但你我都曉得，『成功』兩個字對創投公司來講，不同於公司創辦人認定的成功。」

順道一提，這是眞的。我現在老是提醒新創公司創辦人這件事。創投公司永遠會說，他們支持你的使命，他們是爲了公司的最佳利益著想，但他們眞正想要的，其實是對他們的**投資**來講最有利的事。你的公司利益和他們的利益，未必一致。

當事情順利時，每個人都能齊心協力；然而，風暴出現時，你立刻就會發現各方有不同的目標與算盤。

瑞德不是太認同，但他的心腹珮蒂同意我的看法。

「萬一事情不順利，」珮蒂問瑞德：「你希望坐在桌邊的人是誰？當你需要問尷尬的問題，並且得到直言不諱的答案，你想要誰在那裡？」

瑞德後來告訴我，珮蒂一這樣問，他就知道應該讓我留在董事會——不只是爲了我，也是爲了公司。

我奮力保住董事職位，卻在二〇〇二年放棄，是有點不情願。但如果我爲了財務保障，希望出清大量股份，就得做出這個決定。年初時，情勢已經很明顯，這次不會殺出網際網路泡沫化，妨礙我們上市。上市將是改變公司生命的大事。

只可惜我不曉得會變成什麼樣子。

「爸，什麼是尾號？」

羅根被綁在安全帶裡，努力想看清楚儀表板前方的東西。我搖下車窗，前方的金屬門緩緩打開。眼前的跑道上，有一架飛機正在等我們，機翼燈光在黎明前的空中閃爍著。我朝著亮光，開向停機坪。

「上次我來的時候，也問過同樣的問題。」我告訴兒子。

時間是二〇〇二年五月二十二日——那是Netflix首次公開募股的前一天，也大約是我首度在車內向瑞德推銷郵寄DVD點子的五年後。我再也不是開富豪。六個月前，我對自己的財務狀況更有信心，終於勇敢買了一輛新車：一台奧迪的Allroad。有四輪驅動，適合雪地，還有高度可調的懸架系統，可開在小路上，前往我最喜歡的衝浪地點。當然，後座的空間足夠放兩張兒童安全座椅。在多數人眼裡，那不算豪華汽車，但在我眼裡算是。我對這種炫耀性消費感到尷尬，爲了掩耳盜鈴從不洗車，永遠在後車廂擺放衝浪板、自行車或潛水服。

我們上次去百視達的達拉斯總部出師不利。在那之後，奧迪不只是我人生唯一的升級，這一次搭乘的私人飛機也更上一層樓。我們沒搭凡娜的飛機，瑞德包下一架灣流G450（Gulfstream G450）。里爾噴射機小巧精緻，有如玩具飛機，灣流則是威猛嚇人，登機梯踏起來相當結實，不像里爾的梯子輕巧又搖搖晃晃。灣流的皮革機艙內部豪華時髦，有著巨大的皮革俱樂部椅，幾乎像一間豪華旅館的酒吧。不必彎身了——飛機天花板夠高，能讓你完全站直身體，飛機壁幾乎沒有弧度。要不是窗戶是圓的，你會忘掉這間酒吧很快就會以每小時近七百哩的速度朝東飛行。

羅根簡直不敢相信自己的眼睛。他走過飛機門，把我擠開，興奮地大喊大叫，一一點出機上的豪華設施。「你看！」羅根跑過走道：「有沙發！在飛機上！」

羅根整個人撲過去，背對我站上沙發，接著又跳到不遠的沙發墊子上。幾分鐘後，他選好最滿意的位子，舒舒服服坐著，交叉雙腿，開心極了。「這是我的位子。」他宣布。

我把背包塞進發亮的胡桃木桌子下方，兩旁圍著四張俱樂部椅，坐了下來。接著轉頭看向窗外，瑞德的金色Avalon停在飛機旁，人一下子輕快地穿越停機坪，顯然處於商務模式：黑色亞麻褲、灰色套頭毛衣，胸前別著Netflix的logo徽章。

我也以合適的正裝出席，穿著唯一乾淨的一條卡其褲，還有灰色西裝外套，黑色polo衫的領子歪歪斜斜。我挖出一雙有總飾、前一晚特別擦過的黑色樂福鞋，再配上唯一的「裝飾性」眼鏡：自以爲戴上玳瑁鏡框，就會看來像個經濟學家。爲了同時向時尚優雅風與科技風致敬，皮帶扣著可靠的StarTAC手機。

「明天是大日子。」瑞德坐進我對面的位置。「美林證券（Merrill）認爲我們大概會落在十三塊到十四塊之間。」

瑞德身體歪向走道，對著我兒子揮手。「嗨，羅根。」他說：「你今天眞帥！」

羅根微笑，跟著揮手。羅根的確看起來很不錯。羅琳幫他好好打扮了一番。我們決定讓羅根陪我去紐約後，立刻決定他平時穿的短褲和T恤裝扮大概行不通，羅琳便去了一趟卡皮托拉購物中心（Capitola Mall），從折扣服飾店梅文（Mervyn's）帶回一件藍色的西裝外套（**「大特價！三九・九九元！」**），以及一雙俐落的一八・四九元黑色樂福鞋。

「我不在乎公司上市後，我們會有多少錢。」羅琳熟練地剪掉新外套的價格標籤，向我解釋：「羅根才十歲，還在長，花一堆錢買不久就穿不下的衣服，沒什麼意義。」

「或是立刻就會把東西濺在上頭。」我補充。

羅琳還替羅根選了一條紅色領帶，但羅根一發現老爸不打算戴，立刻堅持自己也不要，改戴一條鯊魚牙齒項鍊。他自從夏天在海灘當兒童救生員後，就沒拿下來過。

我起身正要教羅根如何繫上安全帶，巴瑞上了飛機，手上拿著公事包。巴瑞和平常一樣，穿得比我們正式：銀行家的髮型、藍色西裝外套、白到刺眼的襯衫，以及跟其他人不同的一條漂亮絲領帶。

「我是巴瑞。」巴瑞站在羅根的座位前，彎身和他握手。「很高興見到您協助我們的上市活動。」

巴瑞就是那樣，連十歲的小男孩也當成公司高級主管在對待——至少態度像是小男孩有一天會攀上高位。你永遠不知道，誰有一天將變成有用的人脈。

「傑伊還在路上。」巴瑞沒特別對著誰說話，只見他坐進椅子裡，從公事包拿出黃色筆記簿，再將包包放在一旁的空位上。

傑伊指的是傑伊・霍格（Jay Hoag），是我們的創投人之一。也難怪傑伊想跟我們飛到東岸——他是我們最大的投資人，也是創投公司TCV（「科技交會創投」〔Technology Crossover Ventures〕的縮寫）的共同創辦人，使命是同時協助IPO之前與之後的企業。傑伊的支持是Netflix能成功的關鍵因素。TCV不只在一九九九年初主導了我們六百萬美元的C輪募資，更重要的是，他們說服法國奢侈品集團LVMH跟進。幾乎光靠傑伊替我們擔保，LVMH的代表便飛到矽谷，跟我和瑞德進行一小時的會談，幾天後就匯了兩千五百萬過來。

最幸運的是，二〇〇〇年四月四日，就在網路泡沫完全爆掉的十天前，TCV全部賭下去，又多給我們四千萬美元。想想當時的投資時機，以及矽谷接下來的大屠殺，傑伊篤定這輩子再也見不到他公司的那筆錢。兩年後的今天，他一定特別欣喜可以搭上飛機，一起參加Netflix的首度公開募股——在這段瘋狂旅程的最後一段路上，又多了一名乘客。

我們在內布拉斯加的某個地方降落加油，巴瑞掏出手機。

他告訴我們：「我確認一下詢價情形。」他把手機夾在耳朵和肩膀間，筆記本翻開到空白頁，「快收盤了，應該已經知道明天的排隊情形。」

「市場詢價」（building the book）是IPO程序最後的階段，在幾天前進入高潮。瑞德和巴瑞四處奔波，向潛在投資人說明Netflix的題材。

你讓一間公司上市的那一天，只有少量股票是個人買的，華爾街的術語是「散戶」。當天賣出的量，大都由機構投資人購入：由抱持長期觀點的專業投資者管理的大型基金，如退休金基金、大學基金、退休基金、共同基金——更別提「超高淨值資產人士」（ultra-high-net-worth individual），這種人的錢多到他們得雇用整間辦公室的專業投資人替他們管理。

美林是帶我們上市的銀行團主辦行，打算在上市日賣出價值超過七千萬美元的股票，他們非常小心謹慎看待這次的上市。在IPO日的兩週前，規畫了一系列緊湊的「巡迴展示」，前往各大金融市場。如同百老匯《西貢小姐》（*Miss Saigon*）在紐約市登場前，先在紐哈芬開演，我們的「巡迴展示」先從離華爾街很遠的地方開始，最後抵達終點紐約。我們出現在對科技股友善的投資者面前，包機從舊金山出發，到洛杉磯、丹佛、達拉斯、芝加哥、波士頓，最後在紐約市待兩天。巴瑞和瑞德在每一站，都是從辦公室衝向辦公室，從會議室衝向會議室，從早餐會議衝向午餐簡報，不停重複解說Netflix這個投資標的不容錯過的所有原因。

他們花了一點時間精心準備簡報——找出哪些地方聽眾會接受、哪些大家聽不懂、哪些地方漏掉了。他們巡迴到半路時，某天我家孩子哭鬧個不停，我徹夜未眠，早上五點就到公司，發現喬爾與蘇瑞西已經坐在辦公桌前。

「你們好早到。」我跟喬爾和蘇瑞西的狀況差不多，身體虛弱，昏昏沉沉。

「我們其實是整晚沒回家。」喬爾說。他解釋瑞德和巴瑞一直被投資人嫌棄Netflix的流失率，也就是訂戶取消訂閱的比率。

「我們正在研究不同客層的行為，但是每次一寄給瑞德他要的數據，他立刻就提出另一個問題。」

「瑞德這個人都不用睡覺的嗎？」蘇瑞西揉了揉眼睛問。

答案是「幾乎不睡」。

然而，即便是瑞德，也會有累的時候。瑞德和巴瑞抵達紐約時，兩個人基本上是一邊夢遊，一邊做簡報，幸好他們已經練習到爐火純青的地步。巴瑞後來告訴我，到了巡迴的尾聲，他和瑞德已經可以接完彼此的話，在投資人還沒把問題問出口之前，已經知道他們要問什麼。

巴瑞和瑞德完成巡迴後，便交棒給美林的銷售大隊。銷售大隊一路沿著巴瑞和瑞德去過的地方，一一詢問他們兩人激起多少購股興趣，一路傳回紐約的主辦公室，製作成詳盡的電子表格，但依然按照紙本的傳統稱為「帳簿」（the book）。

當然，帳簿不是用擦不掉的墨水寫的。所有的預購（噢，不好意思），只是「表達興趣」才對。投資人表達興趣時，只是給大約的價格。有的顧客不論Netflix的股票是多少錢都願意買，有的則比較清楚自己願意出多少——設定了嚴格的上限。如果沒超過上限就買，超過的話就不買。

因此，我們IPO的那天早上，銀行的挑戰是找出理想的開盤價。價格要是訂得太高，有興趣的購買者就會算了——這樣我們就達不到募資七千萬的目標。要是設得太低，Netflix會平白少拿數百萬。

讓事情複雜的另一個因素是什麼？有選擇的話，銀行其實不介意把價格設得太低。銀行會這麼努力幫我們，部分原因是除了可以收取高額佣金，還能讓他們最好的客戶有機會在開盤時低買，在收盤時高賣。銀行稱之爲上市日的「彈升」。

彈升未必是壞事。價格一下子跳漲，可以讓大眾感到這間公司「熱門」、有「動能」，但如果有人會在第一天大賺一筆，我們希望是我們，不是美林的客戶。我們樂於見到健康的彈升——但不希望是樂極生悲地摔出去。

「爹地！」

羅根的湯匙上放著一大球香草冰淇淋，他吃到一半停下來。「巴瑞正在講電話。在飛機上耶。我以爲飛機上不能打電話。」

羅根抬頭看我，臉上是詢問的表情，接著小心翼翼地把冰淇淋放進嘴裡，低頭挖更多聖代底部的布朗尼。

「很酷吧？」羅根這麼興奮，我忍不住微笑。「你想打電話嗎？或許打給媽媽？」

我按下家裡的快速撥號鍵，等羅琳接電話。

「我們人在奧馬哈（Omaha）。」羅琳接起電話後，我說：「有人想跟妳說話。」

羅根抓住電話，興奮地向媽媽報告這趟旅程，一口氣講到午餐菜單上有凱薩沙拉、烤馬鈴薯、菲力牛排。羅根把「菲力」講成了「揮力」。

我終於拿回電話後，羅琳說：「兒子聽起來很興奮。」

「羅根有點緊張，但快樂似神仙。妳眞該看看我們抵達巡航高度時他的德性，他在飛機走道上翻筋斗，天啊，他在座位間前滾翻。」

「我很高興他這麼開心。」羅琳說。她模仿巴瑞的樣子，壓低聲音：「告訴他，可別習慣了。」

我轉頭看見羅根吃到盤底朝空，努力用湯匙挖起最後一點巧克力醬。我和他一樣興奮——我只是比較懂得隱藏心情。老實講，我覺得我們所有人都很興奮。要是我們坦誠一點，也會跟著羅根一起翻筋斗。

禮車抵達紐約查帕夸，在我爸媽家的門廊嘎吱停下。天早就黑了，羅根靠在我肩膀上熟睡。我回到家了。

「歡迎回家，新媒體主管先生。」我的母親替我壓著門，我抱著羅根走上大門廊，進入廚房。我放下羅根時，突如其來的燈光讓他睡眼惺忪地眨了眨眼。

「你可以睡書房。」母親告訴羅根。羅根點頭，拖著腳步上樓。

那天晚上，我睡在兒時的臥房，身旁是我的書、我的啤酒罐蒐藏和少棒獎杯。從某方面來講，我感覺不曾離開。我四十四歲了，結了婚，有三個孩子、一棟大房子，還有一台奧迪Allroad。然而內心深處，我依舊感到自己還在讀高中，因爲隔天要和福克斯巷高中（Fox Lane）足球隊比賽而激動。

等明天一切結束後，我會有什麼感受？感覺更像個大人嗎？那錢呢？錢會改變我嗎？

我知道，我和羅琳以後絕對可以少擔心一點，但不認爲我們會更快樂。在紐約查帕夸長大，讓我明白錢和快樂完全是兩回事。我成長時，身邊有很多超級有錢也超級悲慘的富人。你在一哩外就認得出那種人——光可鑑人的樂福鞋、帥氣的訂製西服、臉上掛著空洞的微笑。

那天晚上，我輾轉難眠，腦中不斷想著可能出錯的每件事。萬一我醒來時，市場已經在半夜崩盤怎麼辦？萬一又有恐怖攻擊事件？萬一瑞德被巴士撞上？萬一辛苦這麼多年，又回到原點要怎麼辦？

唯一能讓我鎮定下來的，就是看著牆邊櫃子上的小火車——那是父親作工最細的一台，在一九七〇年代中期完成。蒸汽機在月光下發亮，活塞感覺快要動起來，接著我便進入夢鄉。

就許多方面而言，眞正上市的那一天是反高潮。

Netflix和許多科技公司一樣，在百分之百電子化的那斯達克掛牌。那斯達克證交所沒有交易廳，沒有穿著帥氣西裝的交易員此起彼落喊著報價，也沒有可以敲鐘的陽台，每筆交易幾乎是瞬間完成——買賣雙方撮合，就發生在看不見、安靜無聲、有效率、有秩序的電腦伺服器中。

那個經典畫面呢？開心的創業者敲鐘，報價的紙彩帶落在人山人海的群眾頭上？抱歉，那是紐約證交所，你搞錯地方了。

完全電子化帶來更有效率的市場，但如果你爲了IPO準備了近五年，你會感到有點失落。如果想慶祝眞正的第一筆交易成眞，我們有兩個選擇：去紐澤西的威霍肯（Weehawken），聚集在沒窗戶、有氣溫控制的那斯達克伺服器機房，或是在美林的交易廳目睹歷史性的一刻。抱歉讓各位失望了，美林交易廳的精彩程度，就跟無窗的伺服器機房差不多，但至少那裡有自動販賣機——電梯對面的凹室牆壁有一整排。

羅根立刻發現了那些販賣機。

「那些是藍道夫叔叔說的販賣機嗎？」

「差不多。」我說。羅根的叔叔，也就是我弟弟，在美林銀行工作。他某天晚上到我們家作客，講了交易廳的故事。羅根聚精會神聽著。

「有的人靠賭博爲生。」藍道夫講起故事：「他們永遠在找可以賭的新東西，眞的什麼都能賭。有一次，他們賭某位交易員能不能在一天內，吃完販賣機裡所有的東西。我們所有人都扔了二十元紙鈔，告訴他，只要他吃完，就能把錢留著，但最瘋狂的是邊注。人們下注數百美元，賭他能不能成功——以及如果沒成功，他會吃到哪裡停下來。」

羅根聽到這兒瞪大眼睛。

「大半個早上，他進展神速，吃完士力架巧克力棒、話匣子玉米片、青箭口香糖。口香糖只嚼一下就吐掉。但吃到多力多滋的時候，他明顯吃不下了，面前還有三排。我一個朋友下了邊注，賭很多錢說那個人會吃完——所以他衝到我們大樓一樓的杜安里德藥妝雜貨店（Duane Reed）。」

「為什麼？」羅根問。

「去買果汁機。」我弟大笑。

羅根現在站在故事裡的販賣機前，看著機器裡陳列的商品，小腦袋瓜算個不停。

「不可能。」他說：「絕對不可能辦得到。」

交易廳安靜無聲，但場地很大：一整排桌子，延伸在美式足球場那麼大的地方，每張桌子都放著三台螢幕，微微斜放，接在一起，方便每個工作站台的交易員一目了然。有的交易員的三台螢幕上方，還有另一排接在一起的三台螢幕。螢幕是滿的，五顏六色的線條，追蹤著各種金融工具看似隨機的波動。每個工作站都配備一個特大號鍵盤，除了標準的QWERTY鍵盤，還有數十個額外的按鍵——上頭是瘋狂的字母與數字組合，幾乎看不出任何意義，但交易員順暢無阻地操作這些怪異鍵盤，看起來像是音樂神童正在激情地彈奏蕭邦。

每一個工作站還配備一台巨大電話機，上頭所有的紅鈕瘋狂閃動。我和羅根抵達時，巴瑞的肩膀和耳邊夾著話筒，外套半脫，激動地和某個人講話。瑞德鎮定地在旁邊的桌子回電郵。傑伊站在一旁，和平日一樣放鬆，穿著皺巴巴的藍色牛津襯衫。

「什麼事都還沒發生。」傑伊告訴我們：「市場快開市了，但他們還在努力找出合適的價格，可能還得再等一小時。」

他指著交易廳對面的一角，四、五個交易員正在激動地講電話，有的一次還拿著兩個話筒。

「每一次他們嘗試一個新價格，就必須打電話給每個人回報。這需要花點時間。」

這樣有點傷腦筋。我們等一整天也沒關係——但我們洛思加圖斯總部那邊的氣氛有點不一樣。洛思加圖斯的時區比紐約晚三小時，所以全公司的人，在今天上市日的早上六點就聚在一起吃早餐，每個人多半擠在一樓的側翼，焦急地等待開市。我答應大家會每隔一段時間，就從交易廳打電話過去報告現況，但這下子我要說什麼？

什麼事都還沒發生。

在東部標準時間的上午九點十五分，也就是開市前十五分鐘，我打電話回辦公室。我宣布：「洛思加圖斯，早安！」我想像我的聲音從架好擴音器的地方傳開。每個人都停下對話，放下咖啡。對他們來講，這一刻就是了。他們還不知道真正的時刻尚未來臨。

「我人在美林的交易廳，旁邊是瑞德、巴瑞和傑伊。」我說下去：「離開市大概還有十五分鐘……」我停下來，不知道要講什麼。「反正呢，什麼事都還沒發生。」

要對滿屋子你看不見也聽不見的人描述「媒合價格」的現況，實在太難了。我覺得自己就像棒球賽況的轉播員，試著在雨天的延遲開賽中沒話找話講。我這才曉得，要有趣地描述一個塞滿辦公桌的空間，需要大量的說話技巧。我連自己都受不了——無法想像聽眾感到有多無聊。

幸好珮蒂終於過來救我，她接起電話，建議或許等我有進一步的資訊分享，再打電話過去。

奇妙的是，雖然遲遲還沒開始，羅根一點也不覺得無聊。每樣東西都令他興致盎然。有一位交易員教他帶出市場報價。羅根彎身使用彭博（Bloomberg）的終端機，搜尋聖塔克魯茲的新聞。他打了幾個字，興高采烈。

然而，我實在等不及了。我不時打電話回洛思加圖斯回報——**有個人一次講兩支電話，有人在幫植物澆水**。沒打電話時，我咬著指甲踱步，好像在醫院等候親友動完手術，想像每一種可能的結果，大部分都是朝壞的方向想，極度緊張，焦躁不安，需要有事可做。我終於想起，羅琳在我外套口袋塞了一台拋棄式相機，我靠拍照打發時間，拍下巴瑞在講電話，瑞德的眼神不曉得在沉思些什麼。我幫羅根拍的照片，則是他坐在辦公椅裡，抬起頭，雙手在前方交扣，神情嚴肅，好像在深入研究克留格爾金幣（Krugerrand）的期貨價格——到了今日，那張依舊是我最愛的羅根照片。

那一刻終於來臨時，沒有閃光燈，沒有響亮喇叭聲，沒有正式宣布，什麼都沒有。只有巴瑞走向我、傑伊和瑞德佇立的一角，宣布：

我們有價格了。

牆上的長條螢幕上，在交易廳大部分的電腦螢幕上方，走馬燈顯示著字母代號與數字，隨時告知交易情形。經驗老到的交易員看著跑馬燈，一秒就明白發生了什麼事：APPL－16.94_MSFT－50.91_CSCO－15.78。我們全都盯著螢幕，瞪大眼睛，不敢眨眼，以免錯過。就連羅根都感受到有重大事件正在發生，轉頭往上看，想知道每個人究竟在看什麼。

來了：NFLX－16.19。

我終於有東西可以報給珮蒂。

「把我接到喇叭上。」我說。

在交易廳裡，我們心情激動地慶祝，百感交集。我和瑞德擁抱，與巴瑞、傑伊握手，彎下腰緊緊抱住羅根不放。協助我們IPO的幾位美林主管一一過來道賀。有人開了一瓶香檳，就連羅根都喝了幾口。他覺得很難喝。

瑞德與巴瑞留下來，他們要和記者講幾句話，但我一聽見洛思加圖斯辦公室傳來歡呼聲，我當實況播報員的工作已經圓滿，我和羅根可以走了。然而，我們的飛機要到下午五點，才會從泰特伯勒機場（Teterboro）起飛——那是進出紐約市的私人飛機的飛航站。在那之前，我們有一下午的空閒時間。

我知道我想做什麼。我想看二戰的「無畏號」（*Intrepid*）。那艘航空母艦今日永久停靠在哈德遜碼頭，有一座博物館，還有潛水艇。

不過首先，我和羅根得完成一件更重要的任務。

我們下樓到街上，一路推開旋轉門。我小心翼翼撕下安檢名牌，塞進背包當紀念品，舉手招了一輛計程車，等車子在人行道旁停下，我跟在羅根後面上車，告訴司機：「到十一街與第六大道交叉口。」

「我們要去哪裡？」羅根問。

「你馬上就知道了。」我說：「我知道你是加州孩子，但該是你受洗成爲紐約客的時候了。」

計程車駛進接近中午的車流，我在嘎吱作響的位子上坐定，看著半開車窗外頭的景象，一個又一個街區在眼前消失。我開始體認到，我的人生剛剛踏上無法逆轉的新道路。在股票報價符號跑過螢幕的那個瞬間，全新的道路在我眼前展開。這是我的成年生活中，頭一次不必工作，永遠再也不必工作。

計程車在紅燈前停下，我凝視窗外，看著前方過馬路的行人。一個西裝男對著甜甜圈皺眉。穿著護士制服的女人剛輪完十二小時的班，神情疲憊。建築工手上拿著黃色安全帽。

他們全都得工作，但我不必。不過在一、兩個小時前，我也和他們一樣必須工作——但現在突然間事情不一樣了。我不知道我對這個轉變有什麼感受。

這不是錢的問題，這是「有用」的問題，當個有用的人會帶來快樂。我工作的目的從來不是變得有錢——而是做精彩的事令人感到興奮，解決問題很快樂。在Netflix，那些問題都複雜到不可思議，而喜悅來自和一群傑出人才坐在桌邊，一起努力想破頭解決問題。

我愛Netflix，不是因爲我認爲Netflix有一天會讓我致富。我熱愛Netflix，是因爲我愛玩具槍，愛打水仗，愛打油詩，愛小便斗的錢幣遊戲，愛會議室裡的唇槍舌劍。我愛坐在車子副駕駛座的自由動腦時間。我熱愛在小餐廳、飯店會議室或游泳池開會。我愛打造公司，看著公司跌倒又站起來。我熱愛來來去去，愛勝利與失敗——愛員工旅遊的爆笑聲，愛在主持人凡娜的噴射機上說不出話。

我愛克莉絲汀娜、米奇、泰、吉姆、艾瑞克、蘇瑞西，以及其他數百位同仁。他們爲了公司犧牲夜晚與週末，連假日也在工作，被迫取消計畫與調整安排。全部的人協助我和瑞德讓一個夢想成眞。

重點不是錢。重點是當成功尚在未定之天，我們就勇敢跳下去。

那現在呢？

我不會立刻拿到錢。為了防止拋售潮，銀行要求我們所有人繼續持有股份六個月，因此從某個角度來講，暫時沒有任何事改變。幾個小時後，我會搭上飛機回加州，大概會直接進辦公室，回個幾小時的電子郵件，然後返家。

畢竟我們還有很多事要做。百視達仍舊對我們磨刀霍霍。我們聽見令人憂心的傳言，沃爾瑪正準備進入線上零售，我們還有一堆想測試的點子，我急著回去研究串流。

然而，有一部分的我知道，旅程的一個階段已經結束。夢想成真。我們做到了——我們把信封和歌手克萊恩的CD，變成一間上市公司。這是我們期待的成功，我們答應拿錢投資我們的人，我們會做到這件事。對於投資時間在我們身上的人，這也是他們的獎勵。大多數的人碰到這樣的成功時，他們會來點魚子醬、香檳、滿滿一大盤的牛排，在頂級餐廳Le Bernardin好好吃頓晚餐，接著在麗池飯店來一杯或三杯睡前酒。

然而，那不是我和兒子要去的地方。

計程車停下，我把一張二十元鈔票塞到安全隔板前方。下車後，知名雷伊披薩店（Famous Ray's Pizza）的旗幟在日光下反光。堆滿義式臘腸、香腸與起司的披薩，在窗邊的轉盤輪番上陣。我打開店門之前，享受了幾秒鐘眼前的景象——在我做了好幾年的夢成真的那一天，在我的人生道路就此改變的幾分鐘後，我要和我的長子來一片正港的紐約披薩。

這就是我眞正想待的地方。

「爸，我們到了嗎？」羅根抬頭問我。他看著從交易廳摸出來的文件，上面列了好幾千個股價。

我回答：「羅根，這下眞的到了。」我打開門：「來吧，我們成功抵達了。」

尾聲　藍道夫的成功家訓

我二十一歲那年大學剛畢業，即將展開人生第一份工作。父親給了我一張手寫的人生指導清單，一共不到半頁。父親用工整的工程師筆跡寫上：

藍道夫的成功家訓

1. 人家要求你做到的事，至少要再多努力一成。
2. 你不知道的事，永遠、永遠不要把你的意見當成事實告訴任何人。千萬小心，遵守戒律。
3. 做人要有禮貌，永遠體貼——對上對下都一樣。
4. 不要批評，不要抱怨——只講有建設性的重要評論。
5. 當你有事實作爲依據，不要害怕做出決定。

6. 有可能的時候就量化。
7. 保持開放的心胸，但不要輕信。
8. 快速行動。

我保留了最初的那張紙，裱在玻璃框裡，掛在浴室的鏡子旁。每天早上刷牙都重讀一遍。我也給我每個孩子一人一份，我一生都努力做到這八條原則。

藍道夫的成功家訓範圍廣、氣量大，還有獨特的標點（我和孩子永遠在笑第二條少了逗點）。這幾條原則講的是相當原則性的事情（「保持開放的心胸，但不要輕信」），但也很明確（我喜歡簡潔的最後一條：「快速行動」——這條感覺是最小的原則，但擺在壓軸的位置暗示正好相反）。這幾條家訓講出理性做事的道理，你要坦率、你要努力：我父親一輩子以身作則，正派、勤奮，求知欲強。

藍道夫家訓協助我度過學校生活，協助我從事野外活動，也是我的職業生涯很大的助力。我習慣隨時測試（第二條、第六條），我擁有好奇心與創意（第七條），我願意爲了目標冒險（第五條）。Netflix「極端誠實」的公司文化種子，源自第四條勸人**提出有建設性的重要評論**。此外，當然還有直接源自第一條的文化——**人家要求你做到的事，至少要再多努力一成**；也因此，Netflix辦公室總是在喝濃縮咖啡與吃披薩熬夜。

我的父親很少有機會看見兒子上班的樣子。我父母都住在美國東岸，幾乎不會在職業場合見到我。我在Netflix的種子輪募資時，確實向母親開口，我工作上的事也都會告訴他們：不論是在寶藍、Integrity，還是在Netflix。一九九九年，我到紐約在一群DVD主管面前演講，那一次我邀請爸媽過去。他們知道Netflix很成功，正在成長，但不曾親眼見識到，至少在那天晚上之前並不清楚。

我記得當時我很緊張，但是看到現場座無虛席，爸媽坐在後排，我同時感到自豪——非常自豪。

活動結束後，我和父親坐在人去樓空的禮堂，前方的舞台空蕩蕩的。父親把手放在我肩上恭喜我，說他以我為傲。接著，他告訴我，醫生在他的頭顱X光片發現了怪東西，隔天他就要去西奈山醫院做腦部切片檢查。

我聽到後不能呼吸。先前母親已經告訴過我，父親最近怪怪的，去看了醫生，但情況聽來不妙。我和平常一樣，藉著開玩笑掩飾焦慮。

我告訴父親：「你需要在頭上鑽個洞。」（譯註：need that like you need a hole in the head，引申意為「你根本不需要」。）

父親大笑。

我們父子有相同的幽默感。

父親在二〇〇〇年三月死於腦癌，我感到錐心之痛。事情主要發生在本書所講的故事幕後。一九九九年至二〇〇〇年初，Netflix正在測試日後將演變爲月租制的各種作法，Cinematch也在做最後修正。在父親接受治療期間，我一個月至少飛回紐約一次。那是我們父子多年來相處最久的時刻。

父親面對診斷結果時，態度就跟他面對人生大多數的事情一樣。人們說他很有進展時，他保持開放但懷疑的態度。他沒抱怨，以禮貌和體貼的心，對待他在健康體系碰到的每一個人，包含內外科醫師、護士、病房雜役與助手。此外，約好的門診，他從不拖延。

父親過世時，我請了一星期的喪假，到紐約陪母親，接著就飛回加州。

然而從那時起，有什麼東西不一樣了。父親過世讓我看清世事，我開始衡量人生中眞正重要的事——爲人父與爲人夫、身爲創業者與身爲一個人該做的事。

我開始明白，那天在曼哈頓下城的講堂，我感到自豪，不是因爲座無虛席，也不是因爲父母看到兒子今日有多成功。

好吧，那是部分原因。

但更重要的是，我的自豪，源自那天晚上我傳遞的訊息：**媒體生態正如何改變，而我們可以從帶來改變的企業學到哪些事**。

父親在網路泡沫崩跌的前夕過世。他是價值投資者，向來無法明白人類怎麼會那麼一窩蜂，他對錢潮、熱潮感到不可思議。他要是能看到一切果然如他所料，絕對會很開心。

我眞希望父親能親眼見到他說對了。我也希望他看見Netflix撐下來了。父親沒活到我們讓公司上市的那一天，也永遠聽不到後來我搭私人飛機、帶兒子回紐約的故事。父親永遠不會聽見IPO帶來的意外之財，以及我的家庭因此出現的改變。

但是沒關係。因爲父親確實見過我上台，談著我熱愛的事物：解決問題、建立團隊、打造成功的文化、如何替新創的精神殫心竭力。

父親看見我做自己熱愛的事，那才是眞正重要的事。

隨著年紀增長，如果你對自己有一定的認識，你將學到兩件關於自己的重要事項：你喜歡什麼、你擅長什麼。可以把時間花在那兩件事的人很幸運。

我在Netflix的第七年起，公司開始脫胎換骨，我的角色也隨之改變。我依舊負責網站的營運，不斷調整能爲公司增加訂戶的作法，我們該如何收費，人們如何選擇要看的電影，我們要以何種順序寄到他們手上。然而，我也漸漸把公司的其他許多面向交給更有能力的主管。

我們的訂戶數早就超越百萬大關，總部搬過兩次家，因爲員工人數不斷成長，辦公空間老是不夠用。

我們終於想出辦法，在全國大多數地區都做到隔日送達，於是顧客的好評口耳相傳，我們得以加速成長。

我們上市了，取得上市帶來的資金，再加上公司口碑愈來愈好，有辦法吸引優秀的人才替我們工作。各領域的明星都來了。原本自己開公司，或是替跨國企業負責物流、打造網路基礎設施的人才，全都來了。

我們和百視達陷入苦戰，搶奪租片的霸主地位。瑞德開始提出今日眾人熟知的Netflix創始故事。還記得嗎？那個版本的故事說，瑞德因爲在家裡發現一卷擺了太久的《阿波羅13號》錄影帶，還得繳四十元逾期費給百視達，便想出Netflix的點子。他心想：**要是我再也不必為了晚還片而繳罰金呢**？

如果本書帶來了一點新知，我希望你已經瞭解，Netflix背後的故事比那個說法複雜一些。此外，我**也**希望你已經發現說故事的用處無窮。當你試著打敗巨人，你公司的創始故事不能像這本書一樣，厚達四百頁。你的故事必須一段話就能說完。瑞德一講再講的創始故事，正是打造品牌最好的方式，我一點都不怪他。

那是謊言嗎？不——那是一個故事，一個精彩的故事。

事實就是任何創新的傳承都很複雜，一定會同時和好幾個人有關。他們奮鬥，他們努力，他們爭執，各自貢獻不同領域的長才與妙計：多年從事郵購事業，熱愛演算法，永遠想爲顧客做對的事，知道美國第一類郵件可以節省成本，瞭解客製化服務的力量。是的，或許晚還片的滯納金也起了作用。這些過程可能花個幾天，有時花掉幾星期，甚至花上幾年，但這群人最終想出不一樣的全新好點子。如各位所讀到的，我們最後得出了Netflix。

但那個故事太雜亂了。

當你對著媒體、投資人或事業夥伴講話時，人們眞的不想聽那堆雜七雜八的事。他們要的是一個清楚明確的版本，用蝴蝶結包得好好的。瑞德幾乎是立刻察覺到那一點，所以他想出一個故事。那是個好故事：簡單、明確、好記。那個故事捕捉到Netflix的基本精神，替我們解決了一個大問題。

那個故事給了我們一個解釋公司歷史的方法。

二〇〇三年，Netflix的歷史已經長到足以寫下自己的故事：大衛vs.巨人歌利亞，而且看來大衛有機會扳倒巨人。

Netflix成長了，而我發現自己也一樣。

我依然熱愛公司，我以只有父母能理解的愛支持著Netflix，修正錯誤，打敗敵人，永遠要公司更努力成功。然而，日子一年年過去，一季又一季的數字來來去去，我慢慢發現，雖然我熱愛這間公司，我已經不愛在那裡工作。

我的確知道自己喜歡什麼，也知道自己擅長什麼。答案不是Netflix這麼大的公司，而是試著開闢出一條路的小公司。我喜歡參與剛要讓夢想成眞的過程，還沒有人找出可重複、可擴大規模的商業模式。公司仍充滿危機，必須跳下去和一群超級聰明的人，一起解決眞正的複雜難題。

此外，我要在這老王賣瓜一下：那是我超級擅長的事。每一間新創公司都同時有好幾百件事一起出錯，每一件事都在搶奪你的注意力。我有辦法抓住兩、三個關鍵重點，即便它們不是吵得最大聲，但那種問題只要你解決了，剩下的自然會水到渠成。

我以接近偏執的方式，專心解決那些特別的事務——一心一意地解決，其他每件事都不管，直到打敗問題爲止。

我有能力說服他人辭職，接受較低的薪水，站在同一戰線，打一場不可能贏的仗，擊敗似乎百戰百勝的敵人。

這些是管理新創公司的關鍵技能，比較不適用於擁有數百位員工、數百萬訂戶的公司。

時間到了。

我想我已經意識到那件事有一陣子，尤其在IPO之後，但一直要到二〇〇三年春天才成爲事實。當時公司要我和米奇・羅威一起研發Netflix的自動租片機。

我們經常在想要如何與百視達競爭。百視達有辦法提供使用者立即的服務。雖然Netflix顧客家中的電視機上，已經有好幾部電影等著，但我們的「即時滿足」頂多只能做到那種程度。如果顧客突然想看別部片子，那不好意思，得繼續等，但如果是百視達的顧客，他們可以開車到數千間分店，不必等DVD寄到家。那是我們的致命弱點。我們很怕百視達會推出混合模式，整合線上與零售租片。我們很清楚那對顧客有很大的吸引力。

米奇一直不留餘力地鼓吹用租片機解決這個問題。Netflix的訂戶可以利用小型的服務據點租借並歸還DVD。米奇早在加入Netflix前，就夢想開發出這樣的技術，成爲他影片機器人連鎖店的生力軍。現在看來瑞德願意測試這個點子。

「我和米奇在拉斯維加斯找到很好的測試地點。」我告訴瑞德：「我想我應該跟他一起過去。我應該專注於這項測試，或許就專門處理這件事。」

「沒問題。」瑞德說：「我們可以把你所有的前台員工都移交給尼爾。把專案經理和前台工程師整合起來，由一個人管理，這樣大概對每個人都好。」

我問：「但如果行不通的話……」我看著瑞德的臉，我們同時明白了。「我不確定要是六個月後，我把工作要回來，這樣對尼爾是否公平。」

瑞德嚥下口水，歪歪頭。「這樣的話，」他說：「我想我們得開始討論你的遣散費，以防萬一。」

我們陷入尷尬的沉默，接著，我實在忍不住笑了出來。

瑞德也陪笑。

「好吧，其實我們已經談過這件事了。」我說：「我們都知道這一天遲早會到來。」

是眞的，我經常和瑞德談我的感受。他太聰明了，不可能沒注意到我的技能不是Netflix未來幾年需要的。此外，他太誠實，不可能對我隱瞞太久。

瑞德這下子看來鬆了一口氣。如果這樣安排，他就不必尷尬地對我開口，不必再做一次PowerPoint與狗屎三明治——因爲不是他決定的。

我開始執行最後一個計畫，萬一不成功就走人——自請離開。

六個月後，我回到洛思加圖斯，最後一次穿上新媒體戰袍，至少是其中一個版本。我留下那件七彩西裝外套，但卡其褲換成牛仔褲，波紋襯衫也不要了，改成T恤。

要上路，也要走得舒服。

Netflix爲了舉辦我的歡送會，租下洛思加圖斯戲院。這間公司曾經小到有幾個月沒辦公室，在霍比餐廳欠下可觀的帳單，在簡陋的小旅館會議室舉行頭幾次的會議。而今，這間公司大到無法用辦公室的場地召集眾人。這次是要送走最初的創辦人，也不適合再把大家召集在野餐桌子區。我得到了紅毯的待遇——至少座位是紅天鵝絨布。洛思加圖斯戲院的牆上掛著天鵝絨布幔，座位也是眞正的天鵝絨，還跟Netflix的辦公室一樣，前方擺了爆米花機，但戲院的機器不是花拳繡腿的裝飾品，而是來自電影院販賣部只賣爆米花的時期。

換句話說，那台機器眞的能用。

我和羅琳與孩子走向戲院門口，忍不住爲公司現在的規模感到訝異。同仁湧出大廳，走到街上，我認得大部分的人，但不是全都認識。

「哇，」羅琳說：「我知道公司現在很大，但我依然想像你每天和十個人一起上班，坐在我們家飯廳的舊椅子上。」

我笑出來，但羅琳說得沒錯，事情眞的變了。最初的創始團隊只有八人，如今有數百人。我們的IPO瞬間讓公司拿到近八千萬美元的資金，早已不需要打電話向史蒂夫或我母親調兩萬五的頭寸。母親最初的投資幾乎成長了一百倍，她用那筆錢買下紐約上東區的公寓。

然而，那些奮力掙扎的日子也過去了。我想念過去，想念熬夜與清晨起床，想念草坪椅與牌桌。我想念所有人一起動起來，每天摩拳擦掌準備解決各種問題，不會規定**只能**碰你被聘進來做的工作。

我和米奇待在拉斯維加斯時，有點再度感受到往日時光。我們玩得很開心，有三個月同住在一間公寓，地點是拉斯維加斯西側的桑默林（Summerlin）社區，靠近紅岩峽谷（Red Rock Canyon）。我們在離公寓幾個街區的史密斯超市（Smith's）設置原型租片機，提供Netflix的訂戶立即租片服務。我們依據眞正的Netflix風格測試，沒替顧客打造電子介面，而是採取平日的駭客確認法——我們在超市設立微型店，Netflix的訂戶可以在現場挑選DVD，也可以歸還片單上的DVD。米奇在聖塔克魯茲用牛頭鉋床和衝浪板，切割出一塊「Netflix Express」招牌，懸掛在我們的小店天花板上。我們不是在測試電腦租片機是否管用——我們是在測試顧客會如何使用。他們會挑選電影？還DVD片？只是放進片單？

那年夏天，我們花很多時間待在超市，通常是晚間。夏季裡，拉斯維加斯的人們晚上才到雜貨店購物，因爲白天太熱，而且賭場的工作時間日夜顚倒。凌晨一點時分，我們看著雞尾酒女服務生、荷官、脫衣舞孃試用我們的假租片機。我們拿著寫字板，在走道上走來走去，詢問顧客能夠在雜貨店租片、還片的感受。如果他們不是Netflix的顧客，我們會試圖說服他們訂閱——如果他們不願意，我們會聆聽他們的理由。

我們得知了很多事，但最重要的是，我們得知租片機的點子大受歡迎，民眾很喜歡。我們待在內華達州的三個月過去了，我很難過。因爲我已經開始習慣在天亮前騎登山車，傍晚時和米奇健行，或是午後坐在無人的社區泳池畔，聊一聊事業與人生。米奇很興奮能向瑞德報告我們的發現，他認爲就我們最迫切的問題而言，那些測試證明了租片機是介於中間的解決方案——隔日送達還不夠快的時候，或許租片機能加以彌補。

然而，我們回加州後，瑞德不認同。

「太貴了。」瑞德說：「一旦做了租片機，就是在做硬體事業，還得在全國各地雇用和管理一堆人，幫租片機補片子。這是個好點子，但我們最好專注於核心事業。」

「加拿大原則。」我說。

瑞德點頭。

加拿大原則是很好的原則，但讓我失業了。租片機行不通。也就是說，我得擬定自己的資遣方案。

米奇則利用我們在拉斯維加斯測試的三個月，開了另一間小公司。你可能聽說過，叫「紅盒」（RedBox）。

就這樣，我坐在洛思加圖斯戲院的台上，在任職的最後一天，看著台下人山人海的面孔。羅琳坐在我旁邊，羅根也是，他穿著IPO那天的西裝外套與樂福鞋。摩根試著阻止杭特脫下鞋子扔進觀眾席——杭特五歲了，比以前好動很多。結果摩根沒成功。

「這有點瘋狂，不是嗎？」瑞德走向麥克風時，我告訴羅琳：「我是說，我們過去七年的生活，就有點像這樣。」

「我聽說郵局在招人。」羅琳微笑：「米蘇拉（Missoula）附近的郵局有一個缺，你要去嗎？」

我忍著笑。瑞德清清喉嚨開始演講，完全是他的風格，簡潔有力，但也令人感到真誠。他大概簡述整間公司的歷史，強調我在早期扮演的角色，滔滔不絕講著我們如何合作，公司又是如何一路演變。他在結尾時感謝我，邀請我的幾位同仁上台。

接下來是Netflix的重要傳統。你聽過有的人希望自己的喪禮是慶祝大會？他們不要守靈，要歡樂遊行？Netflix也一樣。有人離開公司時，歡送會不是難過的場合。不會播放輓歌，反而像調侃大會。大家輪流上台演講——但最上乘的手法是用打油詩告別。

那天晚上的打油詩很長，不太押韻，還有點黃。我有好幾次不得不捂住羅根的耳朵，但我又哭又笑。

最後輪到我致詞。我當天講的內容是即興發揮，所以無法摘錄在這裡，不過主要是講公司和團隊對我有多重要——我感到很幸運，能參與眞正改變世界的歷史事件。我感謝工作同仁，感謝瑞德——感謝現場每一位讓Netflix走到今日的人。

我最後用我寫的一首詩作收尾。我的演講只有那個部分記了下來。我打開講稿，清了清喉嚨開始念：

我有點訝異，老實講
按照今天的主題，
我還以爲會有敬酒，
結果得到吐槽？

好吧，誰怕誰，我說。

我繼續開許多同仁的玩笑，他們大都已經朗誦完關於我的打油詩。接著我念到講瑞德的部分。

還有瑞德，這傢伙太強了，
不論是對我們或外頭的人推銷。
但那部晚還的片子是
《阿波羅十三》？才怪！
是《悶騷小狐狸》才對。

眾人哄堂大笑。我看向瑞德，他大笑著搖頭。

我要收尾了，只剩最後一段詩。我看見人群中的珮蒂，對她眨眼。接著停頓幾秒，最後一次望向台下的朋友與同事，露出微笑。

我念完紙上幾個字：

最後，因爲最後的毛茸茸部分，

珮蒂氣得快口吐白沫。

自「蛋蛋除毛」海報後，

我一直想吐槽她，

嘿，妳沒辦法開除我：我辭職了。

等等，故事還沒結束。

你大概很常看到其他書用這句話當結尾。但這是眞的——因爲毫無疑問，Netflix離下台一鞠躬還很遠。

瑞德還在，依舊是執行長兼董事長，依舊走路有風。瑞德和我不一樣，他不只很適合當公司早期階段的執行長，就後面的階段來說，也是傑出（或更理想）的執行長。他把公司帶到我想都想不到的高度。我們依舊是好友。他告訴我，他偶爾會接到氣沖沖的電子郵件，寫信來的人抱怨被一輛車牌是Netflix的車子超車，他們認爲那一定是瑞德的車。

幾年後，克莉絲汀娜開了一間叫「鋼潛能」（Poletential）的運動公司，替紅木城（Redwood City）的女性開設增加自信的鋼管舞運動課程。老實講，這眞是太出乎意料！但克莉絲汀娜用心發揮她的組織長才，致力促進女性健康，鼓勵成千上萬的人，好好保養自己的身心。

泰後來成爲好幾間公司的行銷副總裁，包括MarkMonitor與Recurly。她依然保有自己的波士頓口音。

艾瑞克離開Netflix後，成爲LowerMyBills的技術長，帶著薇塔一起過去（後來鮑里斯也加入）。艾瑞克現在是Align的軟體副總裁，那是一家做3D列印的大公司。

鮑里斯最後也成爲技術長，先後待過ShoeDazzle與Carbon38這兩家公司。薇塔又當了幾年的技術專家，接著就完全轉換跑道，取得心理學博士學位。我上一次聽到她的消息，她在南加大做博士後研究。

吉姆離開Netflix後，在WineShopper待了兩年，最後終於在Mozilla當上一直想當的財務長。他在那裡已經待了快十五年。

我的老友史蒂夫・卡恩沒有在那棟炫耀用的房子住很久，今日在聖地牙哥追尋成爲職業攝影師的夢想。我把他的兩幅作品掛在家中最顯眼的地方。

蘇瑞西在二十一年後，仍待在Netflix，目前是工程經理，依然留著當年正確預測第一百張訂單出現時間的那枚一元硬幣獎品。

柯瑞是我們之中唯一留在娛樂業的人（當然，除了瑞德），多年來替導演詹姆斯・卡麥隆（James Cameron）負責行銷策略，後來自立門戶，成立自己的顧問公司。

柯呢？我不知道他在哪。

我離開Netflix後，Netflix繼續做了很多事。我寫這本書的時候，Netflix的訂戶剛破一．五億人，顧客幾乎遍布全球每個國家。Netflix現在自行製作電視劇，也拍電影，改變了民眾從事娛樂活動的方式，帶來追劇的概念，還成爲英文諺語中「上床」的委婉說法。

我知道股市永遠不代表眞正的價值——但我忍不住留意到，當年百視達差點用五千萬買下Netflix這間郵寄DVD的小公司。然而，在我寫作的當下，Netflix的市值已經達到一千五百億。

猜猜百視達去哪了？

他們只剩最後一家店，在俄勒岡州的本德（Bend）。

我一直想要過去致意，但一直沒騰出時間。

我離開後，Netflix這些年來的成就，有很多算不上我的功勞。然後，即便公司的許多計畫出現在我離開之後，我想許多顯然都有我的印痕。Netflix公司文化的好多面向，源自我和瑞德對待彼此的方式，以及我們對待其他每個人的方式。極度誠實、自由與責任，這些特質從一開始就在——開車走在十七號州道上，在霍比餐廳的餐桌上，在銀行金庫的早期日子。

還有就是Netflix重視分析的這個特點。當你把擁有直效行銷經驗的人放進車子（然後放進會議室，再來是董事會），和一個擁有厲害數學腦袋的人湊在一起，就是會發生這樣的事。

瑞德帶來擴大規模的動力，我則確保我們永遠不會停止把注意力放在個別的顧客身上。我們兩人都明白，我們對待個別顧客的方式，不論是一．五億訂戶，或是一百五十人，都一樣。

Netflix今日有數千名員工。自從我最後一次駛出停車場，已經過了十六年。但每當我看見Netflix的電影合約新聞報導，讀到瑞德的訪問，或只是在家看了一集Netflix推出的《黑錢勝地》（*Ozark*），心中都會生出自豪的感受，心想：那是我的公司——公司依舊帶有我的DNA。這孩子長得不完全像我，但絕對有我的鼻子。

我沒在Netflix上追劇或寫書的時候呢？你不可能停止當一個新創人。我在二〇〇三年離開Netflix之後，我知道我的心境無法立刻再開一間公司（我一直等到二〇一二年），但我也知道，我無法完全走開。我發現我可以協助年輕公司的創辦人讓夢想成眞，過過乾癮。過去十五年間，我擔任執行長教練，協助過數十間新創公司，也擔任早期階段的投資人，投資了數十間公司，輔導全球各地數百位年輕創業家。如同我在Netflix所做的事，我仍然進入危機現場，和聰明人士一起解決複雜的問題——只不過現在我能夠五點回到家，當事人則整晚熬夜，讓事情發生。

有時你得從你的夢想走開——尤其是當你認爲你已經讓那個夢成眞之後。此時，你有辦法眞正看見那個夢想。以我來講，我離開Netflix，原因是我發現完工的Netflix不是我的夢，我的夢是打造事物，我的夢是參與建立Netflix的**過程**。

離開讓我得以繼續打造事物，協助別人美夢成眞。此外，前進到下一個階段，給我足夠的時間追求生活中其他重要的事物。儘管我不再「吃人頭路」，我永遠是A型人格。我仍像有強迫症一樣，列出待辦清單，只不過現在我的清單上只有**我**列出的事項。我追尋我熱中的事物，像是泡出完美的卡布奇諾、自己種葡萄釀酒、瞭解羅馬教堂地磚的演變史。

（我知道，我知道。一日呆子，終身呆子。）

我眞的替我們在Netflix完成的事引以爲傲，Netflix的盛況我做夢也想不到。但我開始瞭解，成功不是由**公司**完成什麼來定義，我下的定義不同：成功是**你**完成的事。從做你喜歡的事開始，做你擅長的事，追求你感到重要的事。

按照那個定義來看，我做得還OK。

然而，成功的定義也可以稍微寬廣一點：擁有夢想，利用自己的時間、才能、毅力，讓夢想成眞。

我猜我也自豪能符合那項定義。

然而，你知道我最引以爲榮的是什麼嗎？我在完成那些事的同時，依然和最好的朋友維持著婚姻關係，我的孩子都認得老爸，而且喜歡我（我相信如此）。我最近剛和羅琳、羅根、摩根、杭特在海灘共度了兩星期，**什麼事都不做**，只是享受和家人相處的時光。

我認爲那是藍道夫家訓版的成功——我父親希望我做到的成功。完成你的目標，讓你的夢想成眞，被家人的愛滋養。

與錢無關，與股票選擇權無關。

那樣就是成功。

好了，再講一遍——**故事到那裡還沒結束**。

因爲現在故事與你有關了。

翻回這本書的封面，再次看著英文書名。

「那個點子絕對行不通（*That will never work*）。」

這是我把Netflix的點子告訴羅琳那個晚上，她脫口而出的第一句話。羅琳不是唯一那樣說的人，不少人對我講過不少次同樣的話。

（我幫羅琳說一下話，最初的點子的確**不可能**行得通。我們花了好多年調整、改變策略、想出新點子，最後完全是靠著運氣，才找到行得通的版本。）

然而，每一個有夢想的人都有過那樣的經驗，不是嗎？有天早上你醒來，有了一個改變世界的好點子！你等不及要衝下樓告訴先生，向孩子解釋，告訴教授，或是衝進老闆的辦公室，展示你的好點子。

他們都說了什麼？

那個點子絕對行不通。

然而讀到這裡，我希望你已經知道，我會如何回那句話。

沒人知道任何事。

我只有一次機會寫這本書。我覺得要是我在故事的結尾，沒提供你一些建議，我也錯過了一個機會。

讓夢想成眞最重大的一步很簡單：你需要開始。眞正找出你的點子好不好的唯一方法，就是去做。做一小時，將勝過一輩子想著那個夢。

踏出那一步吧。打造一點什麼，做出某種東西，測試一下，推銷一下，靠自己找出這個點子究竟好不好。

萬一你的點子行不通，怎麼辦？萬一測試失敗，沒人訂購你的產品，沒人想加入你的團體？萬一銷售不佳，顧客抱怨連連，怎麼辦？萬一小說寫到一半卡住，怎麼辦？萬一經過數十次，甚至是數百次的嘗試，夢想還是離成眞很遠，怎麼辦？

你得愛上問題，而不是愛上解決辦法。事情要花的時間比想像中還長的時候，喜歡解決問題的精神將支持你走下去。

相信我，那是正常的。如果你一路讀到這裡，已經發現，讓夢想成眞的過程高潮迭起——不會一下子就輕鬆成眞，一路上會不斷碰到障礙與問題。

我從戈德曼的《銀幕交易探險記》學到一件事（除了「沒人知道任何事」）：每部電影都是從令人激動的事件開始，一路推動情節。電影主角想要達成某件事——而電影要有趣，主角和他們想達成的事之間，將隔著阻礙。

以我的例子來講，在Netflix這個夢與Netflix成眞之間，阻礙還不少——以劇本寫作的術語來講，有不少「糾葛」。然而，擁有夢想的好處，就是你得以寫下自己的故事。你同時是主角，也是你的電影的編劇。

你的點子就是開頭那起令人激動的事件。

我相信我在本書寫下的東西，至少有幾件事讓你想起——你有過的點子、你想完成的事、你想開的公司、你想製作的產品、你想得到的工作、你想寫的書。

雅達利（Atari）的共同創辦人諾蘭・布希內爾（Nolan Bushnell）講過一句話，永遠引發我的共鳴。「每個洗過澡的人都會冒出點子。」他說：「但只有洗完澡、擦乾身體、眞的著手做些什麼的人，才會讓事情不同。」

或許你已經在想，能否應用我提供的小建議，讓自己的夢想成眞。或許你已經有自信，有辦法踏出困難的頭幾步，讓夢想成眞。或許你已經準備好走出淋浴間，用毛巾擦乾身體，想辦法做點什麼。

如果是的話，我已經完成任務。

接下來，就看你的了。

謝詞

當我說我要寫一本書，大家問的第一句話通常是：「你要自己寫嗎？」我猜他們還以爲我會請寫手，或是由我口述，別人代筆，滔滔不絕講起一個關於租片逾期費帶來的夢想的故事。

然而，我希望你讀到這兒已經瞭解，不論是寫書或開公司，沒有任何冒險是單單一個人帶來的成果。所以說，這本書是我自己一個人寫成的嗎？當然不是。這本書和Netflix一樣，有很多人各自添進了自己的東西。我永遠無法充分表達我有多感謝……但如果你願意再忍耐個幾頁，我會試試看。

首先，我要特別感謝喬登．傑克斯（Jordan Jacks）——他耐心指導我，爲我加油打氣無數次，大喊「這段寫得眞好」——他審視內容，重新推敲，這邊修修、那邊弄弄，搞出一個樣子，並且加進深度。喬登，我欠你太多。

我也要感謝我在「創意設計師」（Idea Architects）的朋友道格．阿布拉姆斯（Doug

Abrams），我們平日在森林裡散步好幾小時。他某次說服我，或許我心中藏著一本書，之後就耗費無數小時，協助我把那本書寫出來。沒有道格，就沒有這本書。

我要感謝我的編輯：Little, Brown出版公司的菲爾·馬利諾（Phil Marino）。我原本向他推銷一本工具書，但他發現採用回憶錄的形式會更有力量，也更有效果。他說對了。菲爾投入無數的編輯心力，提出建議，讓這本書變得更能觸動人心。我也要感謝克勞迪婭·寇納爾（Claudia Connal），她是我在英國Endeavour出版社的編輯。她不僅協助我避免引發國際事件，維持了colour（或endeavour）的英式拼法，也提供無數個好建議，讓這本書在每個國家讀來都更緊湊、更好懂。

我要感謝我的審稿人珍奈特·拜恩（Janet Byrne）。她仔仔細細找出每個放錯的逗點、錯字和弄錯的事實。這種事要有人指正，你才會發現。如果沒有珍奈特，你會因為我，還以為邪惡博士的蛋蛋是「剛修完毛」，但其實只是「有修毛」（更精確）。

我要大聲感謝Netflix早期團隊全部的成員，他們耗費無數小時和我講電話與見面討論：克莉絲汀娜·基什、泰·史密斯、吉姆·庫克、艾瑞克·梅爾、蘇瑞西·庫瑪、米奇·羅威、珮蒂·麥寇德、史蒂夫·卡恩。他們分享自己的故事，填補我記憶中的漏洞，還看了這本書的初稿，確認語氣和內容。很抱歉我無法把你們的精彩故事全部放進來，但我實在好愛聽你們講。

我要特別感謝《NETFLIX：全球線上影音服務龍頭網飛大掘起》（*Netflixed*）的作者吉娜·

基廷（Gina Keating），她無私地分享她的原始筆記和訪談逐字稿，那些資料協助我更加精確掌握人們說過的話，以及他們是怎麼講的。

我要感謝第一位試讀這本書的讀者莎莉・拉特利奇（Sally Rutledge）。她在一次橫跨大陸的航程讀完整本書，首次證明這本書有可能一口氣「追完」（非常適合一本談Netflix的書）。

謝謝道格在創意設計師團隊的其他成員：拉拉・羅浮（Lara Love）、泰・羅浮（Ty Love）、柯帝・羅浮（Cody Love）、瑪麗亞・山福（Mariah Sanford）、珍奈爾・朱利安（Janelle Julian），他們花了整整兩天，耐心聽我講Netflix的故事，讓我的體裁更接近敘事體。

謝謝Little, Brown的出版團隊：葛瑞格・楊恩（Craig Young）、班・艾倫（Ben Allen）、瑪姬・索瑟（Maggie Southard）、伊莉莎白・蓋斯曼（Elizabeth Gassman）、艾拉・布達（Ira Boudah）；謝謝Endeavour團隊：亞力克斯・史戴特（Alex Stetter）、松娜・阿比揚卡（Shona Abhyankar）、凱倫・貝克（Karen Baker）、卡羅・帕羅蒂（Caro Parodi）、茱麗葉・諾斯沃西（Juliette Norsworthy）——他們耐心容忍一個菜鳥對出版業運作方式的無窮好奇心。對了……他們還推廣並出版了這本書。

謝謝卡斯皮恩・丹尼斯（Caspian Dennis）與卡蜜拉・費瑞爾（Camilla Ferrier）把這本書介紹給其他國際讀者。

我也要在這裡快速感謝安東尼・高夫（Anthony Goff）與克麗西・法瑞爾（Chrissy

Farrell），他們負責這本書的有聲書。謝謝你們讓我知道，這麼多年來，其實我把「timbre」（音色）和「inchoate」（剛開始）這兩個字都念錯了。

有一大群人對外推廣這本書，我要特別感謝K2影視傳媒公司（K2 communications）的海蒂・克魯普（Heidi Krupp）、瑪麗亞・泰瑞（Mariah Terry）、珍・賈伯斯基（Jenn Garbowski）、亞萊娜・雅各（Alana Jacobs）、琳賽・溫克勒（Lindsey Winkler）、柯琳・麥卡錫（Colleen McCarthy）、凱莉・羅姆（Callie Rome）；BigSpeak的巴瑞特・柯德羅（Barrett Cordero）、肯恩・史德林（Ken Sterling）、布萊爾・尼可斯（Blair Nichols）、戴莉雅 瓦嘉納（Daria Wagganer）、艾姬・亞維祖（Aggie Arvizu）；一群人公司（Group of Humans）的羅伯・諾貝爾（Rob Noble）、金納・夏（Jinal Shah）、賽門・瓦特福（Simon Waterfall）、凱爾・鄧肯（Kyle Duncan）、保羅・賓恩（Paul Bean）；KThread的克莉絲汀・泰勒 Kristen Taylor）；追日媒體（Catch the Sun Media）的科比・戴維（Colby Devitt）；以及T・J・維德納（TJ Widner），就我所知，TJ的事業沒有取名字。

你會很驚訝上面這一段列出了一大堆人嗎？你會好奇怎麼可能協調所有人，讓大家朝相同的方向前進？我也很好奇。那就是爲什麼我要特別感謝我的朋友奧妮・亞貝格綸（Auny Abegglen）接下這項吃力不討好的工作，把天南地北的一群人集結在一起。謝了，奧妮。我希望這比做狗食廣告好玩。

我們要在這裡說再見了，但我還得感謝我在高點大學（High Point University）與米德爾伯里學院（Middlebury College）的學生。這些年來，他們分享各種新事業的精彩點子——讓我瞭解，我從創業中學到的事，對於任何想讓夢想成真的人來講都有莫大的幫助。謝了，我尤其感謝米德爾伯里學院MiddCORE學程的前主任潔西卡·荷姆斯（Jessica Holmes），有她的耐心支持，我才能找到以其他人更能理解、更清楚的方式，分享得來不易的真理。

要是沒有我在Netflix過去和現在所有的朋友與同事，一切都無法成真。別轉台，在接下來的節目，我要感謝Netflix的七千一百三十七位員工，但廣告回來之前，除了剛才提到的名字，我至少要先感謝人數少很多的一群人，他們是Netflix上線前的其他全職員工：柯瑞·布里齊、比爾·孔茲（Bill Kunz）、海蒂·奈伯格（Heidi Nyburg）、凱莉·開利（Carrie Kelley）、梅莉·羅（Merry Law）、鮑里斯·卓曼、薇塔·卓曼、葛瑞格·朱里安、丹·傑普森。好了，各位，我還漏了誰？

我無法以足夠的篇幅感謝瑞德·哈斯汀。沒有他，我就不會寫這本書了，至少我懷疑各位會想讀。重新回想多年前的往事，讓我更加清楚瞭解瑞德的龐大貢獻，我從他身上學到太多。我最大的目標是向我們的友誼，以及我們一起創造的事業表達敬意。我希望我做到了。瑞德，等你哪天受夠Netflix，準備好開下一家公司，我加入！

最後，我要感謝我的家人，非常謝謝你們給我的愛與支持，以及包容。即便是現在這一刻，我們正在度假，妻女正在泳池旁，我還是躲在旅館房間裡寫作。又得說聲抱歉。

謝謝我的孩子：羅根、摩根、杭特。你們三人永遠支持我，還在這本書的成形過程中，讀過好幾個版本，提供寶貴的意見。我第一次感受到我或許眞的寫出點什麼，是我們過上一個耶誕假期時，你們三個大聲輪流念出書中的章節，而且是自願朗讀。

羅琳，我不曉得該如何感謝妳。謝謝妳的支持、妳的建議、妳的愛。感謝妳看出寫這本書對我來講很重要，過程中每一分鐘都陪著我。我愛妳。

對了，柯？謝謝你，不管你到底跑到哪裡去了。

國家圖書館出版品預行編目資料

一千零一個點子之後：NETFLIX創始的祕密／馬克・藍道夫（Marc Randolph）著；許恬寧譯. -- 初版. -- 臺北市：大塊文化, 2020.04

388面；14.8×21公分. --（from；131）

譯自：That will never work : the birth of Netflix and the amazing life of an idea

ISBN 978-986-5406-65-3（平裝）

1.藍道夫（Randolph, Marc）2.傳記 3.企業經營 4.創業

494.1 109003066

LOCUS

LOCUS

LOCUS

LOCUS